普通高等教育通识类课程教材

计算机应用基础实训教程
（第四版）

主　编　王向慧　张　卓

中国水利水电出版社
www.waterpub.com.cn
·北京·

内 容 提 要

本书为《计算机应用基础》（第四版）配套实训教材。根据《新时代大学计算机基础课程教学基本要求》，注重基于应用的思维能力的培养，本书编排了实训篇、习题篇和模拟考试篇。实训篇注重计算机应用能力的培养，根据配套主教材各章节的内容，精心设计了30个实训项目，并给出具体操作步骤供读者参考；习题篇和模拟考试篇精选了大量测试题，配以参考答案及解析，供读者自行练习与测试，帮助读者巩固知识、查缺补漏。

本书可作为高等院校"大学计算机基础"课程教学的配套教材，也可作为全国计算机等级考试（一级）的培训辅导书，还可作为计算机应用初学者上机实践的参考用书。

本书配有微课视频，提供相关实训所需的素材，读者可以从中国水利水电出版社网站（http://www. waterpub.com.cn）和万水书苑网站（http://www.wsbookshow.com）下载。

图书在版编目（CIP）数据

计算机应用基础实训教程 / 王向慧，张卓主编. -- 4版. -- 北京 : 中国水利水电出版社，2024.8
普通高等教育通识类课程教材
ISBN 978-7-5226-2502-7

Ⅰ. ①计… Ⅱ. ①王… ②张… Ⅲ. ①电子计算机－高等学校－教材 Ⅳ. ①TP3

中国国家版本馆CIP数据核字(2024)第109743号

策划编辑：石永峰　　责任编辑：魏渊源　　封面设计：苏　敏

书　名	普通高等教育通识类课程教材 计算机应用基础实训教程（第四版） JISUANJI YINGYONG JICHU SHIXUN JIAOCHENG
作　者	主　编　王向慧　张　卓
出版发行	中国水利水电出版社 （北京市海淀区玉渊潭南路1号D座　100038） 网址：www.waterpub.com.cn E-mail：mchannel@263.net（答疑） sales@mwr.gov.cn 电话：（010）68545888（营销中心）、82562819（组稿）
经　售	北京科水图书销售有限公司 电话：（010）68545874、63202643 全国各地新华书店和相关出版物销售网点
排　版	北京万水电子信息有限公司
印　刷	三河市德贤弘印务有限公司
规　格	184mm×260mm　16开本　12.75印张　326千字
版　次	2013年7月第1版　2013年7月第1次印刷 2024年8月第4版　2024年8月第1次印刷
印　数	0001—3000册
定　价	36.00元

凡购买我社图书，如有缺页、倒页、脱页的，本社营销中心负责调换

前　言

随着互联网的普及、大数据时代的到来，熟练利用计算机应用技术求解实际问题已经成为新时代大学生人才素质的基本要求。“大学计算机基础”课程肩负着培养大学生计算思维能力，普及新一代信息技术教育，提高计算机应用能力的重任。

为巩固“大学计算机基础”课程的学习，加强学生运用计算机解决实际问题的应用能力，作者结合多年的一线教学经验，精心编制了这本与《计算机应用基础》（第四版）配套的实训教程。本书基于最新的软硬件平台，注重理论知识与实际的结合，充分融入思政元素，以扫码观看微课视频的方式，突出教材的数字化特色。

本书分为实训篇、习题篇和模拟考试篇。实训篇根据配套主教材各章节的内容，精心设计了 30 个实训项目，从认识微机硬件配置开始，到 Windows 10 基本操作、WPS Office 应用、互联网应用、常用工具软件使用，以任务驱动的方式，引导学生循序渐进地分步操作，使其掌握各种软件的基本功能和应用方法，消化理论知识，解决实际问题；习题篇精选大量习题并配有参考答案，供学生课后自我训练，以巩固知识，弥补疏漏，加强思考能力与创新意识的培养；模拟考试篇参考全国计算机等级考试的形式，融合全国计算等级考试大纲所有考点，给出 5 套模拟试卷，同时提供参考答案及解析，学生可以进行自我测试，找出不足。

本书语言简练、结构清晰，采用分解难点、循序渐进的方式，注重学生学习方法和动手能力的培养，在教学中可以根据实际教学时数和学生的基础、兴趣选择教学内容，学以致用。

本书由王向慧、张卓、王志飞、康秀兰共同编写。其中实训 1～10、实训 24～30 及习题篇由王向慧编写，模拟考试篇由张卓编写，实训 13～23 由王志飞编写，实训 11～12 由康秀兰编写。王向慧负责全书的策划、修改、补充、统稿工作。

本书中使用的 WPS Office 版本为 WPS Office 2024 夏季更新版本（16929）。由于软件更新较快，可能不同版本在界面上会有细微差别，属正常现象，不影响学习和使用。

对本书编写过程中所参考的相关资料的作者深表谢意，感谢亲朋给予的支持和帮助，也感谢在教材使用过程中提出了宝贵意见的师生，还要感谢中国水利水电出版社对本书的精心组织、策划和编辑。

由于编者水平有限，书中难免出现疏漏或不妥之处，敬请各位读者和专家批评指正。

编　者

2024 年 6 月

目　录

第1部分　实　训　篇

实训1　微型计算机的硬件配置

【实训目的】

1．熟悉微型计算机的硬件配置及各部件的功能。
2．了解微型计算机的外部设备接口。

【实训内容】

1．熟悉微型计算机机箱的前面板和后面板。
2．认识显示器、键盘、鼠标等外设，熟悉外部设备接口及其功能。
3．打开机箱侧盖板，了解微型计算机主机配置及各部件的功能。

【操作步骤】

1．熟悉微型计算机机箱的前面板和后面板。

（1）熟悉机箱前面板。结合机房实物（可参考图1-1-1），观察微型计算机的前面板，找到电源开关、复位开关、电源指示灯、硬盘指示灯，再观察有几个USB接口和音频接口。

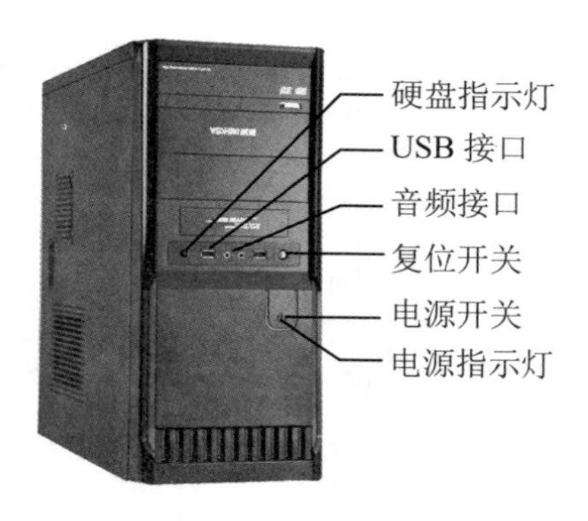

图1-1-1　微型计算机机箱前面板示例

（2）熟悉机箱后面板。结合机房实物（可参考图1-1-2），观察微型计算机的后面板，找到常见的几种接口：

1）连接显示器的显卡输出接口（HDMI、DP、VGA或DVI标准）。
2）连接网线的网络接口。
3）连接耳麦、音箱的音频接口。
4）连接键盘的PS/2接口（紫色），连接鼠标的PS/2接口（绿色）。

5）USB 接口（可连接具有 USB 标准接口的各种外部设备，如键盘、鼠标、打印机、扫描仪等）。

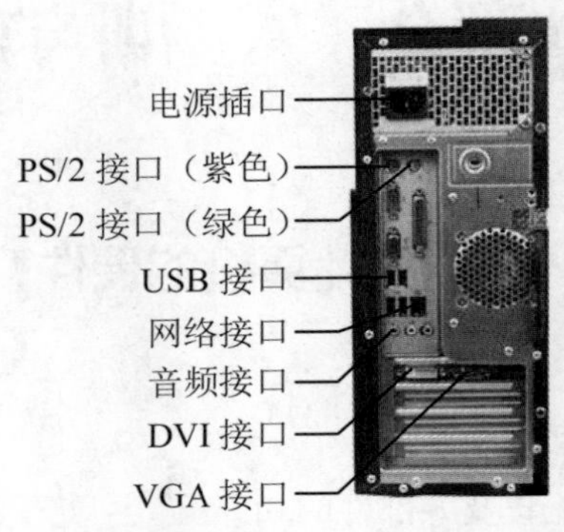

图 1-1-2　微型计算机机箱后面板示例

说明：目前有的微机主板上支持一个键盘和鼠标通用的键鼠 PS/2 接口，独立显卡或集成显卡支持 HDMI、DP、VGA、DVI 等多种接口标准，如图 1-1-3 所示。

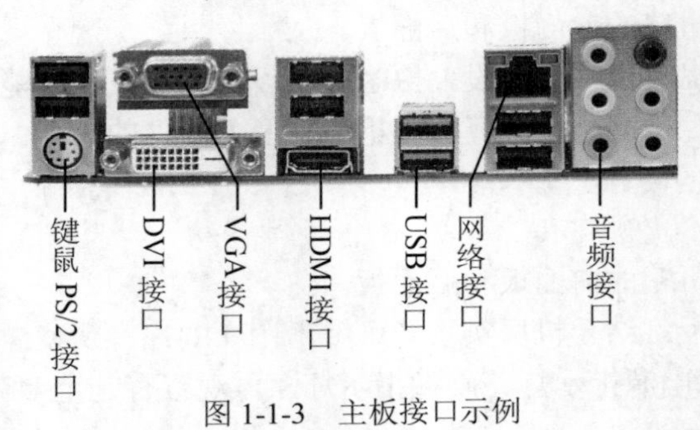

图 1-1-3　主板接口示例

2．认识显示器、键盘、鼠标等外部设备，熟悉外部设备（简称“外设”）接口及其功能。

（1）认识显示器。观察显示器及其与机箱后面板的连接，找到显示器电源开关、电源指示灯，观察显示器的视频接口是 HDMI、DP、VGA 还是 DVI 标准。

（2）认识键盘和鼠标。观察键盘和鼠标，以及其与机箱后面板的连接，确定键盘、鼠标插头的接口标准是 PS/2 还是 USB（可参考图 1-1-4）。

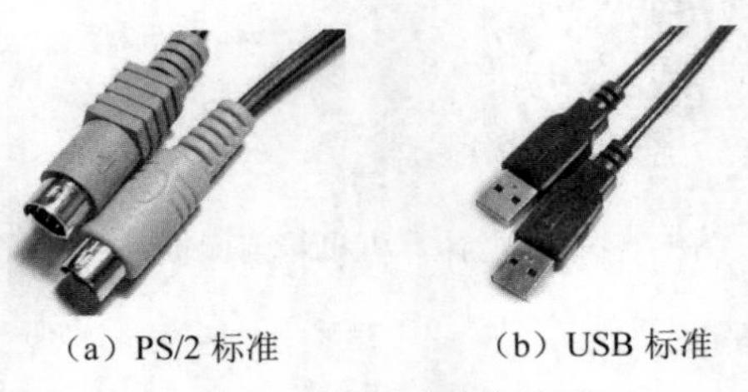

（a）PS/2 标准　　（b）USB 标准

图 1-1-4　键盘鼠标插头

3．了解微型计算机主机配置及各部件的功能。

（1）了解机箱内部结构。打开机箱侧盖板（可参考图 1-1-5），找到主板、电源、固态硬盘或机械硬盘。

图 1-1-5　机箱内部结构

（2）认识主机硬件配置。观察主板，找到主板上的 CPU、CPU 散热风扇、内存条、显卡。

实训 2　动手组装微型计算机

【实训目的】

1．掌握微型计算机的硬件配置及各部件的功能。

2．熟悉微型计算机的组装过程。

【实训内容】

1．认识微型计算机主机配置及各部件的功能。

2．认识常见外部设备及其功能。

3．组装一台微型计算机。

【操作步骤】

1．认识主机及外设。

（1）认识机箱：观察机箱的前面板、后面板，打开机箱侧盖板，观察机箱内部。

（2）认识主板：按照主板说明，找到主板上的 CPU 插槽、内存插槽、PCI-E 插槽（可插接显卡）、SATA 接口（可接硬盘或光驱）；找到主板供电插口、CPU 供电插口。

（3）认识 CPU、CPU 散热器及风扇、内存条、硬盘、电源、独立显卡等。

（4）认识常见的输入/输出设备：键盘、鼠标、显示器。

提示：为了避免部件组装时安错方向，防止松动，部件上常有“防呆”和“卡扣”设计。

2．主板上的安装。

（1）安装 CPU：把主板平放于桌面上，将 CPU 插槽上用于固定 CPU 的卡扣杆抬起，对准 CPU 缺口与 CPU 插槽缺口位置（有三角形标识，避免 CPU 插错方向），将 CPU 放入 CPU 插槽并轻压到位，然后扣紧卡扣杆。

（2）安装 CPU 散热器：在 CPU 表面均匀涂上导热硅脂，将散热器托架罩于 CPU 上方，底脚固定于主板，把散热器及风扇安到托架上并扣紧卡扣以固定，再将风扇的电源插头插到主板上的 CPU 风扇供电插口上。

（3）安装内存条：掰开主板上内存插槽两端的卡扣，对准内存条与内存插槽的缺口，将内存条的金手指对齐内存插槽缓缓插入，插槽两端的卡扣自动扣紧。

（4）安装硬盘：如果硬盘是 M.2 接口的固态硬盘，则完成此步。将固态硬盘的金手指一端对准主板上的 M.2 插槽轻轻推入，使固态硬盘平躺于主板，然后在固态硬盘另一端的缺口处，拧紧螺钉使硬盘固定于主板。

3．机箱上的安装。

（1）安装电源盒：拆下机箱侧盖板，找到机箱内的电源舱位，放入电源盒（见图 1-2-1），在机箱后面板拧紧固定螺钉，使电源盒固定于机箱内。

图 1-2-1　电源盒

（2）安装主板：把机箱平放于桌面上，先把主板挡板固定于机箱后面板上；然后找准机箱内用于固定主板的位置孔，并对准主板挡板，将主板放入机箱，拧紧螺钉使主板固定于机箱内。

（3）连接机箱面板跳线：在机箱内靠近前面板处有一组控制跳线，分别是电源开关（POWER SW）、复位开关（RESET SW）、电源指示灯（POWER LED）、硬盘指示灯（HDD LED），还有前置 USB 接口、前置音频接口（HD AUDIO），按照主板说明连接这些控制跳线到主板的相应插口位置。

（4）安装独立显卡：在主板上找到显卡插槽（PCI-E 插槽），拆掉机箱后面板上的挡板，掰开显卡插槽一端的卡扣，对齐缺口将显卡金手指插入显卡插槽，卡扣自动扣紧，拧紧显卡挡板上的螺钉使之与机箱后面板固定。

（5）安装机械硬盘：如果硬盘是机械硬盘，则完成此步。把硬盘放入机箱里的硬盘舱架内并固定。将硬盘数据线的一端插入硬盘的 SATA 接口，另一端插入主板上的 SATA 接口。

（6）安装固态硬盘：如果硬盘是 SATA 接口的固态硬盘，则完成此步。把固态硬盘置入盘托，再将盘托放入机箱内，拧紧螺钉以固定。将硬盘数据线的一端插入硬盘的 SATA 接口，另一端插入主板上的 SATA 接口。

（7）连接主板及各部件供电线：选择电源盒背部输出的多条供电缆插头，分别插接至主板上的主板供电插口、CPU 供电插口，还有硬盘上的 SATA 供电插口、显卡上的显卡供电插口、风扇供电插口，并自动扣紧卡扣。

提示：注意保持机箱内的整洁，适时整理电源线和机箱面板线。

4．连接外设及外部电源。

（1）连接键盘和鼠标：观察键盘和鼠标的插头（USB 标准或 PS/2 标准，如图 1-2-2 所示），在机箱后面板找到 USB 接口和 PS/2 接口，连上键盘和鼠标。

（a）USB 标准

（b）PS/2 标准

图 1-2-2　键盘和鼠标插头

（2）连接显示器：观察显示器的数据线插头（HDMI 标准、DP 标准或 VGA 标准，如图 1-2-3 所示），在机箱后面板找到显卡的输出接口，插入显示器数据线插头并固定。

（a）HDMI 标准　（b）DP 标准　（c）VGA 标准

图 1-2-3　显示器数据线插头

（3）连接外部电源：在机箱后面板找到电源盒的电源插口（见图 1-2-1），将主机电源线插上；最后将显示器电源线和主机电源线插到外部电源插座上。

5．开机测试。

（1）所有设备都连接好后，接通外部电源，开机测试组装是否成功。

（2）测试成功后，扣好机箱侧盖板。

实训 3　Windows 10 的基本操作

【实训目的】

1．熟悉计算机的启动过程，掌握 Windows 10 的启动、关机、睡眠、重启的方法。

2．熟悉桌面图标、开始菜单、任务栏的基本组成及基本操作方法。

3．掌握鼠标的基本操作方法，熟悉键盘的基本布局。

【实训内容】

1．启动 Windows 10 操作系统。

2．进行 Windows 10 的睡眠、重启、关机操作。

3．观察桌面组成，用鼠标对桌面图标进行指向、单击、双击、右击、拖拽操作。

4．通过“开始”菜单打开“写字板”程序；体会键盘各键位的功能。

【操作步骤】

1．启动 Windows 10 操作系统。

（1）打开主机电源后，计算机的启动程序先对机器进行自检。

（2）当自检通过后，进入 Windows 10 操作系统界面，屏幕出现 Windows 10 桌面。

2．Windows 10 的睡眠、重启、关机操作。

在“睡眠”操作前，无需关闭已经打开的各文件夹、应用程序窗口；而在“重启”“关机”操作前，应保存文档，关闭所有打开的窗口，以避免数据的丢失。

（1）睡眠：单击 Windows“开始”按钮→“电源”按钮，弹出“电源”选项下拉列表，如图 1-3-1 所示，选择“睡眠”，计算机进入低功耗的睡眠状态。按下鼠标或键盘任意键，或者按一下电源开关，操作系统即恢复工作状态。

（2）重启：选择“重启”，于是系统关闭所有已打开的程序，保存当前的系统设置，重新引导 Windows 10 操作系统程序进入内存并运行。

（3）关机：选择“关机”，于是系统关闭所有程序，保存当前的系统设置，退出 Windows 10 操作系统，关闭电源。

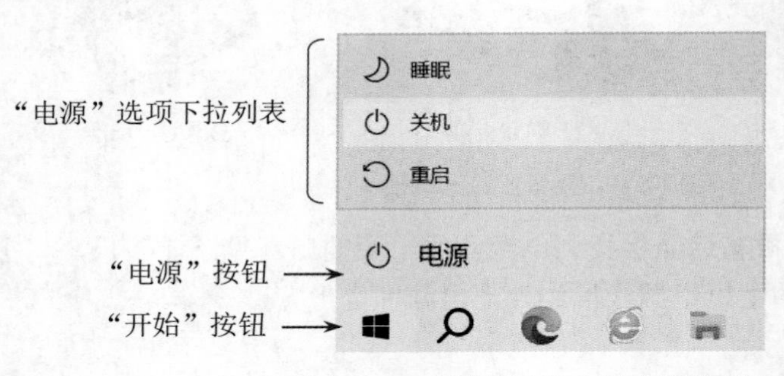

图 1-3-1 “电源”按钮及电源选项

3．熟悉桌面组成，熟练鼠标基本操作：

（1）认识桌面组成：桌面图标、“开始”按钮、任务栏。

（2）区分桌面图标：系统图标（“此电脑”“回收站”“控制面板”“网络”、个人文件夹图标）、快捷图标、文件夹图标、文件图标。

（3）用鼠标对桌面“此电脑”图标进行指向、单击、双击、右击、拖拽操作，体会鼠标各操作的基本功能。

（4）展开“开始”菜单。单击“开始”按钮，观察“开始”菜单的组成：“固定项目”列表（“电源”按钮、“设置”按钮、“图片”按钮、“文档”按钮、“用户”按钮）、应用列表、“开始”屏幕，如图 1-3-2 所示。

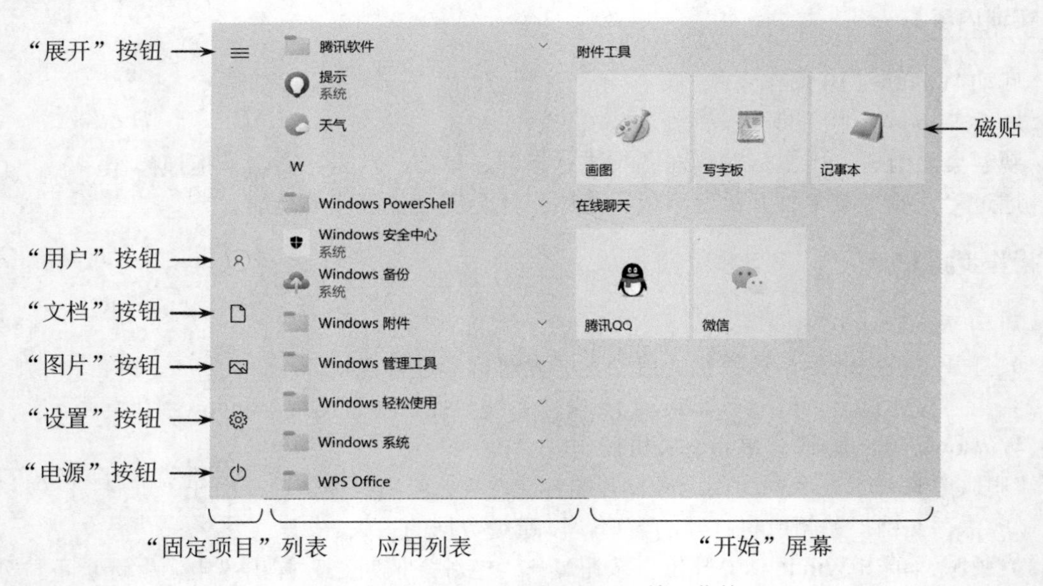

图 1-3-2 Windows 10“开始”菜单

4．打开“写字板”程序窗口；熟悉键盘各键位的功能。

（1）打开“写字板”：选择“开始”菜单→应用列表中的“Windows 附件”→“写字板”。

（2）在“写字板”窗口编辑区内，任意输入一段文本，并体会键盘上各按键的功能。

实训 4　键盘打字实训

【实训目的】

1．了解键盘的构成，掌握各键位的功能及字符的输入方法。
2．掌握正确的指法和打字姿势。
3．掌握一种汉字输入方法，熟练进行汉字录入工作。

【实训内容】

1．利用应用软件“金山打字通 2016”练习英文打字。
2．利用应用软件“金山打字通 2016”练习汉字录入。

【操作步骤】

1．启动应用软件“金山打字通 2016”，打开如图 1-4-1 所示的主界面窗口。

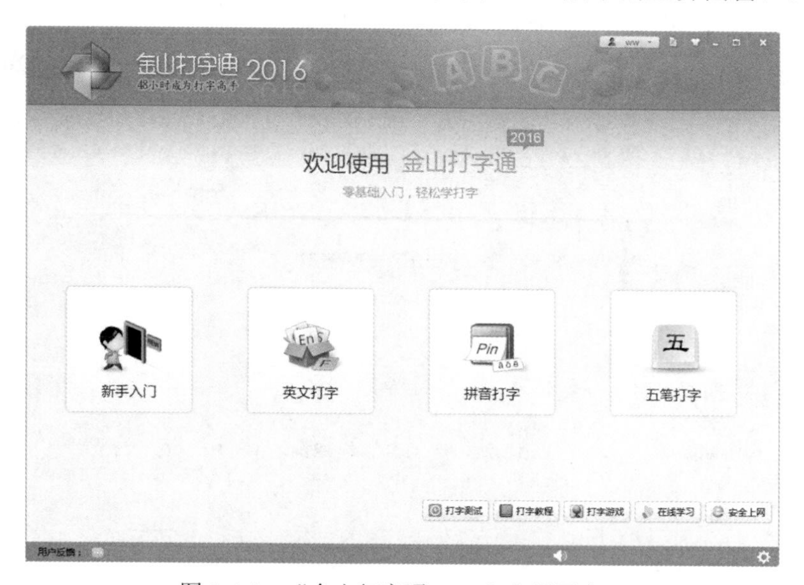

图 1-4-1　“金山打字通 2016”主界面窗口

2．单击主界面窗口中的“新手入门”图标，弹出如图 1-4-2 所示的窗口。

（1）单击“打字常识”图标，在这里学习键盘键位分布、标准指法、打字姿势。

（2）单击“字母键位”图标，熟悉主键盘区 26 个英文字母键位。

（3）单击“数字键位”图标，练习主键盘区 10 个数字键及数字小键盘区的使用。

（4）单击“符号键位”图标，练习主键盘区中各种符号的输入。

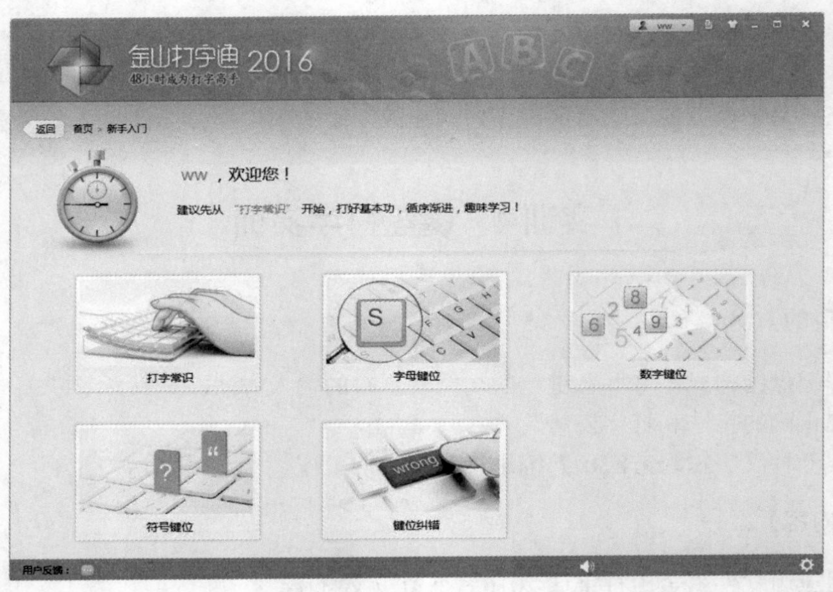

图 1-4-2 “新手入门”窗口

（5）单击窗口左上角的“首页”链接，返回主界面窗口。

3．单击主界面窗口中的“英文打字”图标，进行英文单词、语句、文章的打字练习。

4．单击主界面窗口中的“拼音打字”图标，弹出如图 1-4-3 所示的窗口，学习拼音输入法，进行音节练习、词组练习、文章练习。

图 1-4-3 “拼音打字”窗口

5．单击主界面窗口中的“五笔打字”图标，弹出如图 1-4-4 所示的窗口，学习五笔字型输入法，进行单字练习、词组练习、文章练习。

6．练习结束后，单击主界面窗口右上角的“关闭”按钮⊠，退出“金山打字通 2016”。

图 1-4-4　“五笔打字”窗口

实训 5　Windows 10 的资源管理

Windows 10 的资源管理

【实训目的】

1．熟悉 Windows 10“文件资源管理器”窗口的组成。

2．掌握窗口功能区、内容窗格、导航窗格、导航按钮、地址栏的使用方法。

3．重点掌握文件与文件夹的操作与管理。

4．掌握库的基本操作。

【实训内容】

按如下要求完成文件、文件夹、库的操作：

1．在 D 盘根目录下建立 AA 文件夹，在 AA 文件夹下建立 BB 子文件夹和 CC 子文件夹。

2．在 BB 文件夹下建立一个名为 kaoshi.txt 的文本文件，并将该文件复制到 CC 文件夹中。

3．将 CC 文件夹中复制来的 kaoshi.txt 文件改名为 exam.txt，并在桌面上创建快捷方式，再将文件的属性设置为“只读”和“隐藏”。

4．将 BB 文件夹中的 kaoshi.txt 文件移动到 AA 文件夹中。

5．将 BB 文件夹删除。

6．将 CC 文件夹添加到文档库中。

【操作步骤】

1．建立文件夹。

（1）打开 D 盘：双击桌面上的“此电脑”图标，打开“此电脑”窗口，在内容窗格中找到 D 盘图标，双击打开 D 盘窗口。

（2）创建文件夹：选择“主页”选项卡→“新建”组→“新建文件夹”按钮→输入AA→按Enter键，完成AA文件夹的建立。

（3）创建子文件夹：双击AA文件夹图标，打开AA文件夹窗口；选择“主页”选项卡→“新建”组→“新建项目”下拉按钮→“文件夹”→输入BB→按Enter键；右击内容窗格空白处→“新建”→“文件夹”→输入CC→按Enter键。

2．创建并复制文本文件。

（1）创建文件：双击打开BB文件夹窗口，右击内容窗格空白处→“新建”→“文本文档”→输入kaoshi.txt→按Enter键。

（2）复制文件：选定BB文件夹下的kaoshi.txt文件，选择“主页”选项卡→“剪贴板”组→“复制”按钮，通过导航窗格切换至CC文件夹窗口，选择“主页”选项卡→“剪贴板”组→“粘贴”按钮。

3．对文件重命名、修改属性、创建桌面快捷方式。

（1）文件更名：选定CC文件夹下的kaoshi.txt文件，选择“主页”选项卡→“组织”组→“重命名”按钮→输入exam.txt→按Enter键。

（2）创建桌面快捷方式：右击exam.txt文件图标，选择“发送到”→“桌面快捷方式”。

（3）修改文件属性：选定exam.txt文件，选择“主页”选项卡→“打开”组→“属性”按钮，打开“属性”对话框→“常规”选项卡下，勾选“只读”和“隐藏”复选框→单击“确定”按钮关闭对话框。

4．移动文件。

选定BB文件夹中的kaoshi.txt文件，拖动至导航窗格中的AA文件夹图标处，释放鼠标。

5．删除文件夹。

选定BB文件夹，选择“主页”选项卡→“组织”组→“删除”下拉按钮✕→“回收”。

6．向库中添加文件夹。

右击CC文件夹→“包含到库中”→“文档”命令。

实训6 Windows 10的个性化设置

Windows 10的个性化设置

【实训目的】

1．掌握桌面图标查看、排序方式的设置方法。

2．掌握个性化设置Windows 10“开始”菜单、任务栏的方法。

【实训内容】

1．设置桌面图标按“中等图标”方式显示，以“项目类型”排序。

2．打开“此电脑”窗口，对内容窗格以“详细信息”查看，不隐藏文件的扩展名。

3．将WPS Office图标固定到“开始”屏幕，并通过“开始”屏幕启动WPS Office。

4．将Microsoft Edge图标和已启动的WPS Office图标按钮锁定到任务栏。

5．设置任务栏为自动隐藏。

【操作步骤】

1. 设置桌面图标的查看、排序方式。

（1）右击桌面空白处→“查看”→“中等图标”。

（2）右击桌面空白处→“排序方式”→“项目类型”。

2. 设置文件夹窗口中内容窗格的显示方式。

（1）双击桌面“此电脑”图标，打开“此电脑”窗口。

（2）选择“查看”选项卡→“布局”组→“详细信息”，如图 1-6-1 所示。

（3）选择“查看”选项卡→“显示/隐藏”组→勾选“文件扩展名”，如图 1-6-2 所示。

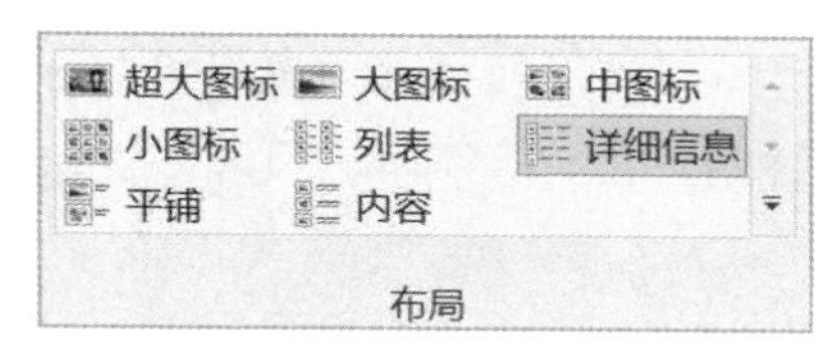

图 1-6-1　“布局”组

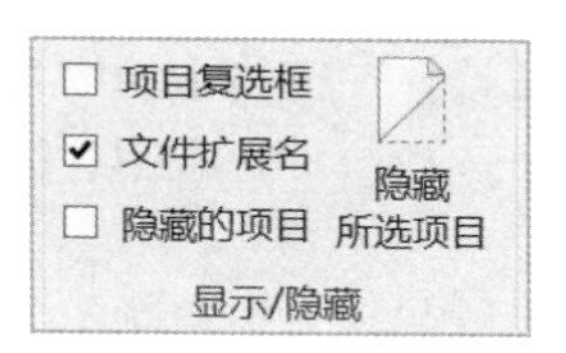

图 1-6-2　“显示/隐藏”组

3.“开始”屏幕磁贴的设置与使用。

（1）单击“开始”按钮，打开“开始”菜单→应用列表中的“WPS Office”→右击“WPS Office”→“固定到‘开始’屏幕”

（2）单击“开始”屏幕上的磁贴“WPS Office”，于是启动 WPS Office，并在任务栏快速启动区显示 WPS Office 图标按钮。

4. 固定图标到任务栏的快速启动区。

（1）选择“开始”按钮→右击应用列表中的“Microsoft Edge”→“更多”→“固定到任务栏”。

（2）右击任务栏快速启动区的“WPS Office”图标按钮→“固定到任务栏”。

5. 设置任务栏自动隐藏。

（1）右击任务栏空白区→“任务栏设置”→打开“个性化设置”窗口。

（2）默认选择左窗格中的“任务栏”；单击右窗格中“在桌面模式下自动隐藏任务栏”项下方的开关按钮，将其置于“开”状态。于是任务栏自动隐藏。

（3）关闭“个性化设置”窗口。

（4）当鼠标指针移动到任务栏隐藏的位置，任务栏会自动显示出来。

实训 7　Windows 10 的系统环境设置

Windows 10 的系统环境设置

【实训目的】

1. 掌握个性化设置 Windows 10 背景、颜色的方法。

2. 理解“控制面板”“Windows 设置”的功能和使用方法。

【实训内容】

1．选择一张喜欢的图片设为桌面背景。

2．设置文件夹窗口颜色为柔和的浅蓝色。

3．通过“控制面板”设置系统日期为2024年2月27日，时间为8点9分10秒。

4．通过“Windows设置”设置系统日期为2024年10月23日，时间为11点58分。

【操作步骤】

1．设置桌面背景。

（1）右击桌面空白处→“个性化”，打开“个性化设置”窗口。

（2）默认选择左窗格中的“背景”；在右窗格中“背景”下拉列表中选择“图片”。

（3）单击选择一种背景图片；或者单击下方的“浏览”按钮，通过“打开”对话框选择一张图片。

2．继续设置文件夹窗口颜色。

（1）选择左窗格中的“颜色”；勾选右窗格下方的“标题栏和窗口边框”复选框。

（2）单击右窗格“自定义颜色”按钮＋，打开“选择自定义主题色”面板→“更多”→“RGB”，设置红色为0，“绿色”为120，“蓝色”为215，单击“完成”按钮。

（3）关闭“个性化设置”窗口。

3．通过“控制面板”设置系统日期和时间。

（1）选择“开始”按钮→应用列表中的“Windows系统”→“控制面板”（或者双击桌面“控制面板”图标），打开“控制面板”。

（2）选择“日期和时间”，打开“日期和时间”对话框，如图1-7-1所示。

（3）单击“更改日期和时间”按钮，打开“日期和时间设置”对话框。

（4）调整年、月、日、时、分、秒，单击“确定”按钮，完成设置，如图1-7-2所示。

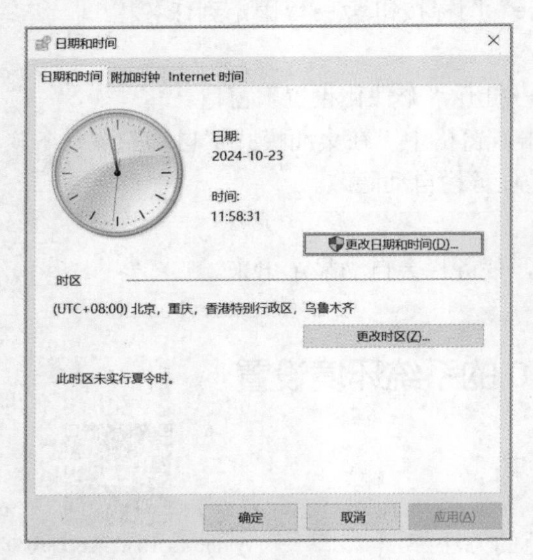

图1-7-1 “日期和时间”对话框

图1-7-2 “日期和时间设置”对话框

4．通过“Windows 设置”设置系统日期和时间。

（1）选择“开始”按钮→“固定项目”列表中的“设置”按钮，打开“Windows 设置”窗口，选择“时间和语言”，打开“时间和语言设置”窗口，如图 1-7-3 所示。

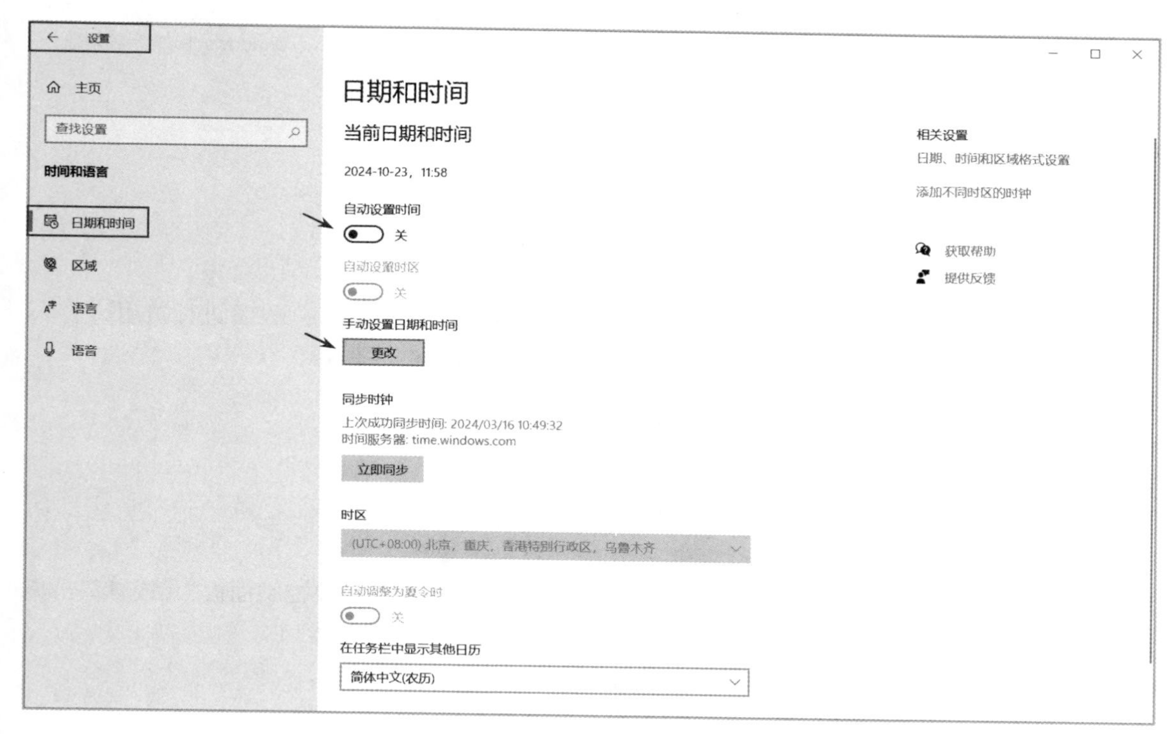

图 1-7-3　“日期和语言设置”窗口

（2）选择左窗格默认的“日期和时间”，将右窗格中“自动设置时间”项下方的开关按钮设为“关”状态，单击“手动设置日期和时间”项下方的“更改”按钮，打开“更改日期和时间”界面，如图 1-7-4 所示。

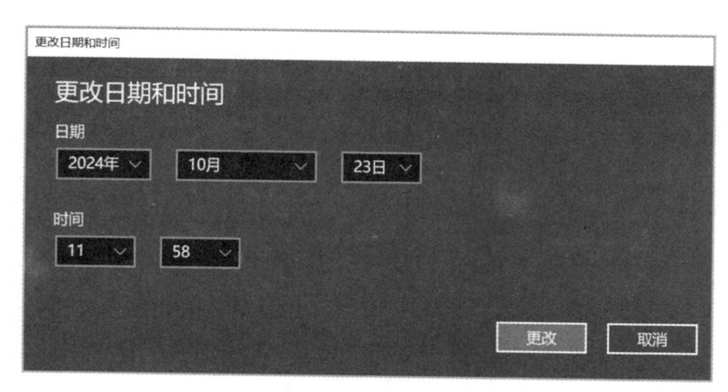

图 1-7-4　“更改日期和语言”界面

（3）调整年、月、日、时、分，单击“更改”按钮，完成设置。

实训 8　Windows 10 的系统管理

Windows 10 的系统管理

【实训目的】

1．掌握“Windows 设置”“控制面板”的功能及使用方法。
2．掌握 Windows 10 系统环境的设置方法。
3．熟悉磁盘的管理与维护技术。

【实训内容】

1．对已安装的“微信”程序进行卸载。
2．在“设备管理器”窗口下，对“麦克风阵列(Realtek(R) Audio)”设备进行禁用。
3．在“任务管理器”窗口下，结束 Microsoft Edge 程序的运行。
4．对 U 盘进行格式化处理。

【操作步骤】

1．卸载应用程序有多种方法，常用以下几种。

方法 1：通过“控制面板”→“程序和功能”窗口下卸载。

（1）选择“开始”按钮→应用列表中的“Windows 系统”→“控制面板”（或者双击桌面上“控制面板”图标）→“程序和功能”，打开“程序和功能”窗口。

（2）在程序列表中找到待卸载的“微信”程序，右击→“卸载”。

方法 2：在“Windows 设置”→“应用设置”窗口下卸载。

（1）选择“开始”按钮→“固定项目”列表中的“设置”按钮，打开“Windows 设置”窗口，选择“应用”，打开“应用设置”窗口，如图 1-8-1 所示。

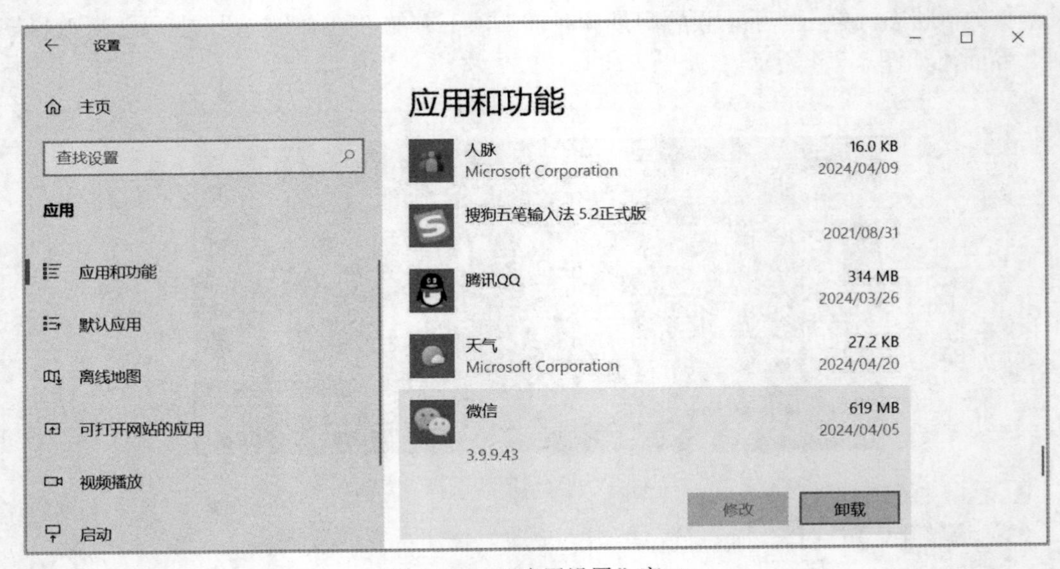

图 1-8-1　“应用设置”窗口

（2）选择左窗格默认的“应用和功能”，在右窗格中的应用和功能程序列表中找到“微信”程序，单击，然后单击在其下方出现的“卸载”按钮。

方法 3：通过“开始”菜单，使用应用程序自带的卸载程序进行卸载。

选择“开始”按钮→应用列表中的“微信”→“卸载微信”。

方法 4：通过“开始”屏幕卸载（如果“微信”磁贴已固定在“开始”屏幕）。

选择“开始”按钮→右击“开始”屏幕上的“微信”磁贴→“卸载”。

2．硬件设备管理。

（1）选择“开始”菜单→“Windows 系统”→“控制面板”命令（或者双击桌面上“控制面板”图标）→“设备管理器”，打开“设备管理器”窗口，如图 1-8-2 所示。

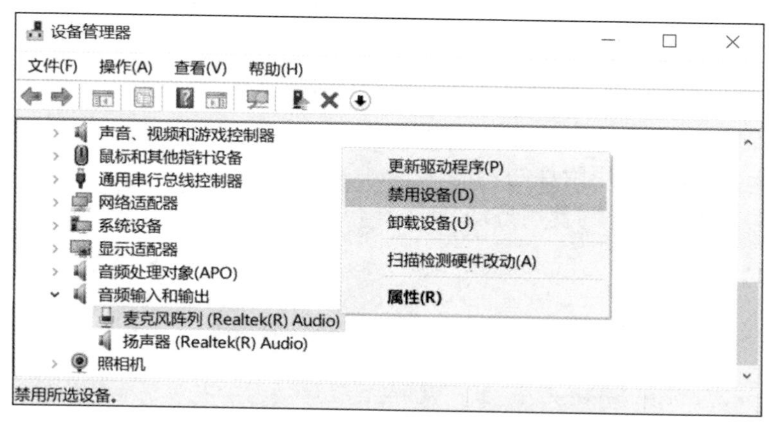

图 1-8-2　“设备管理器”窗口

（2）双击“音频输入和输出”选项，展开该类型设备列表，右击“麦克风阵列(Realtek(R) Audio)”→“禁用设备”，完成设置。

3．使用任务管理器。

（1）右击任务栏空白处→“任务管理器”（或者按组合键 Ctrl+Shift+Esc），打开“任务管理器”窗口，如图 1-8-3 所示。

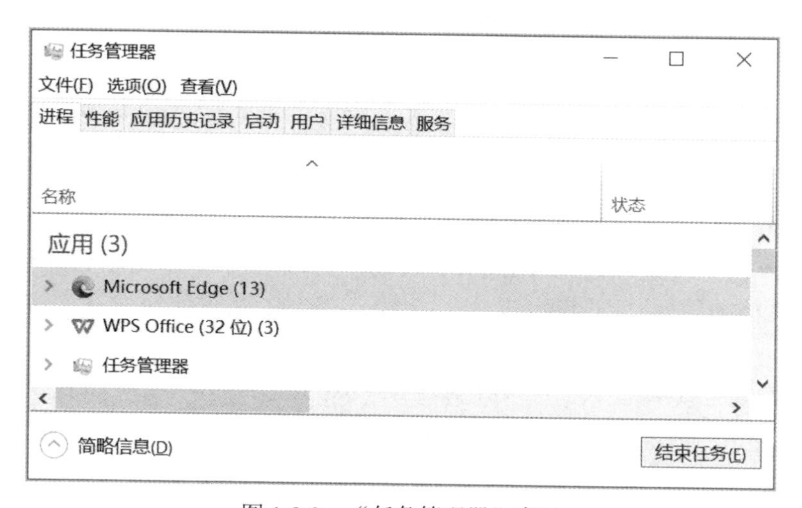

图 1-8-3　“任务管理器”窗口

（2）在“进程”选项卡下，右击正在运行的程序名称“Microsoft Edge”，单击“结束任务”，结束该程序的运行。

4．格式化U盘。

（1）把待格式化的U盘插入计算机的USB接口。

（2）打开“计算机”窗口，找到该U盘图标。

（3）右击U盘图标→“格式化”命令，弹出“格式化磁盘”对话框。

（4）单击“开始”按钮，开始格式化，格式化完成后，单击“确定”按钮。

注意：格式化磁盘之前，一定要先备份其中的有用数据，否则数据将无法恢复。

实训9 “写字板”程序的使用

【实训目的】

1．熟悉Windows 10常用附件的功能。

2．掌握“写字板”程序的使用方法。

【实训内容】

利用“写字板”程序，按下列要求建立一个文档，样文如图1-9-1所示。

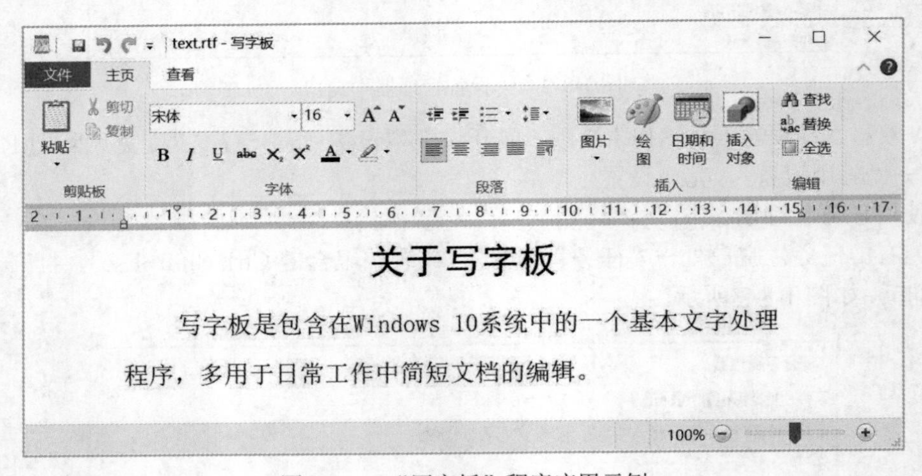

图1-9-1 “写字板”程序应用示例

1．标题为“关于写字板”，并设为黑体、24号、居中。

2．正文为“写字板是包含在Windows 10系统中的一个基本文字处理程序，多用于日常工作中简短文档的编辑。”并设为宋体、16号、1.5倍行距、向左对齐文本、首行缩进1.2厘米。

3．保存文档到D盘根目录下，文件名为text.rtf。

【操作步骤】

1．选择“开始”按钮→应用列表中的“Windows附件”→“写字板”，打开“写字板”

程序窗口。

2．在文档编辑区输入文档的标题，按 Enter 键，在下一行输入文档的正文。

3．在功能区的“主页”选项卡下对文档进行排版：

（1）选定标题文字，在“字体”组中，选择“字体系列”下拉列表中的“黑体”，选择“字体大小”下拉列表中的 24；单击“段落”组中的“居中”按钮☰。

（2）选定正文文字，在“字体”组中，选择“字体系列”下拉列表中的“宋体”，选择“字体大小”下拉列表中的 16；在“段落”组中，单击“向左对齐文本”按钮☰，单击“行距”下拉按钮，从下拉列表中选择“1.5”，单击“段落”按钮，打开“段落”对话框，如图 1-9-2 所示，在“首行”文本框中输入“1.20 厘米”，然后单击“确定”按钮，关闭“段落”对话框。

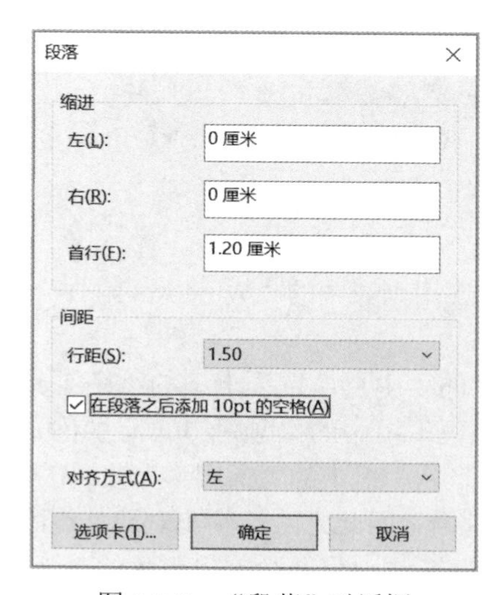

图 1-9-2　“段落”对话框

4．单击快速访问工具栏中的“保存”按钮，弹出“保存为”对话框，输入文件名 text.rtf，选择保存位置为 D 盘，单击“保存”按钮，关闭对话框。

5．单击“写字板”程序窗口右上角的“关闭”按钮×，关闭“写字板”程序。

实训 10　“画图”程序的使用

【实训目的】

1．熟悉 Windows 10 常用附件的功能。

2．掌握“画图”程序的使用方法。

【实训内容】

利用“画图”程序绘制一幅几何图画，如图 1-10-1 所示，要求图中小鸡身为黄色，鸡头为灰色，小鸡眼睛和腿为黑色，树身为绿色，太阳为红色，太阳光辉为黄色，然后保存文档到 D 盘根目录下，文件名为 picture.png。

图 1-10-1 “画图”程序应用示例

【操作步骤】

1. 选择“开始”按钮→应用列表中的“Windows 附件”→“画图”，打开“画图”程序窗口。

2. 在绘图区，利用功能区的“主页”选项卡下的绘图工具，绘制几何图形：

（1）绘制小鸡：选中“颜色”组中的“颜色 1（前景色）”，单击颜料盒中的黑色，从而将“颜色 1”设为黑色，选择“形状”组中的“椭圆形”按钮，在绘图区按住鼠标左键拖动，绘制出一个黑色的椭圆，成为鸡身，如此方法绘制出鸡头、鸡眼；选择“形状”组中的“直线”按钮，在绘图区按住鼠标左键拖动，分别绘制出黑色的鸡腿、鸡嘴。

（2）为小鸡涂色：设置“颜色 2（背景色）”为黄色，选择“工具”组中的“填充”按钮，右击鸡身，将鸡身涂为黄色，如此方法将鸡嘴涂为黄色，鸡头涂为灰色，鸡眼涂为黑色。

（3）绘制小树：设置“颜色 1（前景色）”为绿色，选择“形状”组中的“三角形”按钮，在绘图区拖动鼠标左键，绘制出 3 个绿色三角形成为树冠，选择“矩形”按钮，拖动鼠标左键，在树冠下方绘制出树干。

（4）为小树涂色：选择“工具”组中的“填充”按钮，单击树冠和树干，将小树涂为绿色。

（5）绘制太阳：设置“颜色 1（前景色）”为黄色，设置“颜色 2（背景色）”为红色，选择“形状”组中的“椭圆形”按钮，按住 Shift 键，按住鼠标右键拖动，绘出一个圆圆的太阳，选择“形状”组中的“直线”按钮，按住鼠标左键拖动，在太阳周边画出几条放射状的黄线，成为太阳光辉。

（6）为太阳涂色：选择“工具”组中的“填充”按钮，右击太阳，将太阳涂为红色。

3. 按组合键 Ctrl+S，弹出“保存为”对话框，输入文件名 picture.png，选择保存位置“D:”，单击“保存”按钮，关闭对话框。

4. 单击“画图”程序窗口的“关闭”按钮×，关闭“画图”程序。

实训 11　WPS 文字的基本排版

WPS 文字的基本排版

【实训目的】

1．掌握 WPS Office 的启动方法，掌握在 WPS Office 首页创建 WPS 组件文档的方法。

2．掌握 WPS 文字文档的建立、保存、打开方法。

3．熟练掌握 WPS 文字中字符格式化、段落格式化等操作。

4．熟练掌握 WPS 文字中字符、段落的边框与底纹的添加方法。

【实训内容】

1．启动 WPS Office，熟悉 WPS 首页。

2．新建 WPS 文字文档，熟悉 WPS 文字窗口的文档标签栏、选项卡和功能区、快速访问工具栏、文档窗格。

3．选择一种汉字输入法，按图 1-11-1 所示的原文录入文字（注意使用中文标点）。

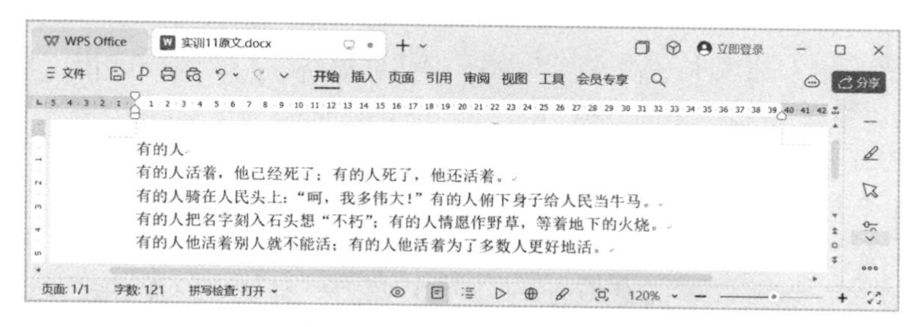

图 1-11-1　实训 11 原文.docx

4．保存文件名为“实训 11 原文.docx”，保存到“我的文档”文件夹中。

5．设置标题段“有的人”的格式：华文彩云、小二号、标准色红色、加粗、居中对齐，字符间距加宽 5 磅，添加字符底纹。

6．设置正文各段格式：隶书、小四号、左对齐、左缩进 2 字符、1.5 倍行距，添加波浪线段落边框。

7．将文档换名保存为“实训 11 样文.docx”，保存在桌面。样文如图 1-11-2 所示。

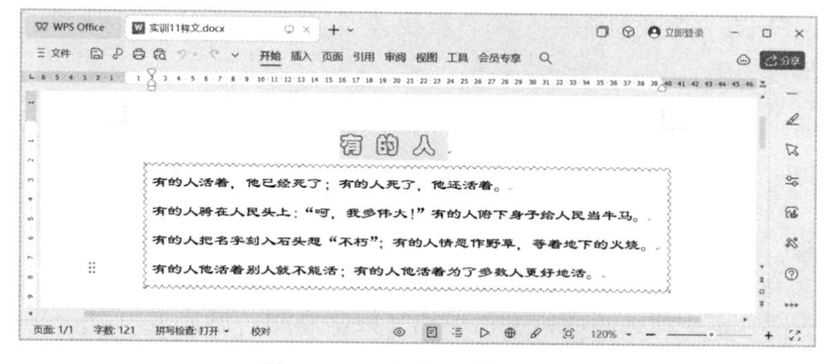

图 1-11-2　实训 11 样文.docx

【操作步骤】

1. 启动 WPS Office：选择“开始”按钮→应用列表中的“WPS Office”→“WPS Office”，可见启动的 WPS Office 首页。

2. 新建 WPS 文字文档：在 WPS Office 首页，单击导航栏顶部的“＋新建”按钮，弹出 WPS“新建”界面，选择“文字”按钮→“空白文档”按钮＋。

3. 文本录入：在 WPS 文字文档窗口，按如图 1-11-1 所示的原文录入文本。

4. 保存文件：选择“文件”菜单→“保存”，弹出“另存为”对话框，选择保存位置为“我的文档”，保存类型为“Microsoft Word 文件(*.docx)”，输入文件名“实训 11 原文”。

5. 设置标题段格式。

（1）选定标题段，在“开始”选项卡→“字体”组，设置华文彩云、小二、红色，单击“加粗”按钮B，单击“字符底纹”按钮A；单击“段落”组中的“居中对齐”按钮三。

（2）选择“开始”选项卡→“字体”组→对话框启动器按钮↘，弹出“字体”对话框，单击“字符间距”选项卡，设置间距“加宽”，值为“5”，单位“磅”，单击“确定”按钮。

6. 设置正文各段格式。

（1）选定正文各段，在“开始”选项卡→“字体”组，设置隶书、小四。

（2）选择“开始”选项卡→“段落”组→对话框启动器按钮↘，弹出“段落”对话框，设置对齐方式为“左对齐”、“文本之前”为“2 字符”、行距为“1.5 倍行距”。

（3）选择“开始”选项卡→“段落”组→“边框”按钮□中的下拉按钮⌄→“边框和底纹”，弹出“边框和底纹”对话框，在“边框”选项卡下，选择“设置”栏下的“方框”，线型选择波浪线“〰〰”，在“应用于”下拉列表中默认选择“段落”。

7. 选择“文件”菜单→“另存为”，弹出“另存为”对话框，在导航窗格中选择“我的桌面”，保存类型为“Microsoft Word 文件(*.docx)”，输入文件名“实训 11 样文”，单击“保存”按钮关闭对话框，按组合键 Alt+F4 即出 WPS Office。

实训 12　WPS 文字的高级排版

WPS 文字的高级排版

【实训目的】

1. 熟练掌握 WPS 文字文档中的复制、查找替换、插入其他文档的方法。

2. 掌握段落合并的方法。

3. 熟练掌握 WPS 文字文档的分栏、首字下沉、边框设置等操作。

【实训内容】

1. 新建 WPS 文字，插入文档“实训 11 样文.docx”，将新文档保存为“实训 12.docx”。在“实训 12.docx”中完成下列操作，样文如图 1-12-1 所示。

2. 将正文四段合成一段，再将合并后的正文段落复制一份。

3. 将正文中所有的“活着”都设置成红色并加着重号。

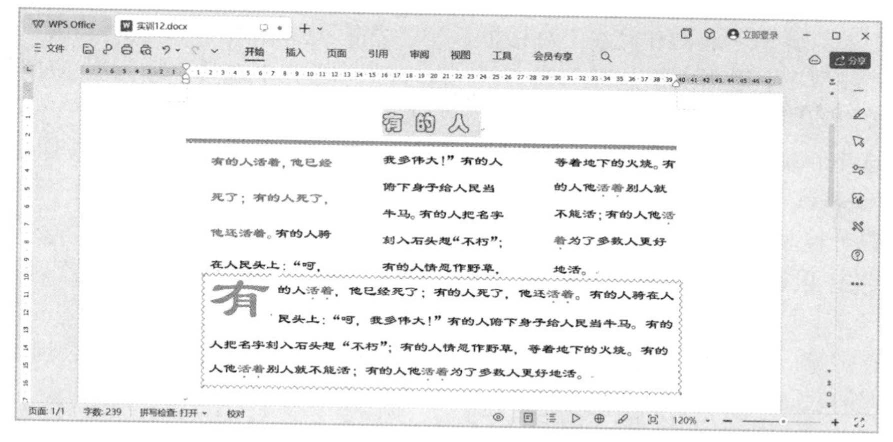

图 1-12-1　实训 12.docx

4．将标题段添加绿色下框线，线型为由粗到细双线“▬▬”。删除正文第一段边框。

5．将正文第一段文本分为等宽的三栏，并将第一段中第一句文字“有的人……他还活着。”设置为艺术字为“填充-钢蓝，着色 1，阴影”的文本效果。

6．将正文第二段设置首字下沉 2 行，距正文 0.2 厘米，首字符设置为绿色。

【操作步骤】

1．新建文档、插入其他文档的内容、保存文档。

（1）启动 WPS Office，新建 WPS 文字文档：选择“开始”按钮→应用列表中的“WPS Office”→“WPS Office”→“＋新建”按钮，弹出 WPS“新建”界面，选择“文字”按钮→“空白文档”按钮＋。

（2）选择“插入”选项卡→“部件”组→“附件”下拉按钮→“文件中的文字”，弹出“插入文件”对话框，找到要插入的文档“实训 11 样文.docx”，并双击。

（3）选择“文件”菜单→“另存为”，弹出“另存为”对话框，保存文件为“实训 12.docx”。

2．合并段落，复制文本。

（1）插入点定位在前一段末尾，按 Delete 键，即可将两段合为一段，如此合并四个段落。

（2）选定合并后的新段，按组合键 Ctrl+C，插入点定位于下一段段首，按组合键 Ctrl+V。

3．替换文本。

（1）选择“开始”选项卡→“查找”组→“查找替换”按钮，弹出“查找和替换”对话框，选择“替换”选项卡。

（2）在“查找内容”文本框中输入“活着”，在“替换为”文本框中输入“活着”（或者不输入任何文字）。

（3）插入点置于“替换为”文本框中，选择“格式”按钮→“字体”，弹出“替换字体”对话框，设置“字体颜色”为红色，“着重号”为“•”，单击“确定”按钮，返回到“查找和替换”对话框。

（4）单击“全部替换”按钮，最后单击“关闭”按钮。

4．段落边框的设置。

（1）选定标题段，选择“开始”选项卡→“段落”组→“边框”按钮中的下拉按钮→

“边框和底纹”，弹出“边框和底纹”对话框，在“边框”选项卡下，选择“设置”栏下的“自定义”，在“线型”中选择由粗到细双线“━━”，在“颜色”中选择“绿色”，应用于“段落”，最后单击预览区中下框线按钮，单击“确定”按钮。

（2）选定正文第一段，选择“开始”选项卡→“段落”组→“边框”按钮中的下拉按钮→“无框线”。

5. 设置分栏与文字效果。

（1）选定正文第一段，选择“页面”选项卡→“页面设置”组→“分栏”下拉按钮→“三栏”。

（2）选定第一段中第一句文字“有的人……他还活着。”，选择“开始”选项卡→“字体”组→“文字效果”下拉按钮→“艺术字”→“填充-钢蓝，着色 1，阴影”。

6. 设置首字下沉。

（1）插入点定位于正文第二段，选择“插入”选项卡→“部件”组→“首字下沉”按钮，弹出“首字下沉”对话框，选择“位置”栏下的“下沉”，在“下沉行数”框中输入 2，在“距正文”框中输入“0.2”厘米，单击“确定”按钮。

（2）选定第二段首字下沉字符，设字体颜色为“绿色”。

7. 按组合键 Ctrl+S 保存文档，按组合键 Alt+F4 退出 WPS Office。

实训 13　WPS 文字的表格制作

WPS 文字的表格制作

【实训目的】

1. 掌握页边距、纸张大小的设置方法。
2. 熟练掌握表格的建立、编辑操作。
3. 熟练掌握表格的格式化。

【实训内容】

1. 建立如图 1-13-1 所示的“保修卡”，并以“实训 13.docx”保存。

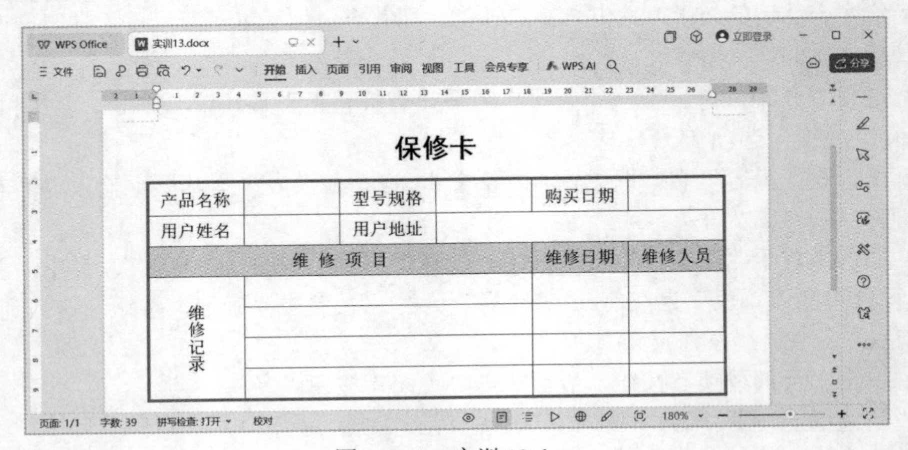

保修卡

产品名称		型号规格		购买日期	
用户姓名		用户地址			
维 修 项 目				维修日期	维修人员
维修记录					

图 1-13-1　实训 13.docx

2．设置纸张大小为12厘米×8厘米，上、下、左、右页边距均为1厘米。

3．标题行文字“保修卡”设为黑体、四号字、加粗、居中对齐；表格内文字设置为宋体、小五号字、居中对齐。

4．设置表格外边框为双窄线，“维修项目”所在行的上边框为双窄线。

5．将“维修项目”所在行添加“白色，背景1，深色15%”底纹。

【操作步骤】

1．创建文档并设置页面，保存文档为“实训13.docx”。

（1）新建WPS文字空白文档：选择“开始”按钮→应用列表中的“WPS Office”→“WPS Office”→“新建”→“文字”按钮→“空白文档”按钮＋。

（2）选择“页面”选项卡→“页面设置”组→对话框启动器按钮，弹出“页面设置”对话框，在“页边距”选项卡下，设置上、下、左、右页边距均是1厘米。

（3）在“纸张”选项卡下，设置纸张“宽度”为“12厘米”，“高度”为“8厘米”。

2．按图1-13-1建立表格。

（1）输入标题行文字“保修卡”。

（2）插入表格：选择“插入”选项卡→“常用对象”组→“表格”下拉按钮→“插入表格”，弹出“插入表格”对话框，设置“列数”为“6”，“行数”为“7”，单击“确定”按钮。

（3）合并单元格：选定表格第2行第4、5、6列，右击，选择“合并单元格”。同理按图1-13-1所示将第3行的1～4列合并，将1列的4～7行合并，分别将4、5、6、7行的2～4列合并。

（4）输入表格文字内容。

（5）更改文字方向：选定表内文字“维修记录”后，选择“表格工具”上下文选项卡→“对齐方式”组→“文字方向”下拉按钮→“垂直方向从右向左”，从而改变文字方向。

（6）设置对齐方式：选定表格，选择“表格工具”上下文选项卡→“对齐方式”组→“垂直居中”按钮和“水平居中”按钮。

3．设置标题行、表内文字格式。

（1）选定标题行文字“保修卡”，利用“字体”组和“段落”组，设置黑体、四号、加粗、居中对齐。

（2）选定表格，利用“字体”组，设置宋体、小五。

4．设置表格边框。

（1）选定整个表格，选择“表格样式”上下文选项卡→“表格样式”组→“边框”下拉按钮→“边框和底纹”，弹出“边框和底纹”对话框，在“边框”选项卡下，首先选择“设置”栏中的“自定义”，再选择“线型”为“双窄线”═══，最后在“预览”区中，单击表格四个外框线图示，从而将双窄线应用于表格的四周边框。

（2）选定“维修项目”所在行，选择“表格样式”上下文选项卡→“表格样式”组→“边框”下拉按钮→“边框和底纹”，弹出“边框和底纹”对话框，在“边框”选项卡中，首先选择“设置”栏中的“自定义”，再选择“线型”为“双窄线”═══，最后在“预览”区中，单击上框线按钮，从而将双窄线应用于选定单元格的上边框。

5．选定“维修项目”所在行，选择“表格样式”上下文选项卡→“表格样式”组→“底纹”下拉按钮→“白色，背景 1，深色 15%”。

6. 按组合键 Ctrl+S 保存文档，按组合键 Alt+F4 退出 WPS Office。

实训 14 WPS 文字的表格处理

WPS 文字的表格处理

【实训目的】

1. 掌握 WPS 文字中表格与文本的相互转换方法。
2. 掌握应用表格样式的方法。
3. 熟练掌握表格属性的设置方法。
4. 熟练掌握表格的计算、排序方法。

【实训内容】

打开如图 1-14-1 所示的“实训 14 原文.docx”，完成下列操作后，将修改后的文档另存为“实训 14 样文.docx”，修改后样文如图 1-14-2 所示。

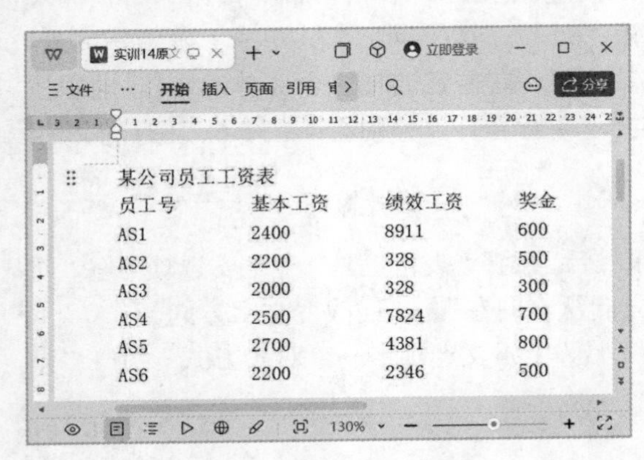

某公司员工工资表
员工号 基本工资 绩效工资 奖金
AS1 2400 8911 600
AS2 2200 328 500
AS3 2000 328 300
AS4 2500 7824 700
AS5 2700 4381 800
AS6 2200 2346 500

图 1-14-1 实训 14 原文.docx

某公司员工工资表

员工号	基本工资	绩效工资	奖金	实发工资
AS1	2400	8911	600	11911
AS4	2500	7824	700	11024
AS5	2700	4381	800	7881
AS6	2200	2346	500	5046
AS2	2200	328	500	3028
AS3	2000	328	300	2628

图 1-14-2 实训 14 样文.docx

1. 将标题文字“某公司员工工资表”设置为楷体、小二号、加粗、居中、绿色。
2. 将文档中后 7 行文字转换成 7 行 4 列的表格。
3. 在最后一列右侧插入一列，输入列标题“实发工资”。
4. 计算“实发工资”一列的值。
5. 按“实发工资”降序排序。
6. 设置各列宽为 2.5 厘米，表格文字设置为宋体、小四号。
7. 将表格应用样式“网络表 2-粗边框”。
8. 设置表格居中，单元格文字水平和垂直都居中。

【操作步骤】

1. 打开“实训 14 原文.docx”，选定标题文字，利用“开始”选项卡→“字体”组设置楷体、小二、加粗、绿色等字符格式；利用“段落”组设置标题居中对齐。

2．选定文档中后 7 行文字，选择“插入”选项卡→“常用对象”组→“表格”下拉按钮→“文本转换成表格”，弹出“将文字转换成表格”对话框，默认列数为 4，单击“确定”按钮。

3．插入点定位于最后一列任意单元格，选择“表格工具”上下文选项卡→“行和列”组→“插入”下拉按钮→“在右侧插入列”，在新插入的最后一列输入列标题“实发工资”。

4．单击第 2 行第 5 列单元格（称为 E2 单元格），选择“表格工具”上下文选项卡→“数据”组→“公式”按钮 fx，弹出“公式”对话框，在“公式”文本框中，输入=SUM(LEFT)，单击“确定”按钮；再单击 E3 单元格，按功能键 F4 重复公式；如此方法重复计算 E4～E7 单元格。

5．插入点置于表格内任意一个单元格，选择“表格工具”上下文选项卡→“数据”组→“排序”按钮，弹出“排序”对话框，选择“有标题行”单选按钮，设置主要关键字为“实发工资”“降序”，单击“确定”按钮。

6．选定整个表格，通过“开始”选项卡→“字体”组设置宋体、小四号；右击→“表格属性”，弹出“表格属性”对话框，单击“列”选项卡，勾选“指定宽度”复选框，输入“2.5 厘米”。

7．将插入点置于表格内，选择“表格样式”上下文选项卡→“表格样式”组→“网络表 2-粗边框”样式。

8．选定整个表格，单击“开始”选项卡→“段落”组中的“居中对齐”按钮，从而使表格居中；右击表格，在快捷菜单中选择“单元格对齐方式”→“中部居中”按钮。

9．将文档另存为“实训 14 样文.docx”。

实训 15　WPS 文字的综合应用

WPS 文字的综合应用

【实训目的】

1．掌握 WPS 文字中图片的插入、格式的设置方法。
2．掌握 WPS 文字中各种图形的绘制、格式的设置方法。
3．掌握 WPS 文字文档图文混排的方法。
4．掌握 WPS 文字文档生成 PDF 文档的方法。

【实训内容】

打开如图 1-15-1 所示的“实训 15 原文.docx”，完成下列操作后，将文档另存为“实训 15 样文.docx”，修改后的样文如图 1-15-2 所示。

1．将前两段文字“盼望着……，草软绵绵的。”插入横排文本框，添加绿色、4.5 磅、由粗到细双线边框“▬▬”；文字设置为宋体、五号字。

2．将第三段文字“雨是最……，在雨里静默着。”插入竖排文本框，添加绿色、4.5 磅、由细到粗双线边框“▬▬”；文字设置为楷体、五号字。

3．将后三段文字“春天像……，领着我们上前去。”添加横排文本框，设置“左下斜偏移”阴影效果。

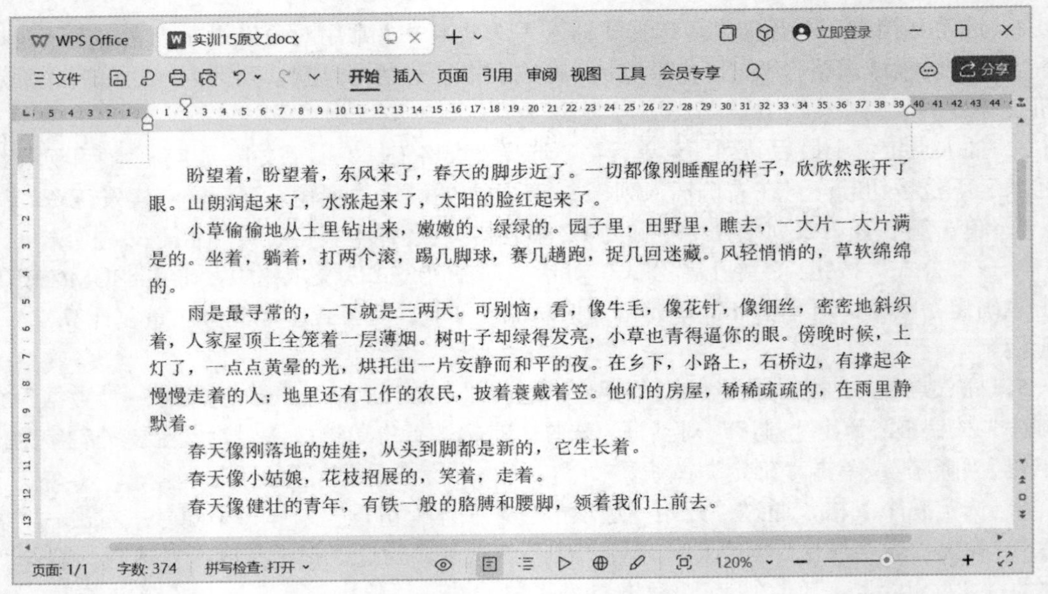

盼望着，盼望着，东风来了，春天的脚步近了。一切都像刚睡醒的样子，欣欣然张开了眼。山朗润起来了，水涨起来了，太阳的脸红起来了。

小草偷偷地从土里钻出来，嫩嫩的、绿绿的。园子里，田野里，瞧去，一大片一大片满是的。坐着，躺着，打两个滚，踢几脚球，赛几趟跑，捉几回迷藏。风轻悄悄的，草软绵绵的。

雨是最寻常的，一下就是三两天。可别恼，看，像牛毛，像花针，像细丝，密密地斜织着，人家屋顶上全笼着一层薄烟。树叶子却绿得发亮，小草也青得逼你的眼。傍晚时候，上灯了，一点点黄晕的光，烘托出一片安静而和平的夜。在乡下，小路上，石桥边，有撑起伞慢慢走着的人；地里还有工作的农民，披着蓑戴着笠。他们的房屋，稀稀疏疏的，在雨里静默着。

春天像刚落地的娃娃，从头到脚都是新的，它生长着。

春天像小姑娘，花枝招展的，笑着，走着。

春天像健壮的青年，有铁一般的胳膊和腰脚，领着我们上前去。

图 1-15-1　实训 15 原文.docx

盼望着，盼望着，东风来了，春天的脚步近了。一切都像刚睡醒的样子，欣欣然张开了眼。山朗润起来了，水涨起来了，太阳的脸红起来了。

小草偷偷地从土里钻出来，嫩嫩的、绿绿的。园子里，田野里，瞧去，一大片一大片满是的。坐着，躺着，打两个滚，踢几脚球，赛几趟跑，捉几回迷藏。风轻悄悄的，草软绵绵的。

雨是最寻常的，一下就是三两天。可别恼，看，像牛毛，像花针，像细丝，密密地斜织着，人家屋顶上全笼着一层薄烟。树叶子却绿得发亮，小草也青得逼你的眼。傍晚时候，上灯了，一点点黄晕的光，烘托出一片安静而和平的夜。在乡下，小路上，石桥边，有撑起伞慢慢走着的人；地里还有工作的农民，披着蓑戴着笠。他们的房屋，稀稀疏疏的，在雨里静默着。

春天像刚落地的娃娃，从头到脚都是新的，它生长着。

春天像小姑娘，花枝招展的，笑着，走着。

春天像健壮的青年，有铁一般的胳膊和腰脚，领着我们上前去。

图 1-15-2　实训 15 样文.docx

4．插入“图片 15_1.jpg”和“图片 15_2.jpg”。

5．插入基本形状“笑脸”，填充黄色。调整各个元素位置、大小，效果如图 1-15-2 所示。

6．将“实训 15 样文.docx”生成“实训 15 样文.pdf”文档，保存在原文件夹。

【操作步骤】

1．创建并设置横排文本框。

（1）选定前两段文字，选择“插入”选项卡→“常用对象”组→“文本框”按钮，于是生成横向文本框，适当调整文本框的大小、位置。

（2）右击该文本框，选择快捷菜单中的“设置对象格式”，弹出“属性”任务窗格，选择“形状选项”选项卡，对“线条”项进行设置：“宽度”为“4.5 磅”，“复合类型”为，“颜色”为绿色，单击“关闭”按钮关闭任务窗格。利用“字体”组设置宋体、五号。

2．创建并设置竖排文本框。

（1）选定第三段文字，选择“插入”选项卡→“常用对象”组→“文本框”按钮右侧的下拉按钮→“竖向”，于是生成竖排文本框，适当调整文本框的大小、位置。

（2）右击该文本框，选择快捷菜单中的“设置对象格式”，弹出“属性”任务窗格，选择“形状选项”选项卡，对“线条”项进行设置：“宽度”为“4.5 磅”，“复合类型”为，“颜色”为绿色，单击“关闭”按钮关闭任务窗格。利用“字体”组设置楷体、五号。

3．设置形状效果。

（1）选定后三段文字，选择“插入”选项卡→“常用对象”组→“文本框”按钮右侧的下拉按钮→“横向”，于是绘制出文本框，适当调整文本框的大小、位置。

（2）选定该文本框，选择“绘图工具”上下文选项卡→“形状样式”组→“效果”下拉按钮→“阴影”→“外部”→“左下斜偏移”。

4．插入图片。

（1）选择“插入”选项卡→“常用对象”组→“图片”下拉按钮→“本地图片”，弹出“插入图片”对话框，分别插入“图片 15_1.jpg”和“图片 15_2.jpg”。

（2）分别右击图片→“文字环绕”→“四周型环绕”；适当调整图片的大小、位置。

5．选择“插入”选项卡→“常用对象”组→“形状”下拉按钮→“基本形状”中的，绘制出笑脸形状。选择“绘图工具”上下文选项卡→“形状样式”组→“填充”下拉按钮→标准色“黄色”。

6．按组合键 Ctrl+S 将文档另存为“实训 13 样文.docx”。

7．选择“文件”菜单→“输出为 PDF”→“确定”。

实训 16　WPS 表格的基本操作

【实训目的】

1．掌握 WPS 表格工作簿的建立、保存和打开方法。

2．熟练掌握单元格格式的设置方法。

3．熟练掌握排序、套用表格样式的方法。

WPS 表格的基本操作

【实训内容】

1．启动 WPS Office，新建 WPS 表格空白工作簿，熟悉 WPS 表格窗口的选项卡和功能区、快速访问工具栏、工作表标签栏。

2．按图 1-16-1 所示原文输入数据，工作簿保存为“实训 16 原文.xlsx”。

3．将 A1:D1 区域合并，内容居中，标题文字设置为楷体、20 磅、加粗；将 A2:D10 区域内文字设置为宋体、14 磅、居中；将 A10:C10 区域合并。

4．设置表格外框线为蓝色、双窄线；内框线为蓝色、细实线；第 2 行下框线和第 1 列右框线设置为蓝色、双窄线。

5．将“总计”行添加“白色，背景 1，深色 15%”底纹，数值设置为红色。

6．计算销售额、总计值。

7．将单价、销售额保留两位小数。

8．将 Sheet1 工作表重命名为“东方报亭营业额”。

9．将工作表按“销售额”降序排序。

以上操作的效果如图 1-16-2 所示。

	A	B	C	D
1	东方报亭一天营业额			
2	刊物名称	单价	数量	销售额
3	意林	5	20	
4	实用文摘	6.2	36	
5	参考消息	5.5	26	
6	家庭医生	8.5	30	
7	生活报	2.5	120	
8	电视报	2	230	
9	健康指南	5.5	25	
10	总计			

Sheet1

图 1-16-1　实训 16 原文.xlsx

	A	B	C	D
1	东方报亭一天营业额			
2	刊物名称	单价	数量	销售额
3	电视报	2.00	230	460.00
4	生活报	2.50	120	300.00
5	家庭医生	8.50	30	255.00
6	实用文摘	6.20	36	223.20
7	参考消息	5.50	26	143.00
8	健康指南	5.50	25	137.50
9	意林	5.00	20	100.00
10	总计			1618.7

东方报亭营业额　东方报亭营业额 (2)

图 1-16-2　实训 16 样文.xlsx

10．建立工作表副本“东方报亭营业额(2)”，将该工作表套用表格样式“表样式 2”。

11．将工作簿另存为“实训 16 样文.xlsx”。

【操作步骤】

1．启动 WPS Office，新建 WPS 表格空白工作簿：选择“开始”按钮→应用列表中的“WPS Office”→“WPS Office”→“＋新建”按钮，弹出 WPS“新建”界面，选择“表格”→“空白表格”按钮＋。

2．录入数据、保存工作簿：按如图 1-16-1 所示原文录入数据；选择“文件”菜单→“保存”，弹出“另存为”对话框，保存类型为“Microsoft Excel 文件(*.xlsx)”，输入文件名“实训 16 原文”。

3．设置标题行、表内文字的格式。

（1）选定 A1:D1 区域，选择“开始”选项卡→“对齐方式”组→“合并及居中”按钮；通过“开始”选项卡→“字体”组，设置楷体、20 磅、加粗。

（2）选定 A2:D10 区域，通过“开始”选项卡→“字体”组设置宋体、14 磅。在“开始”选项卡→“对齐方式”组中，单击“垂直居中”按钮、“水平居中”按钮。

（3）选定 A10:C10 区域，单击“开始”选项卡→“对齐方式”组→“合并及居中”按钮。

4．边框设置。

（1）选定 A2:D10 区域，选择“开始”选项卡→“字体”组→对话框启动器按钮，打开“单元格格式”对话框，在“边框”选项卡下，线条“样式”选择双窄线、“颜色”选择蓝色→单击“预置”区的“外边框”按钮；再选择线条“样式”为细实线、“颜色”为蓝色→单击“预置”区的“内部”按钮，单击“确定”按钮。

（2）选定 A2:D2 区域→右击→“设置单元格格式”→“边框”选项卡→线条样式为双窄线→“蓝色”→单击“下边框”按钮。

（3）选定 A2:A9 区域→右击→“设置单元格格式”→“边框”选项卡→线条样式为双窄线→“蓝色”→单击“右边框”按钮。

5．添加底纹。

（1）选定 A10:D10 区域，选择“开始”选项卡→“字体”组→“填充颜色”下拉按钮→“白色，背景 1，深色 15%”底纹样式。

（2）单击 D10 单元格，通过“开始”选项卡→“字体”组设置字体颜色为“红色”。

6．计算销售额、总计。

（1）单击 D3 单元格，输入公式=B3*C3，按 Enter 键。

（2）拖动 D3 单元格填充柄到 D9 单元格。

（3）单击 D10 单元格，选择“开始”选项卡→“数据处理”组→“求和”按钮Σ。

7．设置数字格式：选定 B3:B9 区域，按住 Ctrl 键，再选定 D3:D9 区域，选择“开始”选项卡→“数字格式”组→对话框启动器按钮，弹出“单元格格式”对话框，在“数字”选项卡下，“分类”列表中选择“数值”，设置“小数位数”为 2。

8．右击 Sheet1 工作表标签→“重命名”，输入“东方报亭营业额”，按 Enter 键。

9．选定 A2:D9 区域，选择“开始”选项卡→“数据处理”组→“排序”下拉按钮→“自定义排序”，弹出“排序”对话框，默认勾选“数据包含标题”复选框，选择主要关键字为“销售额”，次序为“降序”。

10．复制工作表、套用表格样式。

（1）右击“东方报亭营业额”工作表标签→“创建副本”，于是生成了工作表“东方报亭营业额(2)”。

（2）在工作表“东方报亭营业额(2)”中，选定 A2:D10 区域，选择“开始”选项卡→“样式”组→“套用表格样式”下拉按钮→“表样式 2”，打开“套用表格样式”对话框，单击“转换成表格，并套用表格样式”单选按钮，单击“确定”按钮。

11．按功能键 F12 将工作簿另存为“实训 16 样文.xlsx”。

实训 17 WPS 表格的公式与函数

【实训目的】

WPS 表格的公式与函数

1．熟练掌握 WPS 表格中公式的使用方法。

2．掌握 WPS 表格中条件格式的设置方法。

3．掌握 AVERAGE、RANK、COUNT、COUNTIF 等函数的用法。

【实训内容】

打开工作簿“实训 17 原文.xlsx”，按下列要求操作后，另存为“实训 17 样文.xlsx”。操作结果如图 1-17-1 所示。

	A	B	C	D	E	F	G	H
2	学 生 成 绩 报 告 单							
3	（2024 -- 2025 学年 第 1 学期）							
4	班级：	数学教育1班		课程名称：	大学英语		任课教师：	武芳
5	序号	学号	姓名	平时成绩	期中成绩	期末成绩	总评成绩	成绩排名
6	1	20120101	刘春晓	17	88	90	89	2
7	2	20120102	李小莉	18	78	86	85	4
8	3	20120103	张小曼	16	69	77	76	13
9	4	20120104	李平	19	90	95	94	1
10	5	20120105	刘欢	16	77	80	79	9
11	6	20120106	王东东	15	57	60	62	18
12	7	20120107	苑小西	15	80	78	78	10
13	8	20120108	张东海	15	78	86	82	7
14	9	20120109	李春梅	17	80	67	73	15
15	10	20120110	王丽丽	17	69	75	76	14
16	11	20120111	李严冬	18	75	66	73	16
17	12	20120112	张朋朋	15	48	40	49	20
18	13	20120113	李馨月	16	69	78	77	12
19	14	20120114	张大伟	19	85	87	88	3
20	15	20120115	马东旭	12	60	45	51	19
21	16	20120116	刘一冰	19	89	77	83	6
22	17	20120117	张宇宁	16	79	82	81	8
23	18	20120118	刘春丽	19	88	80	85	5
24	19	20120119	宋雪飞	15	66	69	70	17
25	20	20120120	张小栋	19	68	75	78	11
26	平均分	76.4	成绩分段统计	90-100分	80-89分	70-79分	60-69分	60分以下
27				1	7	8	2	2
28								
29	教研室主任签字：					填报日期：		年　月　日
30								
31	备注：							

数学教育1班

图 1-17-1　实训 17 样文.xlsx

1．计算总评成绩（总评成绩=平时成绩+期中成绩×20%+期末成绩×60%）。

2．对“总评成绩”所在列设置条件格式：小于 60 的单元格填充“浅红填充色深红色文本”底纹。

3．计算成绩排名。

4．计算班级平均分。

5．成绩分段统计人数。

【操作步骤】

1．计算总评成绩：单击 G6 单元格，输入公式=D6+E6*0.2+F6*0.6，按 Enter 键，拖动 G6 单元格填充柄到 G25 单元格。

2．设置条件格式：选定 G6:G25 区域，选择“开始”选项卡→“样式”组→“条件格式”下拉按钮→“突出显示单元格规则”→“小于”，弹出“小于”对话框；在文本框中输入 60，在“设置为”下拉列表中选择“浅红填充色深红色文本”，单击“确定”按钮。

3．计算排名：单击 H6 单元格，输入公式=RANK(G6,$G$6:$G$25)，按 Enter 键，拖动 H6 单元格填充柄到 H25 单元格。

4．计算平均成绩：单击 B26 单元格，输入公式=AVERAGE(G6:G25)，按 Enter 键。

5．计算各分数段人数。

（1）单击 D27 单元格，输入公式=COUNTIF(G6:G25,">=90")，按 Enter 键。

（2）单击 E27 单元格，输入公式=COUNTIF(G6:G25,">=80")-D27，按 Enter 键。

（3）单击 F27 单元格，输入公式=COUNTIF(G6:G25,">=70")-E27-D27，按 Enter 键。

（4）单击 G27 单元格，输入公式=COUNTIF(G6:G25,">=60")-COUNTIF(G6:G25, ">=70")，按 Enter 键。

（5）单击 H27 单元格，输入公式=COUNTIF(G6:G25,"<60")，按 Enter 键。

6．按功能键 F12 将工作簿另存为“实训 17 样文.xlsx”。

实训 18　WPS 表格的数据图表化

WPS 表格的数据图表化

【实训目的】

1．熟练掌握创建图表的方法。

2．掌握修改图表（图表元素、布局、类型、图表样式、选择数据等）的方法。

3．掌握格式化图表对象的方法。

【实训内容】

打开如图 1-18-1 所示的工作簿“实训 18 原文. xlsx”，完成下列操作后，将工作簿另存为“实训 18 样文.xlsx”。

	A	B	C	D	E
1	五月份班级量化考核统计表				
2	班级	第一周	第二周	第三周	第四周
3	七年1班	95	98	94	99
4	七年2班	97	96	92	95
5	七年3班	93	95	98	97
6	七年4班	100	92	97	94
7	七年5班	98	99	95	90

Sheet1

图 1-18-1　实训 18 原文.xlsx

1．选择 A2:E7 区域，建立“簇状柱形图”，水平轴上的项为班级，标题为“班级量化考核统计图”，插入到该工作表的 A9:G22 区域内，如图 1-18-2 所示。

2．复制 Sheet1 工作表；在副本工作表 Sheet1(2)中，修改图表类型为“堆积柱形图”；显示所有数据系列的值；图表标题格式：12 磅、加粗、“右下斜偏移”阴影效果、实线边框；绘图区格式：填充“白色，背景 1，深色 5%”底纹样式，如图 1-18-3 所示。

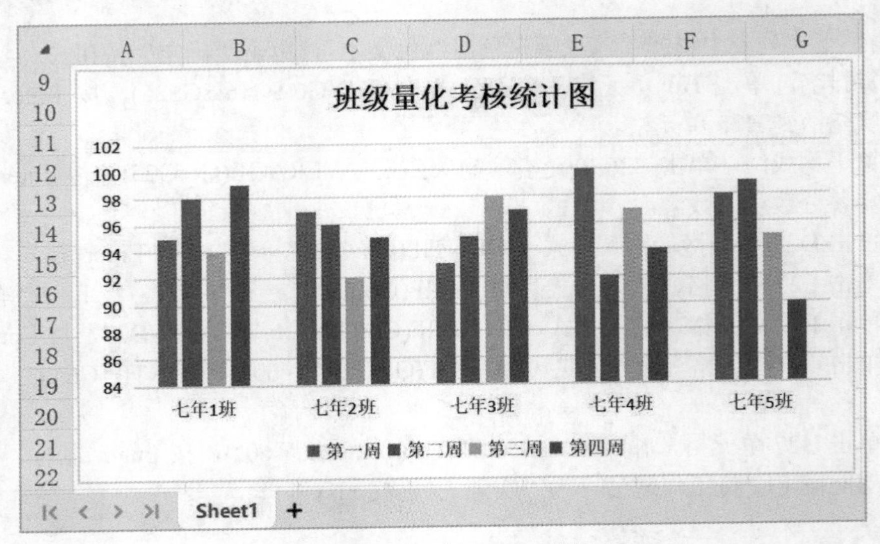

图 1-18-2 实训 18 样文.xlsx（样文 1）

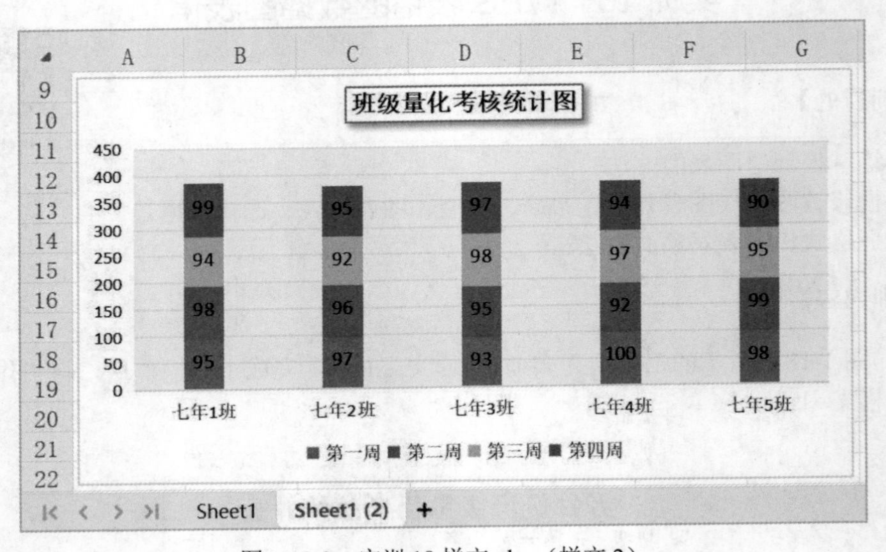

图 1-18-3 实训 18 样文.xlsx（样文 2）

【操作步骤】

1．建立图表。

（1）选定 A2:E7 区域，选择“插入”选项卡→“图表”组→“插入柱形图”按钮→“簇状柱形图”选项卡，单击图表预览区的效果图。

（2）选定图表，选定“图表标题”，输入图表标题“班级量化考核统计图”。

（3）调整图表位置、大小，将其移至 A9:G22 区域内。

2．修改、格式化图表。

（1）复制工作表：右击 Sheet1 工作表标签→“创建副本”。

（2）更改图表类型：单击 Sheet1(2)工作表标签，选定图表，选择“图表工具”上下文选项卡→“图表样式”组→“更改类型”按钮→“堆积”选项卡，单击图表预览区的效果图。

（3）显示数据标签：选择“图表工具”上下文选项卡→“图表布局”组→“添加元素”下拉按钮→“数据标签”→“数据标签内”。

（4）设置图表标题格式：选定图表标题“班级量化考核统计图”，选择“属性设置”组→“设置格式”按钮，弹出“属性”任务窗格→“标题选项”→“效果”选项卡，从“阴影”下拉列表中，选择“外部”下的“右下斜偏移”。单击“填充与线条”选项卡，选择“线条”下的“实线”单选按钮，单击“关闭”按钮×关闭任务窗格。

（5）选定图表标题，通过“开始”选项卡→“字体”组设定字形加粗、字号为 12。

（6）选定图表的绘图区，选择“属性设置”组→“设置格式”按钮，弹出“属性”任务窗格→“绘图区选项”→“填充与线条”选项卡→选择“填充”下的“纯色填充”单选按钮，“颜色”选择“白色，背景 1，深色 5%”底纹样式，单击“关闭”按钮×关闭任务窗格。

3．将工作簿另存为“实训 18 样文.xlsx”。

实训 19　WPS 表格的数据分析与处理

【实训目的】

WPS 表格的数据分析与处理

1．熟练掌握 WPS 表格中数据列表的自动筛选方法。

2．熟练掌握数据列表的排序、分类汇总方法。

3．掌握数据透视表的创建方法。

【实训内容】

打开如图 1-19-1 所示的“实训 19 原文. xlsx”，完成下列操作后，另存为“实训 19 样文.xlsx”。

	A	B	C	D	E	F	G
1	学校名称	所在区	学校类别	教工人数	女教工	班数	学生人数
2	博雅中学	新城区	初中	190	110	27	1512
3	凤鸣中学	新城区	初中	220	180	36	2016
4	光明中学	文化区	初中	385	230	54	3024
5	文汇中学	文化区	初中	205	140	36	1944
6	向阳中学	开发区	初中	350	195	48	2688
7	新华中学	文化区	高中	420	268	68	3808
8	洋斯中学	新城区	高中	362	200	50	2800
9	英德中学	文化区	高中	348	199	42	2352
10	育材中学	开发区	高中	315	162	39	2184
11	育英中学	开发区	初中	163	84	24	1344

Sheet1

图 1-19-1　实训 19 原文.xlsx

1．复制工作表 Sheet1，创建两个工作表 Sheet1(2)和 Sheet1(3)。

2．对工作表 Sheet1 内的数据列表进行自动筛选，条件为“文化区或开发区的初中学校”，如图 1-19-2 所示。

	A	B	C	D	E	F	G
1	学校名称	所在区	学校类别	教工人数	女教工	班数	学生人数
4	光明中学	文化区	初中	385	230	54	3024
5	文汇中学	文化区	初中	205	140	36	1944
6	向阳中学	开发区	初中	350	195	48	2688
11	育英中学	开发区	初中	163	84	24	1344

Sheet1　Sheet1 (3)　Sheet1 (2)

图 1-19-2　实训 19 样文.xlsx（样文 1）

3．对工作表 Sheet1(2)内的数据列表进行分类汇总，统计每个区的教工总人数和学生总人数，如图 1-19-3 所示。

	A	B	C	D	E	F	G
1	学校名称	所在区	学校类别	教工人数	女教工	班数	学生人数
5		开发区 汇总		828			6216
10		文化区 汇总		1358			11128
14		新城区 汇总		772			6328
15		总计		2958			23672

Sheet1　Sheet1 (3)　Sheet1 (2)

图 1-19-3　实训 19 样文.xlsx（样文 2）

4．对工作表 Sheet1(3)内的数据列表创建数据透视表，统计每个区每类学校教工总人数和学生总人数，透视表在 A13 单元格开始创建，如图 1-19-4 所示。

	A	B	C	D
12				
13	所在区	学校类别	求和项:教工人数	求和项:学生人数
14	开发区		828	6216
15		初中	513	4032
16		高中	315	2184
17	文化区		1358	11128
18		初中	590	4968
19		高中	768	6160
20	新城区		772	6328
21		初中	410	3528
22		高中	362	2800
23	总计		2958	23672

Sheet1　Sheet1 (3)　Sheet1 (2)

图 1-19-4　实训 19 样文.xlsx（样文 3）

【操作步骤】

1．复制工作表：右击 Sheet1 工作表标签→“创建副本”两次，从而创建工作表 Sheet1(2)和 Sheet1(3)。

2．自动筛选。

（1）在工作表 Sheet1 中，单击数据列表中的任一单元格，选择“编辑”组→“筛选”按钮。

（2）单击“所在区”筛选下拉按钮，在展开的筛选面板中，保留“开发区”和“文化区”的勾选，取消其他项的选定，单击“确定”按钮关闭面板。

（3）单击“学校类别”筛选下拉按钮，保留“初中”的勾选，单击“确定”按钮。

3．分类汇总。

（1）先按分类字段进行排序：在工作表 Sheet1(2)中，单击“所在区”列的任一单元格，选择“数据处理”组→“排序”下拉按钮→“升序”。

（2）选择“数据”选项卡→“分级显示”组→“分类汇总”按钮，弹出“分类汇总”对话框，选择分类字段为“所在区”，汇总方式为“求和”，选定汇总项“教工人数”和“学生人数”，单击“确定”按钮。

（3）单击 Sheet1(2)工作表左上角的 2 级汇总显示按钮 2 。

4．创建数据透视表。

（1）在工作表 Sheet1(3)中，单击数据列表中任一单元格，选择“插入”选项卡→“表格”组→“数据透视表”按钮，弹出“创建数据透视表”对话框，选择放置数据透视表的位置为现有工作表、A13 单元格，单击“确定”按钮，弹出“数据透视表”任务窗格。

（2）选择添加到数据透视表中的字段：所在区、学校类别、教工人数、学生人数。

5．将工作簿另存为“实训 19 样文.xlsx”。

实训 20　WPS 演示的基本操作

【实训目的】

1．掌握 WPS 演示文稿的建立、保存和打开方法。

2．熟练掌握幻灯片插入、删除、复制、移动的方法。

3．熟悉演示文稿视图、占位符。

4．掌握母版、主题、背景的设置方法。

5．熟练掌握幻灯片版式的设置方法。

WPS 演示的基本操作

【实训内容】

1．启动 WPS Office，新建 WPS 演示空白演示文稿，熟悉 WPS 演示窗口的选项卡和功能区、快速访问工具栏、认识普通视图下的“幻灯片/大纲窗格”“幻灯片窗格”。

2．按图 1-20-1 所示输入数据，演示文稿保存为“实训 20 原文.pptx”。

图 1-20-1　实训 20 原文.pptx

3．在最后一张幻灯片之后插入一张“标题和内容”版式的新幻灯片，输入标题“目录”及三行内容文本：第 1 行“版面设计”、第 2 行“插入对象”、第 3 行“动画设置”；将该幻灯片移为第 2 张幻灯片。

4．将整个演示文稿应用“暗香扑面”主题，颜色为“奥斯汀”，背景设为“渐变填充”。

5．将第 1 张幻灯片标题文字设置为华文彩云、72 磅、阴影；副标题为自定义蓝色（RGB 颜色模式：红色 0、绿色 0、蓝色 255），增大两个字号。

6．将第 2 张幻灯片背景填充为纯色“橙色，着色 6，浅色 80%”。

7．将第 5 张幻灯片设置“竖排标题与文本”版式。

8．将“实训 20 原文.pptx”另存为“实训 20 样文.pptx”，如图 1-20-2 所示。

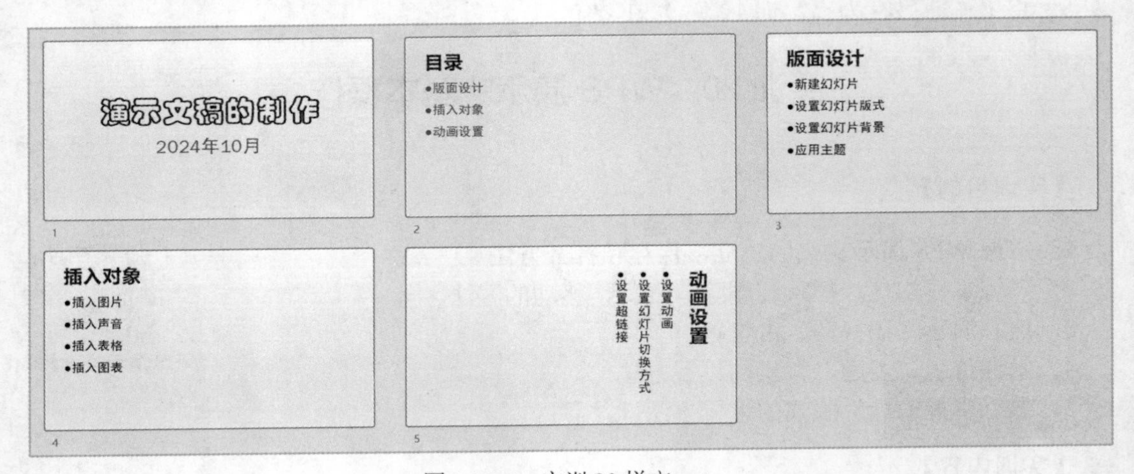

图 1-20-2　实训 20 样文.pptx

【操作步骤】

1．启动 WPS Office，新建 WPS 演示空白演示文稿：选择“开始”按钮→应用列表中的“WPS Office”→“WPS Office”→“＋新建”按钮，弹出 WPS“新建”界面，选择“演示”→“空白演示文稿”按钮＋

2．新建幻灯片、录入数据、保存工作簿：

（1）新建幻灯片：选择“开始”选项卡→“幻灯片”组→“新建幻灯片”按钮三次。

（2）按如图 1-20-1 所示原文录入数据：在普通视图→幻灯片/大纲窗格下，单击第 1 张幻灯片缩略图，使之成为当前幻灯片，在幻灯片窗格中，单击标题占位符，输入“演示文稿的制作”，单击副标题占位符，输入“2024 年 10 月”；如此方法，录入其他几张幻灯片的数据。

（3）保存演示文稿：选择“文件”菜单→“保存”，弹出“另存为”对话框，保存类型为“Microsoft PowerPoint 文件(*.pptx)”，输入文件名“实训 20 原文”。

3．插入并移动幻灯片。

（1）插入幻灯片：单击幻灯片/大纲窗格中最后一张幻灯片缩略图，选择“开始”选项卡→“幻灯片”组→“新建幻灯片”下拉按钮中的下拉按钮→“版式”选项卡→“标题和内容”。

（2）输入标题文本“目录”和内容文本“版面设计”“插入对象”“动画设置”。

（3）移动幻灯片：在普通视图→幻灯片/大纲窗格→“幻灯片”选项卡下，拖动最后一张幻灯片到第2张幻灯片位置。

4．应用主题。

（1）切换幻灯片母版视图：选择“视图”选项卡→“母版视图”组→“幻灯片母版”按钮。

（2）应用主题：单击窗口左上方的幻灯片母版缩略图，然后选择“幻灯片母版”选项卡→“编辑主题”组→“主题”下拉按钮→“暗香扑面”。

（3）更改主题颜色：选择“幻灯片母版”选项卡→“编辑主题”组→“颜色”下拉按钮→“奥斯汀”。

（4）背景填充：选择“幻灯片母版”选项卡→“背景”组→“背景”按钮，打开“对象属性”任务窗格，单击“填充”下的“渐变填充”单选按钮，单击“关闭”按钮关闭任务窗格。

（5）返回普通视图：单击状态栏的“普通视图”按钮。

5．设置第1张幻灯片标题格式。

（1）选定第1张幻灯片标题，选择“开始”选项卡→“字体”组，设置华文彩云、72磅，单击“文字阴影”按钮。

（2）选定副标题，选择“开始”选项卡→“字体”组→“字体颜色”按钮中的下拉按钮→“其他字体颜色”，弹出“颜色”对话框，单击“自定义”选项卡，选择颜色模式“RGB”，红色0、绿色0、蓝色255，单击“确定”按钮；单击“增大字号”按钮两下。

6．设置第2张幻灯片背景：选定第2张幻灯片，选择“设计”选项卡→“背景版式”组→“背景”按钮，打开“对象属性”任务窗格，单击“纯色填充”单选按钮，颜色选择“橙色，着色6，浅色80%”，单击“关闭”按钮关闭任务窗格。

7．设置第5张幻灯片版式：选定第5张幻灯片，选择“开始”选项卡→“幻灯片”组→“版式”下拉按钮→“竖排标题与文本”。

8．换名保存演示文稿：选择“文件”菜单→“另存为”，弹出“另存为”对话框，保存类型为“Microsoft PowerPoint 文件(*.pptx)”，输入文件名“实训20样文”。

实训21　WPS演示文稿中插入对象

【实训目的】

WPS演示文稿中插入对象

1．熟练掌握幻灯片版式的设置方法。

2．掌握幻灯片插入各种对象的方法。

【实训内容】

打开如图1-20-2所示的“实训20样文.pptx”，完成下列操作后，另存为“实训21.pptx”。

1．在第4张幻灯片后，插入一张“标题和内容”版式的新幻灯片成为第5张幻灯片。在第5张幻灯片中，输入标题“插入图片”，在内容占位符中插入来自文件的“图片21_1.jpg”。如图1-21-1所示。

图 1-21-1　实训 21.pptx 中第 5 张幻灯片

2．在第 5 张幻灯片后，插入一张新幻灯片成为第 6 张幻灯片，并将其设置为“两栏内容”版式。在第 6 张幻灯片中，输入标题“插入表格和图表”，在左侧内容占位符中插入表格，表格文字 24 磅、内容居中，行高 2.80 厘米，在右侧内容占位符中插入图表，图表文字 18 磅，如图 1-21-2 所示。

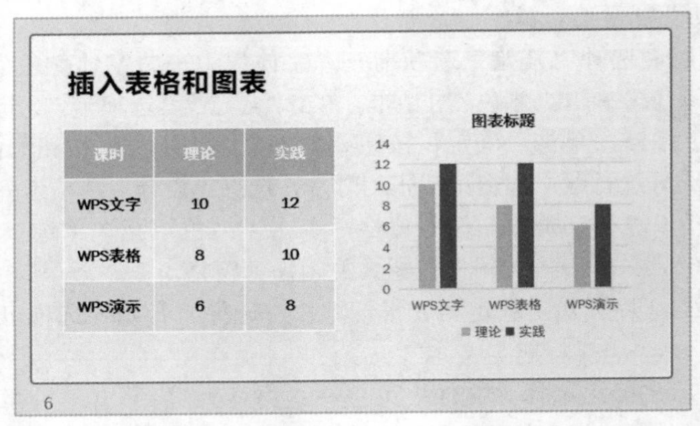

图 1-21-2　实训 21.pptx 中第 6 张幻灯片

3．在第 2 张幻灯片中插入“图片 21_2.gif”，绘制一个标注图形，如图 1-21-3 所示。

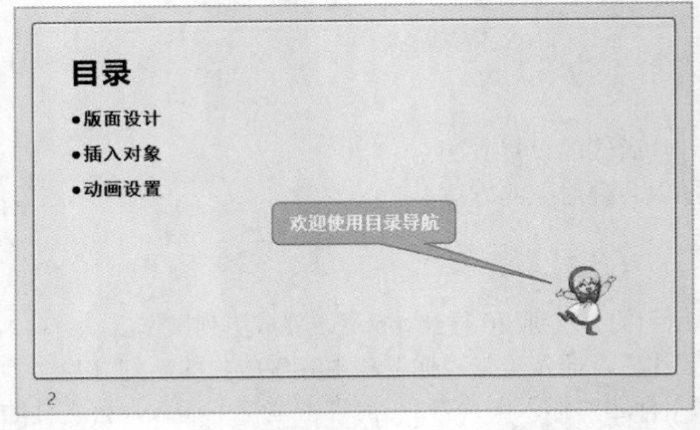

图 1-21-3　实训 21.pptx 中第 2 张幻灯片

【操作步骤】

打开“实训 20 样文.pptx”，选择“文件”菜单→“另存为”，保存为“实训 21.pptx”，在新演示文稿中，完成下列操作：

1．创建第 5 张幻灯片。

（1）新建幻灯片：选定第 4 张幻灯片缩略图，按组合键 Ctrl+M。当前幻灯片为新建的第 5 张幻灯片。

（2）输入标题：单击第 5 张幻灯片标题占位符，输入“插入图片”。

（3）插入图片：单击内容占位符中的“插入图片”提示图标，弹出“插入图片”对话框，选择“图片 21_1.jpg”。

2．创建第 6 张幻灯片。

（1）新建幻灯片：选定第 5 张幻灯片缩略图，按 Enter 键。当前幻灯片为新建的第 6 张幻灯片。

（2）更改版式：选择“开始”选项卡→“幻灯片”组→“版式”下拉按钮→“两栏内容”。

（3）输入标题：单击第 6 张幻灯片标题占位符，输入“插入表格和图表”。

（4）插入并修饰表格：单击左侧内容占位符中的“插入表格”提示图标，弹出“插入表格”对话框，输入列数 3、行数 4。输入表格文字。选定表格，通过“开始”选项卡→“字体”组，设置 24 磅。选择“表格工具”上下文选项卡→“对齐方式”组→“水平居中”按钮和“居中对齐”按钮，通过“表格工具”上下文选项卡→“单元格大小”组调整表格行高 2.80 厘米。

（5）插入图表：单击右侧内容占位符中的“插入图表”提示图标，弹出“图表”对话框，选择“簇状柱形图”，于是插入一个默认图表。通过“开始”选项卡→“字体”组，设置图表文字 18 磅。

（6）编辑图表数据：选定图表，选择“图表工具”上下文选项卡→“数据”组“编辑数据”按钮，弹出一个 WPS 表格设计窗口，示例数据在工作表的 A1:D5 区域中，如图 1-21-4 所示，修改已有的示例数据、系列名称和类别名称，如图 1-21-5 所示的 A1:C4 区域，所做修改将直接同步反映在 WPS 演示窗口中的图表上。

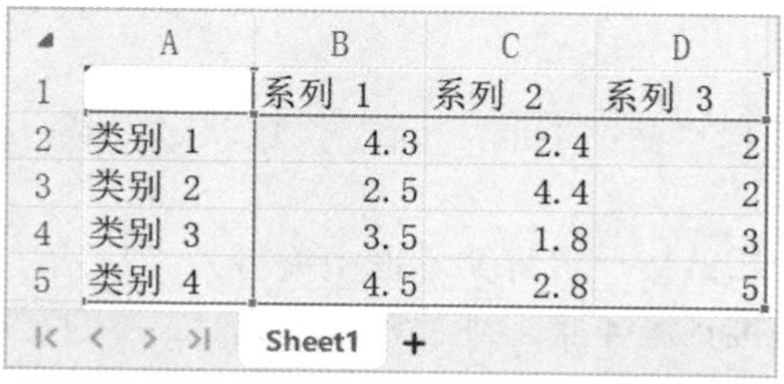

	A	B	C	D
1		系列 1	系列 2	系列 3
2	类别 1	4.3	2.4	2
3	类别 2	2.5	4.4	2
4	类别 3	3.5	1.8	3
5	类别 4	4.5	2.8	5

Sheet1 +

图 1-21-4　WPS 演示中的图表示例数据

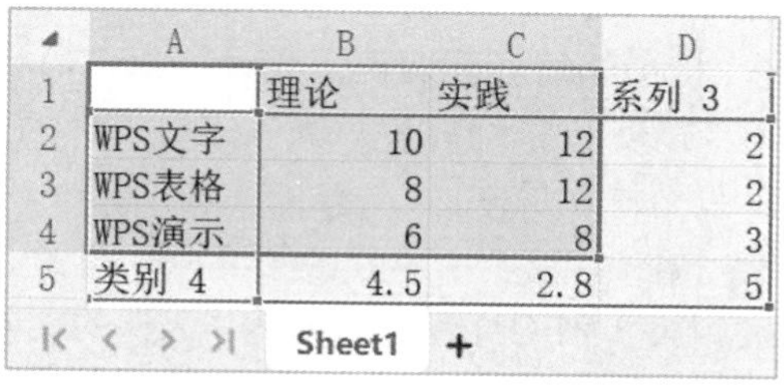

	A	B	C	D
1		理论	实践	系列 3
2	WPS文字	10	12	2
3	WPS表格	8	12	2
4	WPS演示	6	8	3
5	类别 4	4.5	2.8	5

Sheet1 +

图 1-21-5　WPS 演示中的图表示例数据修改

（7）选择图表数据：在 WPS 演示窗口选定图表，选择“图表工具”上下文选项卡→“数据”组“选择数据”按钮，在打开的“编辑数据源”对话框中，去掉勾选“系列 3”“类别 4”筛选框，如图 1-21-6 所示。单击“确定”按钮关闭对话框。

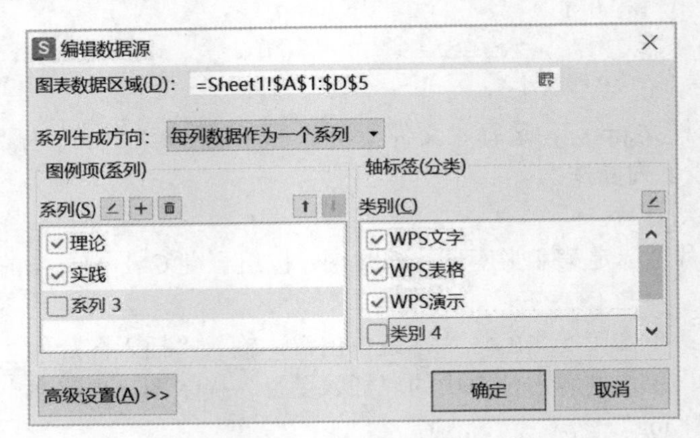

图 1-21-6 “编辑数据源”对话框

3．修改第 2 张幻灯片。

（1）插入图片：选定第 2 张幻灯片，选择“插入”选项卡→“图形和图像”组→“图片”下拉按钮→“本地图片”，弹出“插入图片”对话框，选择“图片 21_2.gif”并双击插入幻灯片中，适当调整图片大小及位置。

（2）插入形状：选择“插入”选项卡→“图形和图像”组→“形状”下拉按钮→“标注”→“圆角矩形标注”，于是鼠标指针呈“十”状，在幻灯片中拖拽鼠标拉出一个圆角矩形标注形状，添加文字“欢迎使用目录导航”。适当调整大小及位置。

实训 22 动态演示文稿设计

动态演示文稿设计

【实训目的】

1．熟练掌握动画的设置方法。

2．熟练掌握幻灯片切换方式的设置方法。

3．掌握超链接的建立及幻灯片的放映方法。

【实训内容】

打开“实训 21.pptx”，另存为“实训 22.pptx”。在“实训 22.pptx”中完成下列操作：

1．将全部幻灯片切换方式设置为“形状”。

2．在第 1 张幻灯片中嵌入来自文件的背景音乐“蓝色多瑙河.mp3”，放映时隐藏，循环放映，直至停止放映。

3．按图 1-22-1 所示修改第 2 张幻灯片，建立超链接：内容文本框中编号为“1.”的文本行链接到第 3 张幻灯片，编号为“2.”的文本行链接到第 4 张幻灯片，编号为“3.”的文本行链接到第 7 张幻灯片。

4．将圆角矩形标注形状添加“自右侧”“擦除”的动画效果，在上一动画之后开始；将内容文本框添加“棋盘”动画效果；将图片添加“出现”动画效果。并调整动画顺序，依次为图片、标注、文本框，顺序号如图 1-22-1 所示。

5．观看放映，查看动画效果。

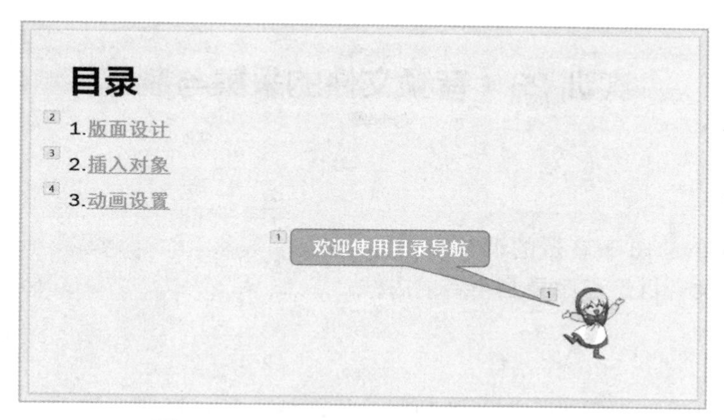

图 1-22-1　实训 22.pptx 中第 2 张幻灯片

【操作步骤】

打开“实训 21.pptx”，选择“文件”菜单→“另存为”，保存为“实训 22.pptx”，在该演示文稿中进行下列操作：

1. 设置切换方式：选择“切换”选项卡→“切换”组→“形状”，在“应用范围”组中单击“应用到全部”按钮。

2. 嵌入背景音乐：选定第 1 张幻灯片，选择“插入”选项卡→“媒体”组→“音频”下拉按钮→“嵌入背景音乐”，在“从当前页插入……”对话框中选择“蓝色多瑙河.mp3”文件，并双击插入。在“音频工具”上下文选项卡中，默认勾选“放映时隐藏”“循环放映，直至停止放映”复选框。

3. 建立超链接。

（1）设置编号：选定第 2 张幻灯片中的内容文本框，选择“开始”选项卡→“段落”组→“编号”按钮。

（2）建立超链接：选定编号为“1.”的文本行，右击→“超链接”，弹出“插入超链接”对话框，选择“链接到”栏下的“本文档中的位置”，在“请选择文档中的位置”列表框中，选择第 3 张幻灯片，单击“确定”按钮关闭对话框。如此方法建立另外两个超链接。

4. 在第 2 张幻灯片中，设置动画效果。

（1）选定标注形状，设置动画效果：选择“动画”选项卡→“动画”组→“擦除”，单击“动画属性”下拉按钮→“自右侧”，在“计时”组中，选择“开始”下拉列表中的“在上一动画之后”。

（2）选定内容文本框，设置动画效果：选择“动画”选项卡→“动画”组→“棋盘”。

（3）选定图片，设置动画效果：选择“动画”选项卡→“动画”组→“出现”。

（4）调整动画顺序：选择“动画”选项卡→“动画工具”组→“动画窗格”按钮，在“动画窗格”任务窗格中，选定图片动画对象，单击窗格下方“重新排序”按钮两次，使图片动画对象至第 1 顺序位置。

5. 从头开始放映：选择“放映”选项卡→“开始放映”组→“从头开始”按钮（或者按功能键 F5）。

6. 保存演示文稿，退出 WPS Office。

实训 23 音频文件的采集与制作

【实训目的】

1．掌握 Windows 10 下音量的调节和设置方法。

2．掌握用“录音机”程序录制声音的方法。

【实训内容】

使用 Windows 10“录音机”程序录制配乐诗朗诵，要求播放背景音乐“红旗颂.mp3”的同时有感情地朗读“我骄傲我是中国人.docx”文档内容，将声音文件保存在默认文件夹下，文件名为“诗朗诵.m4a”。

【操作步骤】

1．设置“立体声混音”。

（1）将麦克风连接到计算机。

（2）右击任务栏上的“扬声器”图标→“声音”，打开“声音”对话框。

（3）选择“录制”选项卡，在“选择以下录制设备来修改设置”列表的空白区右击→选择“显示禁用的设备”复选框。

（4）右击出现在列表中的“立体声混音”→“启用”。

（5）再次右击“立体声混音”→“设置为默认通信设备”，单击“确定”按钮，完成设置。

2．录制声音文件。

（1）打开“我骄傲我是中国人.docx”文档，为朗读做准备。

（2）选择“开始”按钮→应用列表中的“录音机”，则启动“录音机”程序，打开“录音机”窗口，如图 1-23-1 所示。

图 1-23-1 “录音机”窗口

（3）使用已安装的播放软件，开始播放“红旗颂.mp3”作为背景音乐。

（4）单击“录音机”窗口中的“录制”按钮，开始录音并自动计时，如图 1-23-2 所示，此时只需要对着麦克风朗读“我骄傲我是中国人.docx”文档内容。

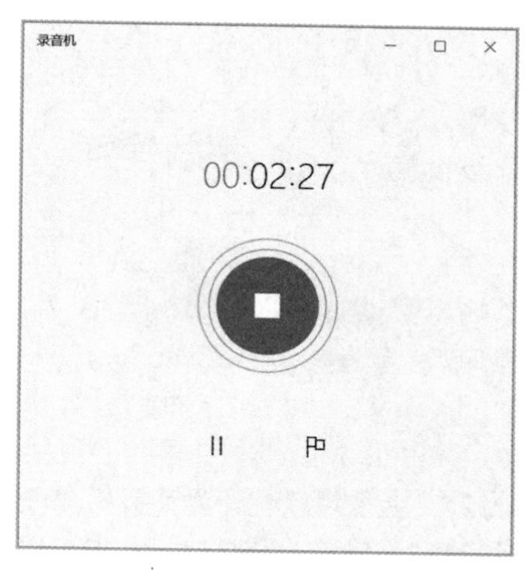

图 1-23-2　录音进行中

（5）若需暂停录音，应单击窗口下方的“暂停录音”按钮，再次单击该按钮继续录制；若要停止录音，应单击窗口中间的“停止录音”按钮，录音文件自动保存，并出现在窗口中的文件列表中，如图 1-23-3 所示。

3．播放声音文件：在“录音机”窗口中，单击文件列表中的声音文件，即开始播放，如图 1-23-4 所示。单击任务栏上的“扬声器”图标→打开“扬声器”音量调节框→拖动滑块调节扬声器音量至合适的位置。

4．声音文件重命名。在如图 1-23-4 所示的播放窗口中，单击右下角的“重命名”按钮（或者右击文件列表中的声音文件→“重命名”），在弹出的文本框中输入文件名“诗朗诵”，单击下方的“重命名”按钮或按 Enter 键确认。

图 1-23-3　录音文件列表

图 1-23-4　声音文件播放及重命名

实训 24　360 杀毒软件的使用

【实训目的】

1. 掌握 360 杀毒软件的使用。
2. 熟悉 360 杀毒软件的升级设置。

【实训内容】

1. 使用 360 杀毒软件查杀病毒。
2. 升级 360 杀毒软件病毒库。

【操作步骤】

360 杀毒软件是一款免费的云安全杀毒软件，为计算机系统提供全面的安全防护。具有实时病毒防护功能，对系统访问到的对象自动、及时检测；也可以在用户的操控下，按照用户的要求扫描检测。

1. 自动查杀病毒。

（1）当文件被访问时，360 杀毒软件会自动对文件进行扫描，如果发现病毒立即发出警告，如图 1-24-1 所示。

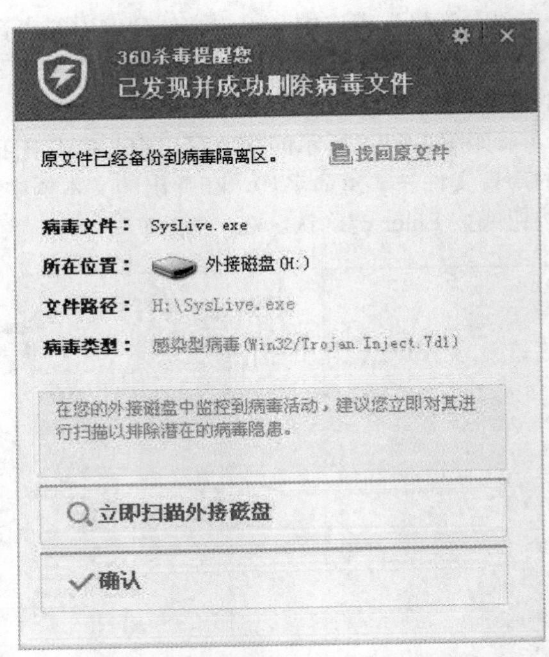

图 1-24-1　实时病毒防护发现病毒界面

（2）当使用移动存储设备时，如 U 盘，360 杀毒软件也会自动扫描 U 盘，如果发现病毒，会打开如图 1-24-2 所示的界面，单击“立即处理”按钮即可及时清除病毒。

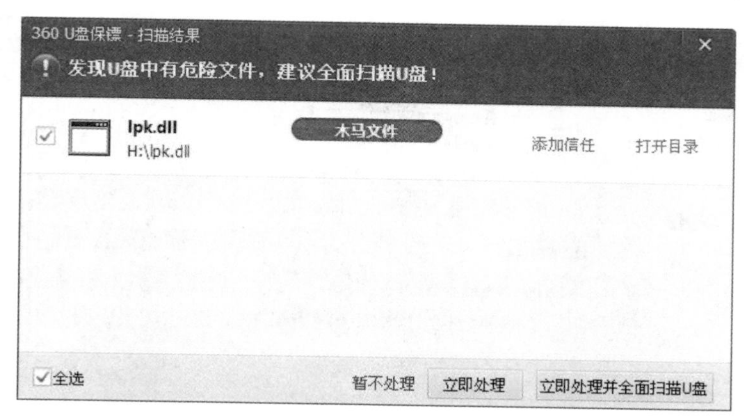

图 1-24-2　扫描 U 盘发现病毒界面

2．手动查杀病毒。

（1）启动 360 杀毒软件，打开如图 1-24-3 所示的操作主界面。选择“全盘扫描”扫描本机所有磁盘；或者选择“快速扫描”扫描 Windows 系统目录及 Program Files 目录。

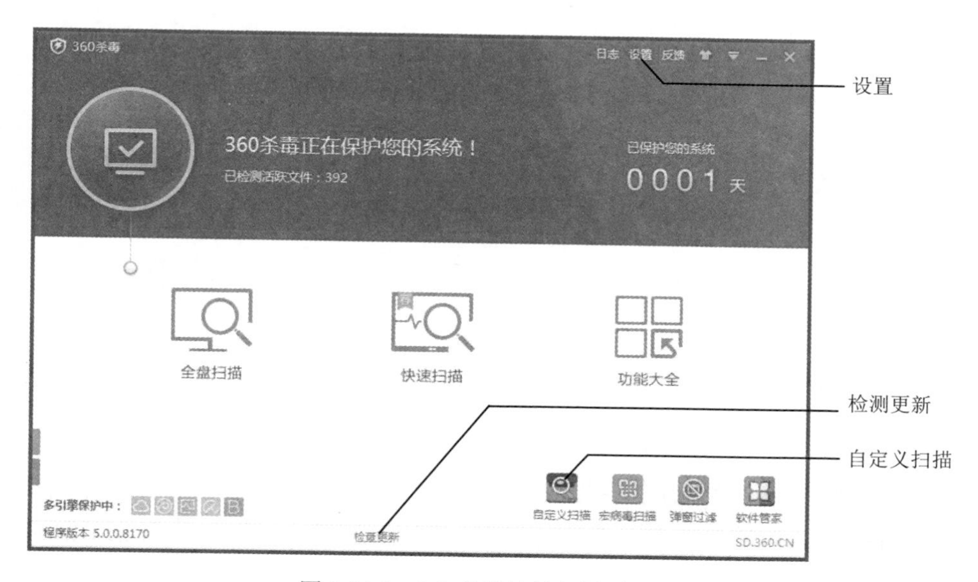

图 1-24-3　360 杀毒软件主界面

（2）在如图 1-24-3 所示的主界面中，单击窗口右下方的“自定义扫描”，可以选择指定的文件夹或文件进行扫描。

（3）也可以在选定的文件或文件夹上右击，选择“使用 360 杀毒扫描”命令，对选定的文件或文件夹进行扫描。

3．升级病毒库。

（1）开启自动升级功能。360 杀毒软件会在有升级可用时，自动下载并安装升级文件。设置方法：在如图 1-24-3 所示的主界面中，单击窗口右上角的“设置”，打开如图 1-24-4 所示的“360 杀毒-设置”对话框，在“升级设置”的“自动升级设置”中，选择“自动升级病毒特征库及程序”，单击“确定”按钮，完成设置。

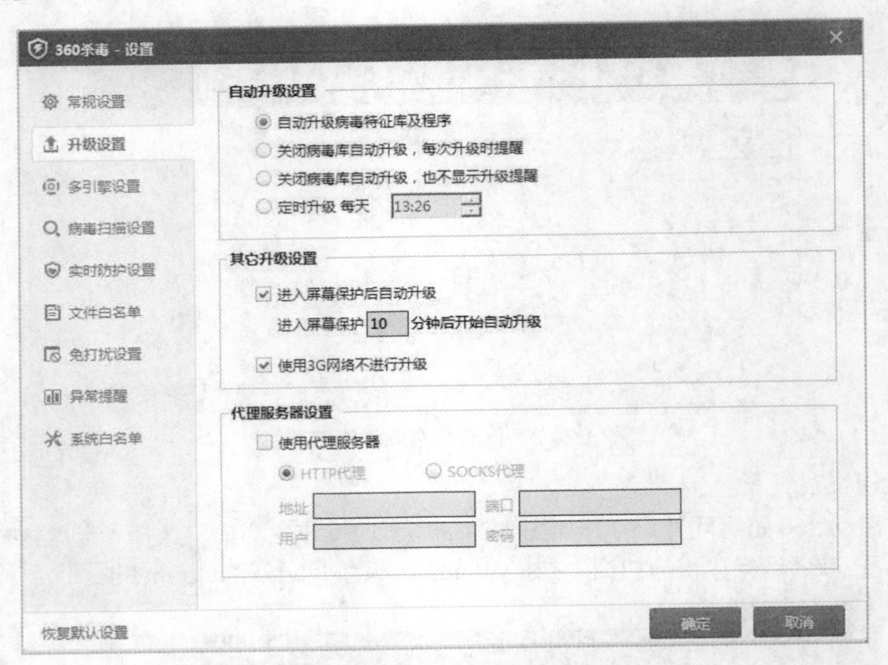

图 1-24-4 “360 杀毒-设置”对话框

（2）可以在如图 1-24-3 所示的主界面上，单击窗口下方的“检查更新”，打开升级界面，升级主程序和病毒库到最新版本。

实训 25 360 安全卫士应用软件的使用

【实训目的】

1. 掌握 360 安全卫士应用软件的使用。
2. 熟悉 360 安全卫士应用软件的升级设置。

【实训内容】

1. 使用 360 安全卫士对计算机进行全面体检。
2. 使用 360 安全卫士对计算机进行木马查杀、电脑清理、系统修复、优化加速。
3. 使用 360 安全卫士对计算机进行软件管理。

【操作步骤】

360 安全卫士是一款免费的计算机防护软件，具有电脑体检、木马查杀、漏洞修复、插件清理、电脑救援、隐私保护、垃圾及痕迹清理等多种功能。

1. 电脑体检。

（1）启动 360 安全卫士应用软件，打开如图 1-25-1 所示的操作界面，默认打开的是“我的电脑”体检界面。

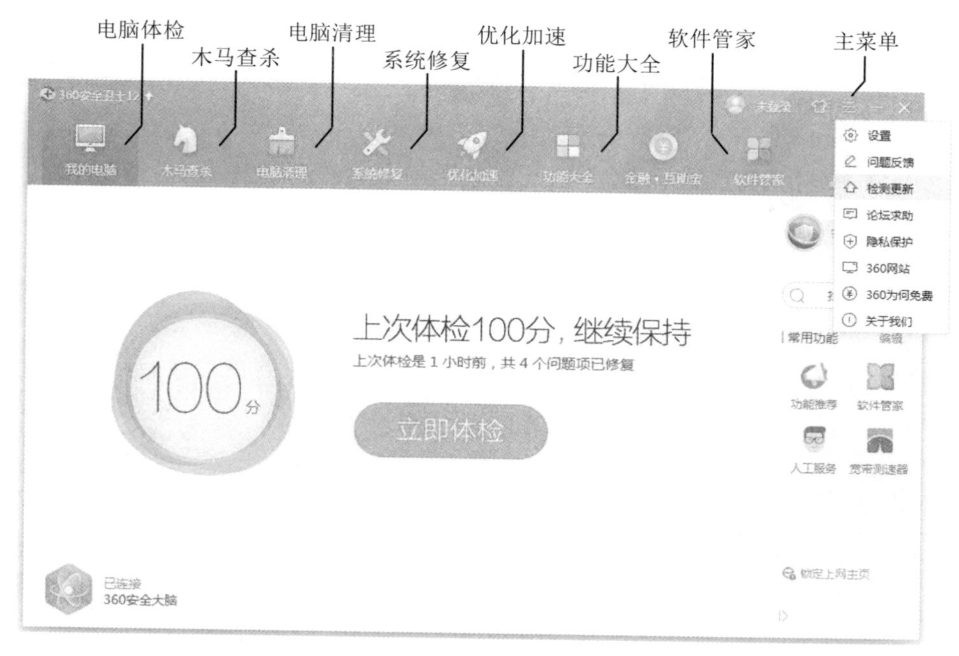

图 1-25-1　360 安全卫士“我的电脑”体检界面

（2）单击“立即体检”按钮，开始对计算机进行故障检测、垃圾检测、安全检测、速度提升检测。体检结束后可以单击“一键清理”，以保证计算机安全流畅地运行。

2．木马查杀。

（1）在如图 1-25-1 所示的操作界面中单击“木马查杀”，切换至如图 1-25-2 所示界面。

（2）单击“快速查杀”按钮，开始对计算机进行木马扫描。扫描结束后若发现木马病毒，应立即清除。

图 1-25-2　360 安全卫士“木马查杀”界面

3．电脑清理。

（1）在如图 1-25-1 所示的操作界面中单击“电脑清理”，切换至如图 1-25-3 所示的界面。

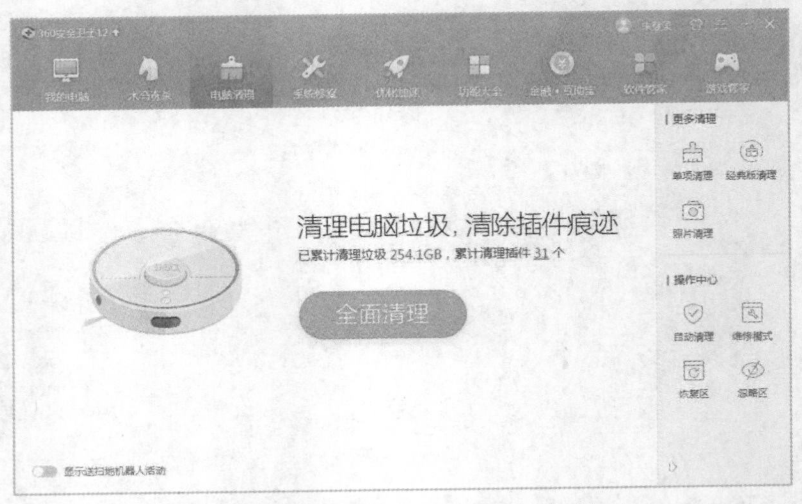

图 1-25-3　360 安全卫士“电脑清理”界面

（2）单击“全面清理”按钮，开始对计算机中的垃圾、痕迹、注册表、插件、Cookie 等进行扫描。扫描结束后可以单击“一键清理”，为计算机释放更多的存储空间，使计算机运行更流畅。

4．系统修复。

（1）在如图 1-25-1 所示的操作界面中单击“系统修复”，切换至如图 1-25-4 所示的界面。

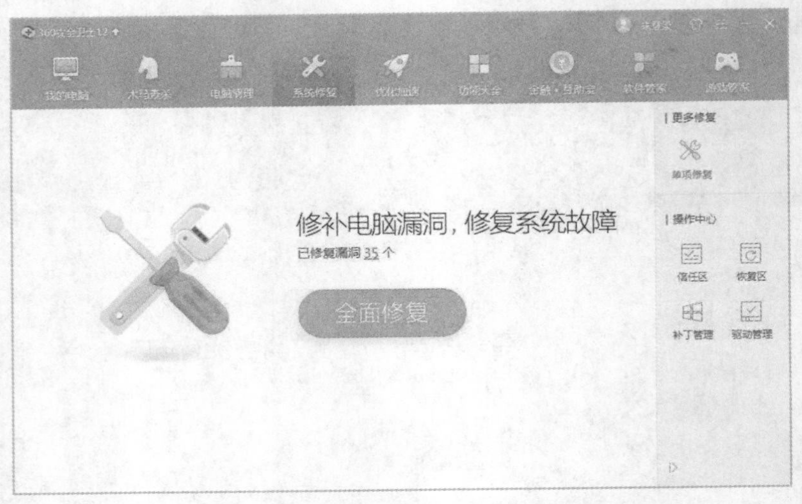

图 1-25-4　360 安全卫士“系统修复”界面

（2）单击“全面修复”按钮开始对系统漏洞和系统故障进行扫描及修复，以确保计算机正常使用。

5．优化加速。

（1）在如图 1-25-1 所示的操作界面中单击“优化加速”，切换至如图 1-25-5 所示的界面。

图 1-25-5　360 安全卫士“优化加速”界面

（2）单击“全面加速”按钮，开始对开机加速、系统提速、网络加速、硬盘加速几方面进行优化检测。扫描检测后可以单击“立即优化”，提升计算机的工作速度。

6．功能大全。

（1）在如图 1-25-1 所示的操作界面中单击“功能大全”，切换至如图 1-25-6 所示的界面。

图 1-25-6　360 安全卫士“功能大全”界面

（2）“功能大全”中拥有大量的计算机工具软件，可以帮助用户解决计算机出现的各种疑难杂症，如软件无法彻底卸载、文件被误删等。

7．软件管家。

（1）在如图 1-25-1 所示的操作界面中单击“软件管家”，打开如图 1-25-7 所示的窗口。

图 1-25-7 “360 软件管家”窗口

（2）软件管家是软件下载的平台，有着海量软件资源，还具备软件升级、软件净化、软件卸载等功能，使用方便、安全，有助于用户更好地管理计算机软件。

8．软件升级。

在如图 1-25-1 所示的操作界面中单击右上方的主菜单，选择“检测更新”，打开如图 1-25-8 所示的下载界面，将“360 安全卫士”主程序和木马库升级到最新版本。

图 1-25-8 “360 安全卫士-升级”界面

实训 26 驱动人生应用软件的使用

【实训目的】

1. 掌握驱动人生应用软件的使用。
2. 熟练个人计算机的驱动优化。

【实训内容】

1. 使用驱动人生对计算机进行硬件检测。
2. 使用驱动人生为计算机更新驱动程序。
3. 使用驱动人生对计算机优化加速。

【操作步骤】

计算机系统中各个外设接口都需要驱动程序的支持，驱动人生是一款免费的驱动管理软件，可智能检测硬件，并提供最新驱动更新，以及本机驱动备份、还原、卸载等功能。

1. 驱动体检。

（1）启动驱动人生应用软件，如图 1-26-1 所示，默认打开的是“驱动体检”操作界面。

图 1-26-1 驱动人生“驱动体检”界面

（2）单击“立即体检”按钮，开始对计算机检测驱动状态，检测完成后会列出检测结果，如图 1-26-2 所示，如果需要修复、升级，可单击“一键安装”按钮。

图 1-26-2　驱动人生“驱动体检”结果示例

2．驱动管理。

在如图 1-26-1 所示的操作界面中单击“驱动管理”，立即检测本机驱动程序的备份状态，检测结果如图 1-26-3 所示。可以在窗口下方选项按钮中选择“驱动备份”“驱动还原”或“驱动卸载”等操作。

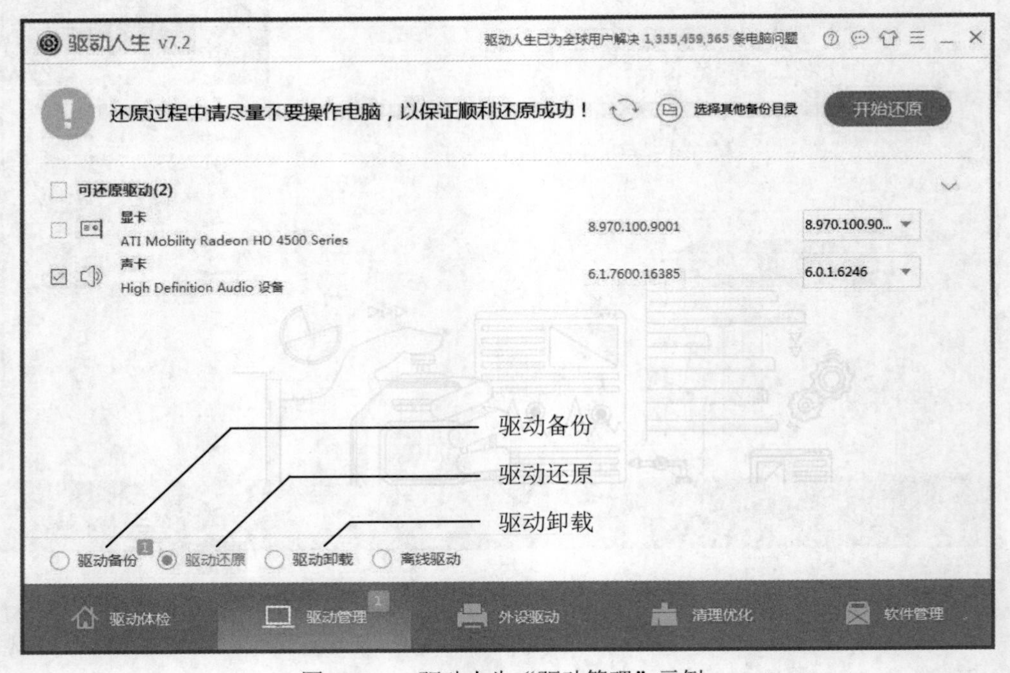

图 1-26-3　驱动人生“驱动管理”示例

3．外设驱动。

在如图 1-26-1 所示的操作界面中单击“外设驱动”，立即检测键盘、鼠标、打印机、无线网卡等外部设备的接入、驱动安装情况，以及修复功能。支持网络打印机检测与安装。检测结果如图 1-26-4 所示。

图 1-26-4　驱动人生“外设驱动”示例

4．清理优化。

在如图 1-26-1 所示的操作界面中单击“清理优化”，切换至如图 1-26-5 所示的界面，单击“火速扫描”按钮，开始对驱动包、垃圾文件、优化加速性进行检测，扫描结束后可以一键优化。

图 1-26-5　驱动人生“清理优化”界面

实训 27　360 压缩软件的使用

【实训目的】

掌握 360 压缩软件的压缩、解压、加密压缩方法。

【实训内容】

1．使用 360 压缩软件压缩 D:\net 中的文件夹“影像”。

2．使用 360 压缩软件对 D:\net 中的文件夹“图片”进行加密压缩。

3．使用 360 压缩软件解压 D:\net\海景.zip 文件。

【操作步骤】

1．压缩文件夹。

（1）在 D 盘 net 文件夹中，找到文件夹“影像”。如果需要压缩前后文件名相同，可右击“影像”文件夹→选择“添加到‘影像.zip’”命令，完成文件压缩。

（2）若需自行定义压缩文件名，可右击“影像”文件夹→选择“添加到压缩文件”命令，弹出图 1-27-1 所示的对话框，输入压缩文件名，单击“立即压缩”按钮。

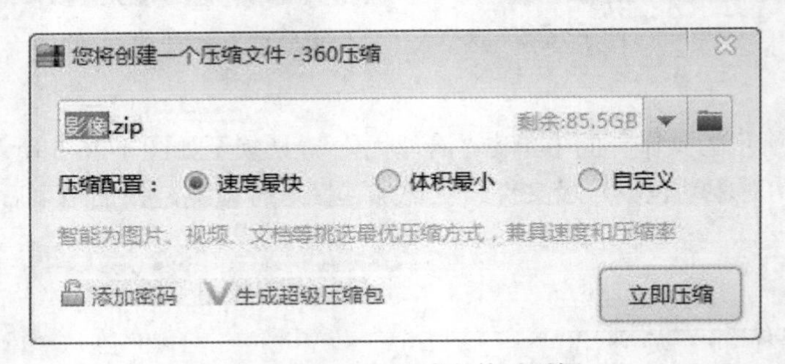

图 1-27-1　360 压缩文件对话框

2．加密压缩文件夹。

（1）在 D 盘 net 文件夹中，找到文件夹“图片”。右击“图片”文件夹→“添加到压缩文件”命令，弹出压缩文件对话框，参见图 1-27-1。

（2）单击对话框右边的选项按钮“自定义”，单击窗口左下角的“添加密码”，弹出“添加密码”对话框，输入密码，单击“确定”，如图 1-27-2 所示。

（3）输入压缩文件名，单击“立即压缩”按钮。

3．解压文件。

（1）在 D 盘 net 文件夹中找到待解压的文件“海景.zip”。若解压后需保存到当前文件夹下，可右击“海景.zip”文件→“解压到当前文件夹”，即可解压。

（2）若需自行定义解压后文件路径，可右击“海景.zip”文件→“解压到”，弹出如图 1-27-3 所示的对话框，选择文件解压的目标路径，单击“立即解压”按钮。

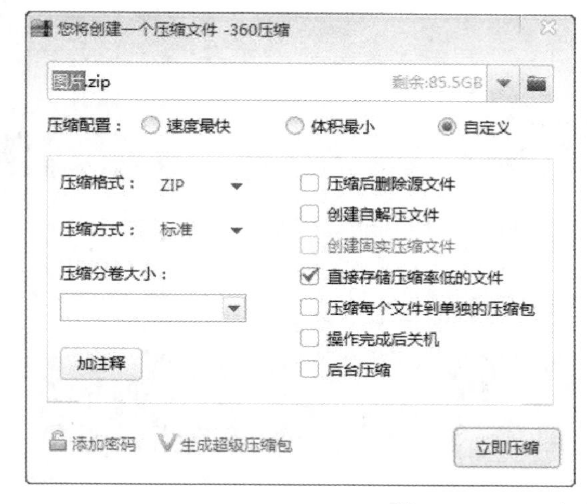

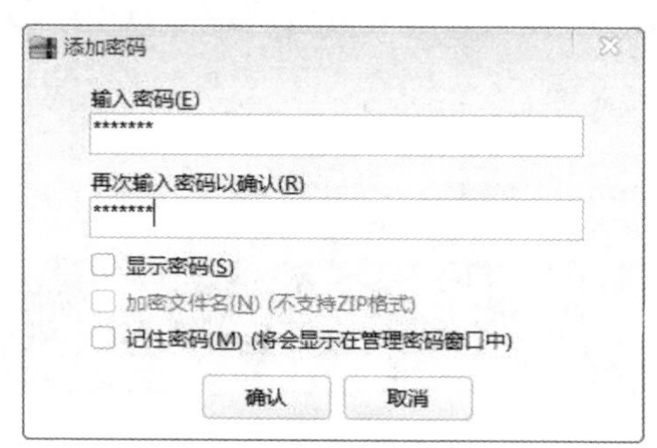

图 1-27-2　360 加密压缩文件

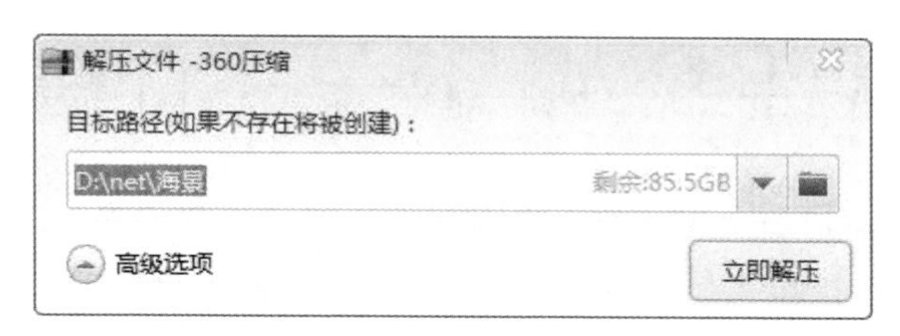

图 1-27-3　360 解压文件对话框

实训 28　Microsoft Edge 浏览器的使用

【实训目的】

1．掌握 Microsoft Edge 浏览器的网页浏览功能。
2．掌握收藏夹的使用方法。
3．掌握设置主页的方法。

【实训内容】

1．打开网易网首页，并浏览网易新闻网页。
2．将网易新闻网页添加到收藏夹。
3．设置搜狐网首页为 Edge 浏览器主页，并在 Edge 浏览器中打开主页。

【操作步骤】

1．浏览网页。

（1）选择“开始”菜单→应用列表中的 Microsoft Edge（或者双击桌面上的快捷图标），于是打开 Edge 浏览器。在 Edge 浏览器窗口的地址栏中输入网易网首页地址 http://www.163.com，按 Enter 键，网易网首页在 Edge 浏览器窗口中显示出来，如图 1-28-1 所示。

图 1-28-1　网易网首页

（2）找到网易网首页左上方的“新闻”链接，单击该链接打开网易新闻网页。

2．添加到收藏夹。

（1）单击浏览器窗口右上方的收藏夹按钮，展开“收藏夹”下拉列表，如图 1-28-2 所示。

（2）单击列表上方的“将此页添加到收藏夹”按钮，于是在“收藏夹”下拉列表中出现“网易新闻”，则完成添加，如图 1-28-3 所示。

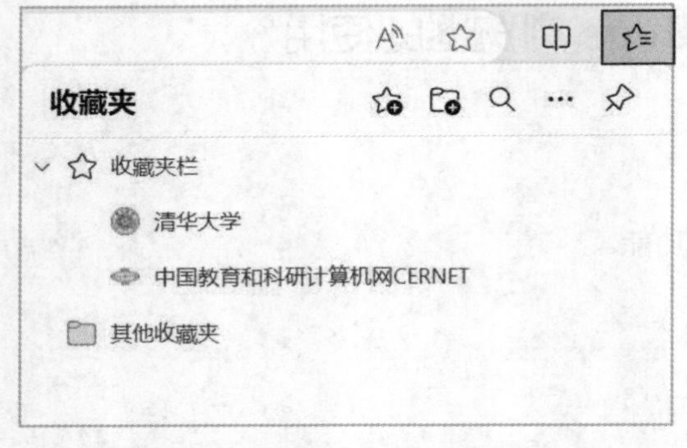

图 1-28-2　“收藏夹”下拉列表添加前

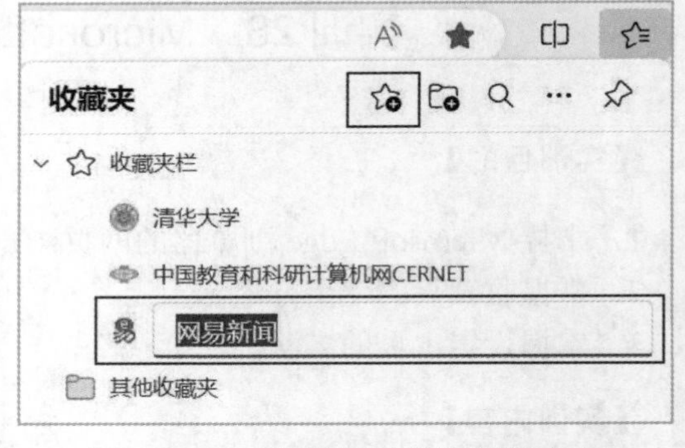

图 1-28-3　“收藏夹”下拉列表添加后

3．设置 Edge 浏览器主页。

（1）启动 Edge 浏览器，单击工具栏右侧的“设置及其他”按钮···，展开“设置”下拉列表，选择其中的“设置”，则打开“设置”标签页，如图 1-28-4 所示。

（2）选择左窗格中的“开始、主页和新建标签页”，在右窗格的“‘开始’按钮”下，将“在工具栏上显示‘首页’按钮”项右侧的开关按钮设为“开”状态，在下方的文本框中输入搜狐网首页地址 http://www.sohu.com，单击“保存”按钮。

（3）单击地址栏中的“主页”按钮，于是浏览器窗口的当前标签页中显示搜狐网首页内容。

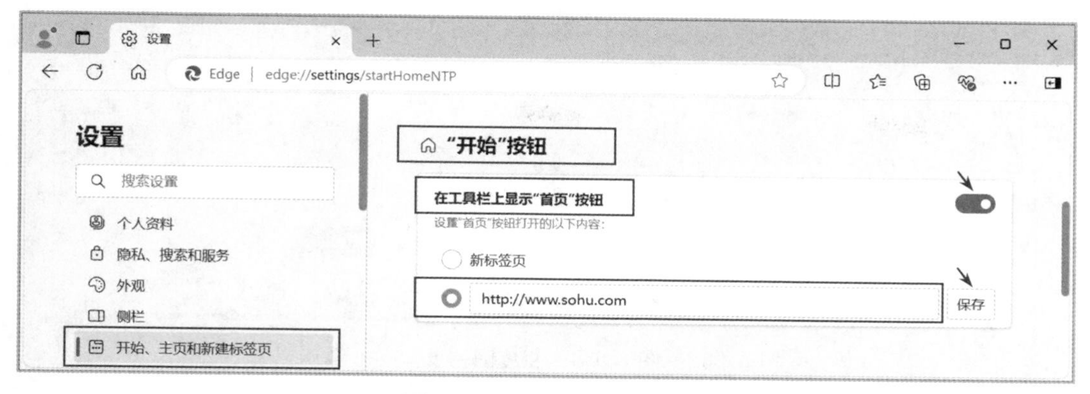

图 1-28-4　“设置”标签页

实训 29　保存网页及图片下载

【实训目的】

1．了解网页搜索引擎的使用。
2．掌握保存网页的方法。
3．掌握下载图片、文字的方法。

【实训内容】

1．打开百度网，搜索“人民网”官方网站链接。

2．将“人民网”网站首页保存到 D:\net 文件夹中，保存文件名为“人民网主页”，保存为默认的文件类型。

3．在人民网首页任选一张图片，以 JPEG 格式保存在 D:\net 文件夹中，文件名为 down。

4．浏览人民网上的一篇新闻，把新闻中的一个自然段文字保存到 D:\net 文件夹中，保存文件名为 new.txt。

【操作步骤】

1．使用搜索引擎。

（1）双击桌面上的 Microsoft Edge 浏览器快捷图标，打开 Edge 浏览器窗口。

（2）在地址栏中输入 http://www.baidu.com，按 Enter 键，打开百度网首页，如图 1-29-1 所示。

（3）在搜索框中输入“人民网”，按 Enter 键。百度网页中显示搜索结果，如图 1-29-2 所示。

2．保存网页。

（1）单击百度搜索结果中的“人民网_网上的人民日报”链接，打开人民网主页。

（2）选择工具栏右侧的“设置及其他”按钮…→“更多工具”→“将页面另存为”(或按组合键 Ctrl+S)，于是弹出“另存为”对话框，如图 1-29-3 所示。

图 1-29-1　百度网首页

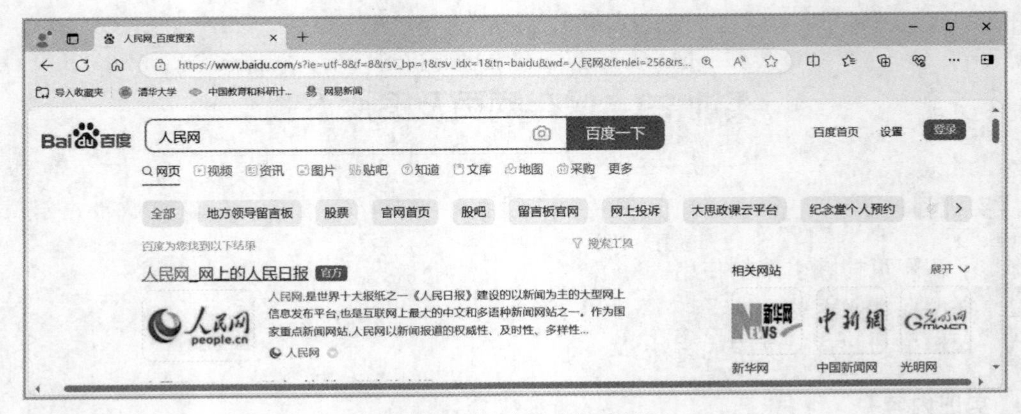

图 1-29-2　百度搜索结果示例

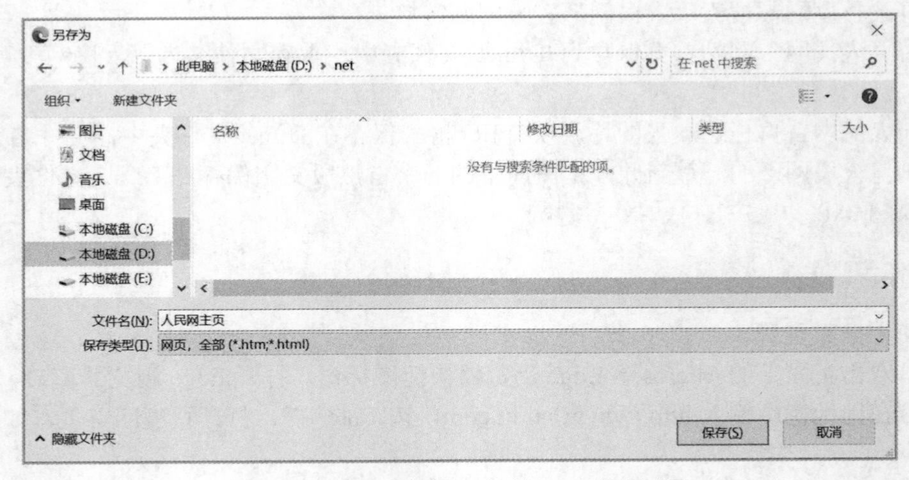

图 1-29-3　“另存为”对话框——保存网页

（3）通过导航窗格或地址栏选择网页保存位置为 D 盘 net 文件夹，在“文件名”栏输入“人民网主页”，保存类型默认“网页，全部(*.htm,*.html)”不变，单击“保存”按钮。

3．下载图片。

（1）在人民网（www.people.com.cn）首页，选择任意一张图片，右击→“将图像另存为”命令，弹出“另存为”对话框，如图 1-29-4 所示。

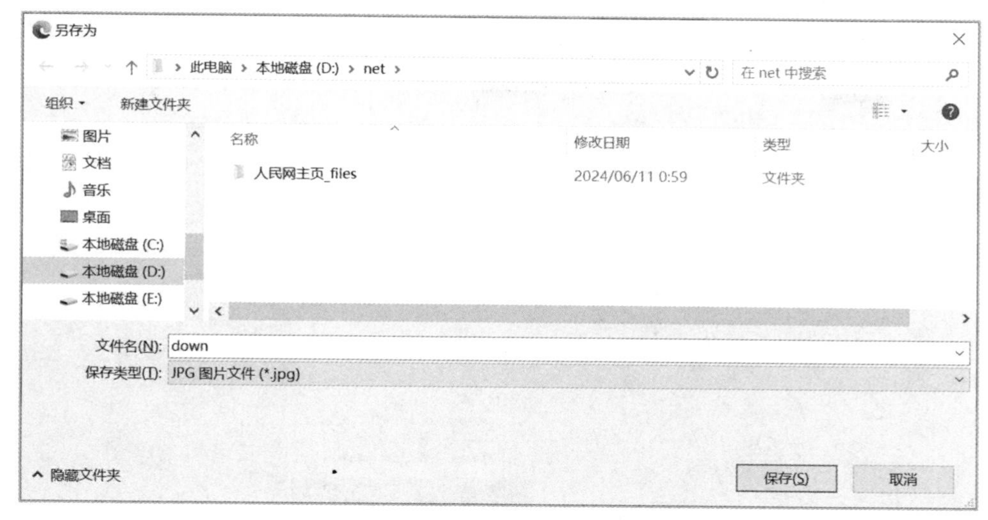

图 1-29-4　“另存为”对话框——保存图片

（2）在导航窗格或地址栏选择保存位置为 D 盘 net 文件夹，在“文件名”栏输入 down，保存类型选择“JPG 图片文件(*.jpg)”，单击“保存”按钮。

4．保存文字。

（1）在人民网（www.people.com.cn）首页任意打开一个新闻链接。

（2）选择一段文字，按快捷键 Ctrl+C。

（3）打开 D 盘 net 文件夹，在空白处右击→“新建”→“文本文档”命令，输入文件名 new，双击打开记事本，按快捷键 Ctrl+V，保存文件。

实训 30　免费电子邮箱的申请和使用

【实训目的】

1．熟悉免费电子邮箱的申请方法。

2．熟悉免费电子邮箱的使用。

【实训内容】

1．申请网易免费电子邮箱。

2．在网易网上收发电子邮件。

【操作步骤】

1．申请免费电子邮箱。

（1）双击桌面上的 Microsoft Edge 浏览器快捷图标，打开 Edge 浏览器窗口。

（2）在地址栏中输入http://www.163.com，按 Enter 键，打开网易网首页。

（3）单击网易网首页右上方的“注册免费邮箱”超链接，进入网易免费邮箱注册页面，如图 1-30-1 所示。

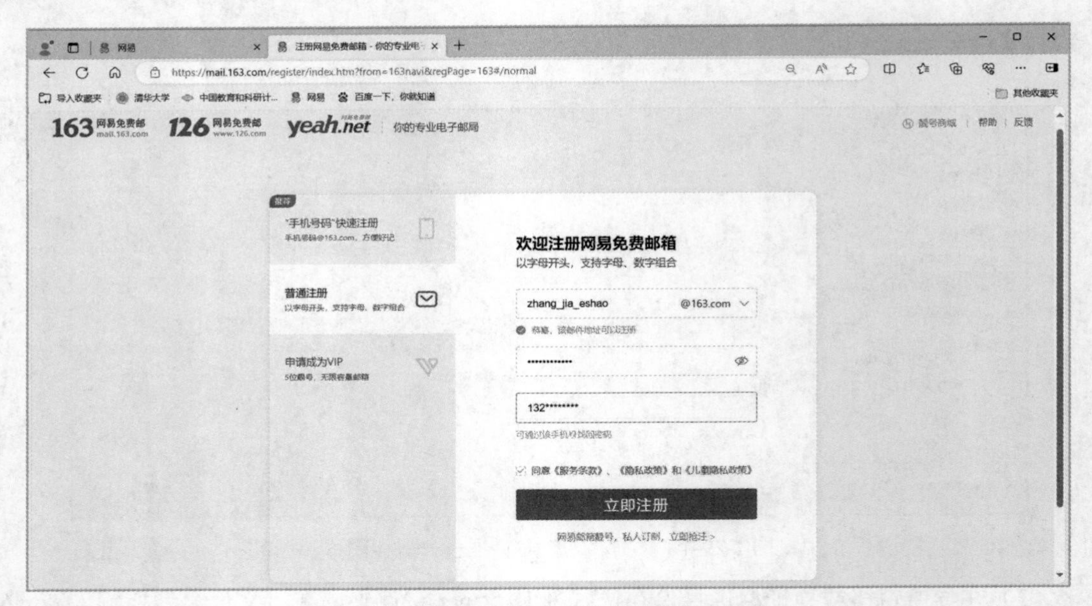

图 1-30-1　网易免费邮箱注册页面

（4）选择“普通注册”，填写邮箱地址、密码、手机号码。

（5）单击“立即注册”按钮，经过手机验证后，注册成功。

2．收发电子邮件。

（1）登录电子邮箱。用 Edge 浏览器打开网易首页，选择窗口右上方的邮箱图标→“免费邮箱”，打开如图 1-30-2 所示的账号登录页面，输入邮箱账号和密码，单击“登录”按钮，进入网易免费邮箱页面。

图 1-30-2　网易账号登录界面

（2）接收电子邮件。在网易免费邮箱页面，单击“收信”或“收件箱”按钮，显示收件箱页面，如图 1-30-3 所示。单击待阅读的邮件，打开并查看该邮件内容，如有附件，可在页面上查看附件并下载。

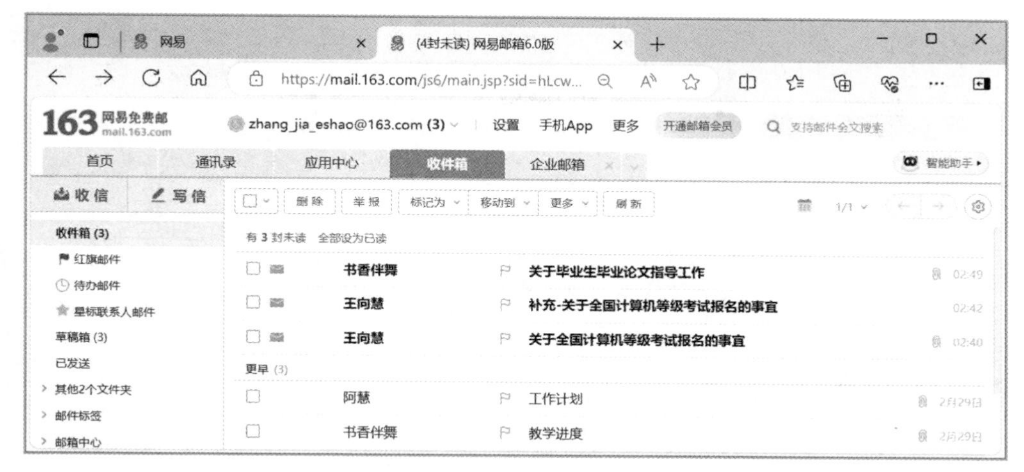

图 1-30-3　网易免费邮箱收件箱页面

（3）撰写和发送电子邮件。在网易免费邮箱页面，单击“写信”按钮，显示写信页面，如图 1-30-4 所示。分别在收件人、主题、下方的正文编辑区，填写收件人的电子邮箱地址、邮件的主题、邮件正文。若要发送本地文件，可单击“添加附件”按钮，在弹出的“打开”对话框中双击待加载的文件即可。单击“发送”按钮，完成邮件的发送。

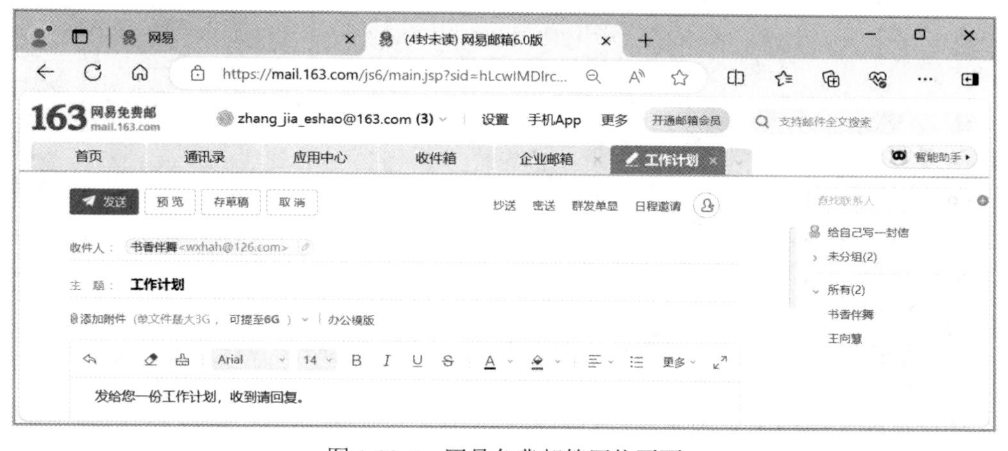

图 1-30-4　网易免费邮箱写信页面

第2部分　习　题　篇

习题1　计算机基础知识

一、单项选择题

1．通常所说的64位机是指计算机的（　　）。

A．字长为64位　　B．内存容量为64MB
C．主频为64MHz　　D．运算速度为64MIPS

2．Intel Core i7是指微型计算机的（　　）。

A．CPU型号　　B．微型计算机的生产厂家
C．硬盘生产厂家　　D．某类软件的名称

3．计算机辅助制造的英文缩写是（　　）。

A．CAI　　B．CAM　　C．CAD　　D．CAT

4．内存储器用于存放计算机工作时的（　　）。

A．数据　　B．程序　　C．数据和程序　　D．地址

5．当前微型计算机中所采用的逻辑元件是（　　）。

A．电子管　　B．晶体管
C．大规模、超大规模集成电路　　D．中小规模集成电路

6．切断计算机电源后，下列各存储器中会丢失数据的是（　　）。

A．ROM　　B．RAM　　C．硬盘　　D．U盘

7．用二进制8位表示无符号数时，能表示的最大十进制数是（　　）。

A．127　　B．128　　C．255　　D．256

8．计算机能直接识别的语言是（　　）。

A．机器语言　　B．汇编语言　　C．高级语言　　D．以上都能

9．下列8位二进制补码中，（　　）是-3的补码。

A．11111100B　　B．00000011B　　C．11111111B　　D．11111101B

10．十进制数127转换成二进制数是（　　）。

A．11111111B　　B．01111111B　　C．10000000B　　D．11111110B

11．二进制数00100100转换成十六进制数是（　　）。

A．64 H　　B．32 H　　C．36 H　　D．24 H

12．若将一个二进制整数最低位的零去掉，则形成的新数值是原数值的（　　）。

A．二倍　　B．四倍　　C．二分之一　　D．四分之一

13．以下属于高级语言的是（　　）。

A．汇编语言　　B．C语言　　C．机器语言　　D．以上都是

14. 利用计算机进行档案管理、人口统计、情报检索等工作属于计算机应用中的（　　）。

A. 数据处理　　B. 科学计算　　C. 过程控制　　D. 人工智能

15. WPS Office 软件属于（　　）。

A. 系统软件　　B. 网络软件　　C. 应用软件　　D. 数据库管理软件

16. 一个完整的计算机系统包括（　　）。

A. 运算器、控制器、存储器、输入/输出设备

B. 系统软件和应用软件

C. 主机和外设

D. 硬件系统和软件系统

17. 下列软件中，属于系统软件的是（　　）。

A. 自编的一个 C 程序，功能是求解一个一元二次方程

B. Windows 操作系统

C. 用汇编语言编写的一个游戏程序

D. 为某校学生处开发的学籍管理系统

18. 一条指令通常由（　　）和操作数组成。

A. 操作码　　B. 代码　　C. 地址　　D. 数据

19. 下列术语中，属于显示器性能指标的是（　　）。

A. 主频　　B. 运算速度　　C. 分辨率　　D. 存储容量

20. 在微型计算机硬件系统中，最核心的部件是（　　）。

A. 输入/输出设备　　B. 总线

C. CPU　　D. 内存储器

21. 在计算机存储器系统中，一个字节由（　　）个二进制位组成。

A. 1　　B. 8　　C. 16　　D. 32

22. 下列存储器中，存取速度最快的是（　　）。

A. U 盘　　B. RAM　　C. Cache　　D. 硬盘

23. 中央处理器（CPU）主要由（　　）组成。

A. 控制器和内存　　B. 运算器和存储器

C. 控制器和寄存器　　D. 运算器和控制器

24. 在微型计算机系统中配置高速缓冲存储器（Cache）是为了缓解（　　）。

A. 内、外存储器之间速度不匹配的问题

B. CPU 与硬盘之间速度不匹配的问题

C. CPU 与内存储器之间速度不匹配的问题

D. 主机与外设之间速度不匹配的问题

25. 计算机中的 1MB 等于（　　）。

A. 1024×1024 个字　　B. 1024×1024 个字节

C. 1000×1000 个字　　D. 1000×1000 个字节

26. 微型计算机存储系统中的 SRAM 是指（　　）。

A. 高速缓冲存储器　　B. 动态随机存取存储器

C. 只读存储器　　D. 静态随机存取存储器

27. 下列可用作存储容量单位的是（　　）。

A. b/s　　B. MIPS　　C. GB　　D. Hz

28. （　　）就是把硬盘中的数据传送到计算机内存中。

A. 打印　　B. 写盘　　C. 输出　　D. 读盘

29. 显示器是一种（　　）。

A. 输入/输出设备　　B. 输出设备

C. 存储器　　D. 输入设备

30. 下列设备中只能作为输入设备的是（　　）。

A. 磁盘驱动器　　B. 鼠标　　C. 打印机　　D. 显示器

31. 二进制数 10100001010.111 用十六进制表示为（　　）。

A. $(A12.4)_{16}$　　B. $(50A.E)_{16}$　　C. $(2412.E)_{16}$　　D. $(2412.7)_{16}$

32. 下列叙述中正确的是（　　）。

A. 硬盘被固定在机箱内，所以说硬盘不是外部设备

B. 固态硬盘和机械硬盘都是外部存储器

C. 为了提高速度，可强制 CPU 直接读写硬盘中的数据

D. 计算机系统中的存储器具有记忆能力，所以其中的信息永远不会丢失

33. 用高级程序设计语言编写的源程序要转换成机器语言程序，必须经过（　　）。

A. 汇编　　B. 编辑　　C. 解释　　D. 编译

34. 下列存储器中，只能读不能写的是（　　）。

A. ROM　　B. RAM　　C. 硬盘　　D. Cache

35. 世界上首次提出计算机存储程序体系结构的人是（　　）。

A. 阿兰·图灵　　B. 比尔·盖茨

C. 乔治·布尔　　D. 冯·诺依曼

36. 下列不属于输入/输出设备的是（　　）。

A. 鼠标　　B. 键盘　　C. 内存　　D. 硬盘

37. MIPS 是用来衡量计算机（　　）的性能指标。

A. 传输速度　　B. 存储容量　　C. 字长　　D. 运算速度

38. 下列描述中不正确的是（　　）。

A. CPU 中的运算器具有算术运算和逻辑运算功能

B. 所有计算机的字长都是固定不变的 8 位

C. 计算机内部采用二进制编码表示指令和数据

D. 各种高级语言的翻译程序都属于系统软件

39. 一台计算机的字长是 64 位，则表明（　　）。

A. 能处理的最大数值为 64

B. 能处理的字符串最多由 64 个英文字符组成

C. CPU 一次能处理 64 位二进制数据

D. 在 CPU 中运算的最大结果为 2 的 64 次方

40. 下列不属于内存储器的是（　　）。

A. RAM　　B. ROM　　C. Cache　　D. U 盘

41．计算机系统中的总线按所传递信息的性质分为（　　）。
A．逻辑总线、传输总线和通信总线　　B．地址总线、运算总线和逻辑总线
C．数据总线、信号总线和传输总线　　D．数据总线、地址总线和控制总线

42．运算器的主要功能是（　　）。
A．算术运算和逻辑运算　　B．加法运算和减法运算
C．加、减、乘、除运算　　D．“与”运算和“或”运算

43．在存储一个汉字内码的两个字节中，每个字节的最高位分别是（　　）。
A．1　1　　B．1　0　　C．0　1　　D．0　0

44．计算机能直接执行的程序是（　　）。
A．机器语言程序　　B．汇编语言程序
C．高级语言程序　　D．以上都可以

45．计算机的内存储器比外存储器（　　）。
A．更便宜　　B．存储容量更大
C．存取速度更快　　D．以上说法都对

46．在微型计算机中，表示有符号数的编码是（　　）。
A．BCD 码　　B．ASCII 码　　C．汉字内码　　D．补码

47．下列字符中，ASCII 码值最大的是（　　）。
A．A　　B．4　　C．Z　　D．x

48．在国标码 GB 2312—1980 中收录了 7445 个汉字和图形符号，其中一级汉字（　　）个。
A．3008　　B．3755　　C．682　　D．6763

49．48×48 点阵的汉字占用计算机存储空间为（　　）字节。
A．1　　B．28　　C．288　　D．2304

50．ROM 和 RAM 的主要区别是（　　）。
A．断电后 ROM 的数据丢失，RAM 的数据不会丢失
B．断电后 RAM 的数据丢失，ROM 的数据不会丢失
C．ROM 属于外存，RAM 属于内存
D．RAM 属于外存，ROM 属于内存

51．下列关于汉字编码的叙述中，错误的是（　　）。
A．由键盘输入的汉字使用输入码
B．国标码=区位码+2020H，机内码=国标码+8080H
C．在计算机内部，一个汉字内码长度为一个字节，其二进制最高位为 0
D．将机内码转换为字形码方能送到输出设备显示或打印

52．下列关于计算机使用的叙述中，错误的是（　　）。
A．计算机要经常使用，不要长期闲置不用
B．为了延长计算机的寿命，应避免频繁开关计算机
C．在计算机附近应避免磁场干扰
D．计算机用几小时后，应关机一会儿再用

53．若要使用计算机上网浏览网页，（　　）不是必须安装的。
A．网卡　　B．显卡　　C．打印机　　D．显示器

54. Byte 表示（　　）。

A. 字　　B. 字长　　C. 二进制位　　D. 字节

55. ASCII 码是计算机中最常用的字符编码，由 7 个二进制位组成，可表示（　　）个字符。

A. 7　　B. 128　　C. 52　　D. 256

56. 下列说法中错误的是（　　）。

A. 计算机能够按照人们预先编写的程序自动、高效地完成工作

B. 计算机具有精度高、速度快、记忆存储、逻辑判断、工作自动化的特点

C. 计算器是一种迷你型计算机

D. 虽然说计算机的功能很强，但是计算机并不是万能的

57. 下列四个不同进制的无符号数中，最小的数是（　　）。

A. 01011001B　　B. 73Q　　C. 70D　　D. 2AH

58. 微型计算机中的 CD-ROM 是指（　　）。

A. 只读型硬盘　　B. 只读型光盘

C. 可擦除型光盘　　D. 一次性写入光盘

59. 在微型计算机硬件中，既可作输出设备又可作输入设备的是（　　）。

A. 绘图仪　　B. 扫描仪　　C. 手写笔　　D. 磁盘驱动器

60. 下列叙述中正确的是（　　）。

A. 字节通常用英文单词 bit 表示

B. 目前广泛使用的酷睿系列微型计算机的字长为 64 个字节

C. 在计算机存储系统中，内存容量用 MB 作单位，外存容量用 GB 作单位

D. MHz 和 GHz 是表示 CPU 主频的单位

61. 计算机软件系统包括系统软件和（　　）。

A. 字处理软件　　B. 应用软件　　C. 管理软件　　D. 数据库软件

62. 以下关于汉字编码的叙述中，正确的是（　　）。

A. 汉字输入码主要分为数字码、音码、形码和音形码，五笔字型码是典型的音形码

B. 汉字字库中存放着用户通过键盘输入的汉字

C. 在屏幕上看到的汉字是该字的机内码

D. 汉字输入码只有被转换为机内码才能被传输和处理

63. 下列计算机术语中，（　　）与 CPU 无关。

A. 字长　　B. 主频　　C. 模拟信号　　D. 指令

64. 下列不属于微型计算机主要性能指标的是（　　）。

A. 字长　　B. 内存容量　　C. 重量　　D. 主频

65. 下列说法中错误的是（　　）。

A. 用彩色喷墨打印机可以打印出彩色照片

B. 在计算机内存中，数据可以按二进制存储，也可以按十进制或十六进制存储

C. 运算器和控制器合称为 CPU

D. 键盘和鼠标是微型计算机的常用输入设备

66. 8 位无符号整数所能表示的数值范围是（　　）。

A. 0～256　　B. 0～255　　C. –127～128　　D. –127～127

67．下述说法中，错误的是（　　）。

A．计算机系统由硬件系统和软件系统组成

B．USB 接口标准的移动硬盘只要通过专用线缆与主机连接，就可以像使用内置硬盘一样进行各种读写操作

C．计算机外部设备就是指主机箱之外的设备

D．打印机只能作为计算机的输出设备

68．下列说法中，正确的是（　　）。

A．CPU 可以直接访问硬盘和 U 盘

B．要显示出优质的画面，只需拥有高性能的显示器，而对显卡的性能没有要求

C．外存储器一般分为 ROM 和 RAM 两大类

D．高速缓冲存储器（Cache）缓解了 CPU 与内存储器之间的速度不匹配问题

69．既能向主机输入数据，又能接受主机输出数据的设备是（　　）。

A．扫描仪　　B．音箱　　C．磁盘驱动器　　D．鼠标

70．已知数字符号 0 的 ASCII 码是 48，那么 7 的 ASCII 码是（　　）。

A．7　　B．55　　C．37　　D．67

71．笔记本电脑属于（　　）。

A．微型计算机　　B．巨型计算机　　C．大型计算机　　D．迷你型计算机

72．指挥计算机各部件协调工作的是（　　）。

A．输入设备　　B．输出设备　　C．存储器　　D．控制器

73．下列说法中，正确的是（　　）。

A．之所以把机器语言和汇编语言称为低级语言，是因为它们的功能太弱

B．用高级语言编写的程序一定比低级语言程序运行效率高

C．程序必须装入内存才能被执行

D．高级语言源程序必须经汇编程序汇编成机器语言程序后，才能在计算机上运行

74．一个汉字被存储在计算机中，要占用（　　）字节的存储空间。

A．1　　B．2　　C．4　　D．8

75．关于计算机内存与外存的说法，正确的是（　　）。

A．内存比外存的单位价格低廉

B．内存比外存的容量大

C．内存比外存的速度快

D．CPU 可以直接访问外存，却不能直接访问内存

76．在计算机内部，数据是以（　　）形式存储、传送和处理的。

A．二进制　　B．八进制　　C．十进制　　D．十六进制

77．为解决某一特定的问题而设计的指令序列称为（　　）。

A．文档　　B．语言　　C．程序　　D．系统

78．（　　）是指用户自己或第三方软件公司开发的软件，它能满足用户的特殊需求。

A．操作系统　　B．应用软件　　C．系统软件　　D．指令系统

79．在 24×24 点阵的字库中，关于“赵”字与“王”字占用存储空间的说法，下列正确的是（　　）。

A．两个字占用的存储空间一样多
B．因为“赵”字的笔画多，所以“赵”字占用的存储空间多
C．因为“王”字的拼音字母多，所以占用的存储空间多
D．不能确定

80．教师利用计算机演示教学课件进行教学，这属于计算机在（　　）方面的应用。
A．CAM　　B．CAD　　C．CAI　　D．CAE

81．“计算机之父”冯·诺依曼所提出的（　　）原理为电子计算机的结构奠定了基础。
A．程序　　B．存储程序　　C．二进制　　D．自动化

82．下列不属于冯·诺依曼结构思想的是（　　）。
A．计算机硬件系统由运算器、控制器、存储器、输入/输出设备五大部分组成
B．计算机内部采用二进制编码表示指令和数据
C．由指令组成的程序是不可以修改的
D．把程序存放在计算机的存储器中，运行时按程序顺序逐条执行

83．1KB 的存储空间中能存储（　　）个汉字内码。
A．1000　　B．500　　C．512　　D．1024

84．计算机应用软件是（　　）。
A．所有软件的统称
B．能被各应用单位共同使用的某种软件
C．专门为某一应用领域而编制的软件
D．所有计算机都必须使用的基本软件

85．两个二进制数 00110101 与 01100001 相加，结果为（　　）。
A．10011110　　B．10010110　　C．00010110　　D．10100110

86．以下关于机器语言的描述中，错误的是（　　）。
A．每种型号的计算机都有自己的指令系统
B．机器语言是唯一能被计算机直接识别的语言
C．机器语言可读性强，容易记忆
D．机器语言和其他语言相比，执行效率高

87．在使用键盘输入的过程中，下列习惯不利于提高输入的速度和准确度的是（　　）。
A．每一次击键动作完成后，要看一看键盘上手指的位置，以确保指法准确
B．严格按 8 个基准键位 A、S、D、F、J、K、L、; 分配手指进行击键
C．每一次击键动作完成后，要习惯地回到各自的基准键位
D．输入信息时，手指击键，眼睛注视显示器旁的文稿，尽量“盲打”

88．下列 4 个数据虽然没有说明其进制，但可以肯定（　　）不是八进制数据。
A．1001011　　B．75　　C．116　　D．28

89．硬盘可以直接与（　　）交换数据。
A．内存　　B．CPU　　C．运算器　　D．控制器

90．下列是有关存储器读写速度从快到慢的排序，一般是（　　）。
A．RAM>Cache>硬盘　　B．Cache>硬盘>RAM
C．RAM>硬盘>Cache　　D．Cache>RAM>硬盘

91. 下列关于键盘的说法中，错误的是（　　）。

A. 键盘上的 NumLock 指示灯亮时，可以使用小键盘上的数字键批量录入数字

B. 键盘上的 Ctrl 键是起控制作用的，必须与其他键组合使用才有意义

C. 键盘上的 CapsLock 指示灯亮时，表示键盘字母为小写状态

D. 键盘上的基准键位是 A、S、D、F、J、K、L 和;

92. 表示计算机存储容量的单位 KB 的准确含义是（　　）。

A. 1000 字节　　B. 1024 字节　　C. 1000 位　　D. 1024 位

93. 1946 年在美国宾夕法尼亚大学研制成功了第一台电子数字计算机 ENIAC，其采用的主要逻辑元件是（　　）。

A. 中小规模集成电路　　B. 晶体管

C. 大规模、超大规模集成电路　　D. 电子管

94. 下列是有关存储器容量从大到小的排序，一般是（　　）。

A. 硬盘>Cache>RAM　　B. RAM>Cache>硬盘

C. 硬盘>RAM>Cache　　D. Cache>RAM>硬盘

95. 计算机的输入/输出设备通过（　　）与主机相连接。

A. 数据总线　　B. I/O 接口　　C. 控制总线　　D. 主板

96. 将汇编语言源程序转换成机器语言程序的过程称为（　　）。

A. 压缩　　B. 解释　　C. 汇编　　D. 链接

97. 计算机执行一条指令的过程是（　　）。

A. 分析指令→取指令→执行指令　　B. 分析指令→存储指令→执行指令

C. 存储指令→取指令→分析指令　　D. 取指令→分析指令→执行指令

98. CAD 是计算机的一个主要应用领域，它的含义是（　　）。

A. 计算机辅助制造　　B. 计算机辅助教学

C. 计算机辅助设计　　D. 计算机辅助测试

99. 下列关于计算机外部设备的说法中，错误的是（　　）。

A. 任何外部设备都必须通过 USB 标准接口与主机相连

B. 硬盘、移动硬盘、U 盘、光盘等外存储器属于外部设备

C. 键盘和鼠标是输入设备

D. 显示器和投影仪是输出设备

100. 目前的电子计算机都是根据（　　）原理设计制造的。

A. 二进制　　B. 程序控制　　C. 逻辑电路　　D. 存储程序

101. 下列叙述中，不属于电子计算机特点的是（　　）。

A. 运算速度快　　B. 计算精度高

C. 高度自动化　　D. 任何信息都能直接识别和处理

102. 巨型机又称高性能计算机，它最主要的特点是（　　）。

A. 体积大　　B. 重量大

C. 数据处理能力强　　D. 功耗大

103. 在计算机术语中，PC 是指（　　）。

A. 计算机型号　　B. 品牌机　　C. 兼容机　　D. 个人计算机

104. 下列各进制数据中最大的是（　　）。

A. $(25)_8$　　B. $(1A)_{16}$　　C. $(24)_{10}$　　D. $(00001011)_2$

105. 下列各进制数据中最小的是（　　）。

A. 52Q　　B. 3AH　　C. 44D　　D. 101001B

106. 在计算机领域中，所谓“裸机”是指（　　）。

A. 只安装了操作系统的计算机

B. 只连接了键盘和显示器，其他外部设备都未连的主机

C. 没有安装任何软件的计算机

D. 单板机

107. 下列二进制数中，（　　）与十进制数 34 等值。

A. 00100010B　　B. 00100011B　　C. 00100100B　　D. 01000010B

108. 在计算机内部，数据处理和传输的形式是（　　）。

A. ASCII 码　　B. 机内码　　C. 二进制　　D. 十进制

109. 关于微型计算机的 CPU，下列说法错误的是（　　）。

A. CPU 是中央处理器的简称

B. 所有外部设备都与 CPU 直接相连，都直接受 CPU 控制

C. 运算器和控制器合称为 CPU

D. CPU 是计算机的核心部件，具有运算和控制的功能

110. 关于计算机中的汉字内码，以下说法正确的是（　　）。

A. 汉字内码与所用的输入法有关

B. 汉字内码与字形有关

C. 汉字内码的 2 个字节中，每个字节的最高位为 1

D. 汉字的内码与汉字字号有关

111. 根据冯·诺依曼模型，被存在存储器中的是（　　）。

A. 只有数据　　B. 只有程序　　C. 数据和程序　　D. 指令和程序

112. 在一个有 64 个符号的集合中，每个符号需要二进制位模式表示的位数是（　　）。

A. 4　　B. 5　　C. 6　　D. 7

113. 标准 ASCII 码表示的字符个数是（　　）。

A. 64　　B. 128　　C. 512　　D. 1024

114. CPU 中可以存放临时数据的独立存储单元是（　　）。

A. 控制单元　　B. 磁盘驱动器　　C. 运算单元　　D. 寄存器

115. 微型计算机的核心部件是（　　）。

A. 硬盘　　B. 显示器　　C. CPU　　D. 键盘

116. 二进制 1111000 转换成十进制数是（　　）。

A. 120　　B. 124　　C. 134　　D. 1223

117. 世界上第一台电子计算机的名字是（　　）。

A. UNIVA　　B. ESDAC　　C. ENIAC　　D. DEVAC

118. 字母“A”的二进制 ASCII 编码是“01000001”，则“B”的十进制 ASCII 编码是（　　）。

A. 32　　B. 33　　C. 65　　D. 66

119. 十进制数 124 转换为一个字节长度的二进制数是（　　）。

A. 00111110　　B. 01111010　　C. 01111100　　D. 01111110

120. 微型计算机中的总线分类通常是（　　）。

A. 数据总线、地址总线、控制总线　　B. 地址总线、控制总线、IO 总线

C. 数据总线、控制总线、IO 总线　　D. 数据总线、地址总线、IO 总线

121. 下列关于计算机语言的说法错误的是（　　）。

A. 计算机语言包括机器语言、汇编语言和高级语言

B. 机器语言是计算机能直接识别和执行的语言，而且执行速度快、通用性强

C. 汇编语言采用助记符来表示指令，因而比机器语言更直观、便于记忆和理解

D. 当前常用的 C++、Java、Python 等都是高级语言

122. 人们每天关注的“天气预报”信息主要涉及计算机的（　　）应用领域。

A. 数据处理和辅助设计　　B. 科学计算和辅助设计

C. 科学计算和过程控制　　D. 科学计算和数据处理

123. 可以对计算机指令进行分析的部件是（　　）。

A. 运算器　　B. 控制器　　C. 存储器　　D. 外部设备

124. 字长是指 CPU 能够同时处理的（　　）

A. 指令数　　B. 程序数　　C. 时钟周期数　　D. 二进制位数

125. 二进制数 11101.011 转换成十进制的是（　　）。

A. 23.375　　B. 23.75　　C. 29.375　　D. 29.75

126. 能够存储 8 万个 ASCII 码字符数据且容量最小的是（　　）。

A. 32KB　　B. 64KB　　C. 128KB　　D. 256KB

127. 多媒体信息在计算机内最终存在的形式是（　　）。

A. 特殊的压缩码　　B. 二进制代码

C. 模拟数据　　D. 图形图像、文字、声音

128. 多媒体信息不包括（　　）。

A. 文字和声音　　B. 声卡和光纤　　C. 图形和图像　　D. 动画和视频

129. 在 Windows 10 系统中，下列操作不能正常启动应用程序的是（　　）。

A. 单击“开始”屏幕上的磁贴　　B. 单击任务栏快速启动区的图标

C. 双击桌面上应用程序快捷图标　　D. 拖拽“此电脑”窗口中的文件图标

130. 下列属于动态图像文件格式是（　　）。

A. BMP　　B. JPG　　C. MPG　　D. MIDI

二、多项选择题

1. 下列各设备中，属于外存储设备的是（　　）。

A. U 盘　　B. 光盘　　C. 硬盘　　D. 显示器

E. 网卡　　F. 键盘

2. 以下属于计算机低级语言的是（　　）。

A. 机器语言　　B. 汇编语言　　C. Java 语言　　D. C 语言

E. Python 语言

3．下列存储器中，（　　）一旦断电就会丢失所存储的数据。

A．RAM　　B．ROM　　C．Cache　　D．U 盘
E．固态硬盘　　F．机械硬盘

4．计算机可直接执行的指令一般包含（　　）两个部分，它们在机器内部是以（　　）表示的，由这种指令构成的语言也叫作（　　）。

A．源操作数和目的操作数　　B．操作码和操作数
C．ASCII 编码的形式　　D．二进制编码的形式
E．高级语言　　F．机器语言

5．下列有关计算机操作系统的叙述中，正确的是（　　）。

A．操作系统属于系统软件
B．操作系统只管理存储器和外部设备，不能管理 CPU
C．Windows 是一种操作系统
D．操作系统管理计算机的所有软件资源和硬件资源

6．下列叙述中，正确的是（　　）。

A．外存储器上的信息可以直接进入 CPU 处理
B．磁盘必须进行格式化后才能使用
C．键盘和显示器都是计算机的 I/O 设备，键盘为输入设备，显示器为输出设备
D．键盘上的 Ctrl 键是起控制作用的，一般与其他键同时按下才有作用
E．硬盘固定在机箱内，所以硬盘不是外部设备
F．微机使用过程中突然断电，RAM 中的信息会丢失，ROM 中的信息不受影响

7．下列叙述中，正确的是（　　）。

A．计算机高级语言是与计算机型号无关的算法语言
B．汇编语言程序在计算机中不需要编译，能被直接执行
C．机器语言程序是计算机能直接执行的程序
D．低级语言的学习难度大，运行效率也低，目前已完全淘汰
E．程序必须调入内存才能运行
F．汇编语言是最早的高级语言

8．计算机未来的发展方向有（　　）。

A．巨型化　　B．网络化　　C．民用化　　D．智能化
E．微型化　　F．专业化

9．下列属于系统软件的是（　　）。

A．DOS　　B．Windows　　C．Linux　　D．数据库管理系统
E．UNIX　　F．WPS Office

10．下列关于计算机的叙述中正确的是（　　）。

A．运算速度快　　B．计算精度高
C．具有记忆能力　　D．具有逻辑判断能力
E．运行过程自动、连续　　F．只能识别二进制的指令和数据

11．计算机硬件系统由（　　）组成。

A．运算器　　B．控制器　　C．存储器　　D．I/O 设备

E．显示器　　F．键盘　　G．鼠标　　H．打印机

12．下列关于微型计算机系统的描述中，正确的是（　　）。

A．CPU 负责管理和协调计算机系统各个部件的工作

B．主频是衡量 CPU 处理数据快慢的指标之一

C．CPU 可以存储大量的信息

D．CPU 负责存储并执行用户的程序

13．下列不属于应用软件的是（　　）。

A．财务管理软件　　B．档案管理程序

C．WPS 文字处理软件　　D．Windows

E．DOS

14．微型计算机的机械硬盘与 U 盘比较，硬盘的特征是（　　）。

A．存取速度快　　B．存储容量大

C．便于随身携带　　D．必须通过 USB 接口连入主机

E．与驱动器制作在一起，合二为一，不可拆卸

15．下列计算机软件中，属于系统软件的是（　　）。

A．操作系统　　B．编译程序　　C．连接程序

D．音乐播放程序　　E．学籍管理软件

16．影响计算机系统性能的主要技术指标包括（　　）。

A．字长　　B．主频　　C．外存容量　　D．内存容量

E．运算速度

17．关于一个完整的计算机硬件系统描述，正确的是（　　）。

A．计算机的核心部件是中央处理器（CPU）

B．只读存储器（ROM）、随机存储器（RAM）是内存储器

C．硬盘、光盘是外存储器

D．鼠标、显示器是输入设备

E．键盘、打印机是输出设备

18．无论计算机的内存还是外存，其存储容量的单位除 B（字节）之外，还有（　　）。

A．Bit　　B．KB　　C．MB　　D．GB

E．MIPS

19．多媒体技术可将以下（　　）媒体组合起来，并进行加工处理。

A．数字　　B．文字　　C．声音　　D．图像

E．动画

20．组装台式微型计算机时，在主机箱内必备的功能部件有（　　）。

A．主板　　B．内存条　　C．CPU　　D．显卡

E．声卡

三、判断题

1．世界上第一台电子数字计算机 ENIAC 是 1968 年诞生的。　　（　　）

2．将二进制 01001010 转换成十进制数是 74。　　（　　）

3．裸机是指没有安上机箱盖板的主机。（ ）
4．计算机语言分为机器语言、汇编语言和高级语言。（ ）
5．计算机系统包括硬件系统和软件系统。（ ）
6．在一台微机的主板上看不到显卡，说明无需I/O接口，外设直接受控于CPU。（ ）
7．键盘上的CapsLock指示灯灭时，按Shift+A快捷键，输入的是小写字母a。（ ）
8．中央处理器由控制器、运算器和存储器组成。（ ）
9．“字节”是计算机中数据存储的基本单位。（ ）
10．微型计算机中的一级Cache集成在CPU内，所以Cache是CPU的组成部分。（ ）
11．第二代计算机以晶体管取代电子管作为其主要的逻辑元件。（ ）
12．二进制数11010110B转换成十六进制数是D6H。（ ）
13．硬盘驱动器兼具输入和输出的功能。（ ）
14．与十六进制数8CH等值的十进制数是128。（ ）
15．程序和数据以二进制形式在计算机内部存储。（ ）
16．同内存条一样，M.2固态硬盘安装在主板上，所以固态硬盘不属于外设。（ ）
17．观察一台正在工作的一体机外观，看不到主机箱，说明主机不是微型计算机硬件中必备的组成部分。（ ）
18．键盘上功能键的功能可以由程序设计者来定义。（ ）
19．十进制数70转换成二进制数为00110111B。（ ）
20．要输入大写字母应先按住Shift键。（ ）
21．U盘在读写时不能拔出，否则可能丢失数据。（ ）
22．微型计算机的只读存储器（ROM）内所存储的数据是固定不变的。（ ）
23．系统软件就是软件系统。（ ）
24．通常硬盘安装在主机箱内，因此硬盘属于主机的一部分。（ ）
25．要存放100个24×24点阵的汉字字模，需要7200B存储空间。（ ）
26．硬盘上的磁道由多个同心圆组成。（ ）
27．计算机系统中的总线分为数据总线、地址总线和控制总线。（ ）
28．内存储器用来存储CPU要执行的程序或数据。（ ）
29．两个二进制数1011B、1101B进行逻辑“与”运算后，结果为1111B。（ ）
30．显示适配器（显卡）是控制显示器的接口部件。（ ）
31．运算器具有运算的功能，也有存储记忆的功能。（ ）
32．字长是计算机一次性直接处理的二进制数据的最多位数。（ ）
33．编译程序将源程序翻译成目标程序。（ ）
34．计算机的存储器可分为内存和硬盘。（ ）
35．计算机病毒具有寄生性、破坏性、传染性、隐蔽性、潜伏性和可触发性。（ ）
36．主机是指装在主机箱中的所有部件。（ ）
37．微型计算机具有体积小、重量轻、价格廉的特点。（ ）
38．指令是计算机用以控制各部件协调动作的命令。（ ）
39．如果没有软件，计算机将无法工作。（ ）
40．既然计算机具有存储记忆能力，那么其中的信息就永远不会丢失。（ ）

41．计算机运行中突然断电，将导致 ROM（只读存储器）中的信息丢失。（　　）
42．计算机的内存储器又称主存储器。（　　）
43．计算机语言只能是二进制的机器语言。（　　）
44．指令和数据在计算机内部是以区位码形式存储的。（　　）
45．可以把一个硬盘分成若干个分区，分别安装不同的操作系统。（　　）
46．中国的“天河一号”和“天河二号”计算机均为超级计算机。（　　）
47．计算机能处理的多媒体信息从时效上分为静态媒体和动态媒体两大类。（　　）
48．在计算机中，一幅图画或一段音乐都可以存成一个文件。（　　）
49．在表示存储器容量大小的单位中，1KB 等于 1000 个比特。（　　）
50．外存储器存取速度慢，不直接与 CPU 交换数据，而与内存储器交换数据。（　　）

习题 2　Windows 10 操作系统

一、单项选择题

1．下列操作中，不能打开 Windows 10“任务管理器”窗口的是（　　）。
A．按快捷键 Ctrl+Shift+Esc
B．按快捷键 Ctrl+Alt+Delete
C．按机箱前面板上的 Reset 按钮
D．右击任务栏空白区→“任务管理器”命令

2．在 Windows 文件资源管理器窗口的导航窗格（左窗格）中不可能出现（　　）。
A．文件名　B．桌面　C．库　D．网络

3．在 Windows 文件资源管理器窗口中，要改变文件或文件夹的显示方式，可通过（　　）。
A．“文件”菜单　B．“查看”选项卡
C．“主页”选项卡　D．“共享”选项卡

4．在 Windows 10 下，按（　　）快捷键可以打开“开始”菜单。
A．Ctrl+O　B．Ctrl+Esc　C．Ctrl+空格　D．Ctrl+Tab

5．关于 Windows 10 中的用户账户，下列叙述错误的是（　　）。
A．账户是 Windows 10 系统创建的，任何账户都不可以随意删除
B．可以在 Windows 10 中创建新账户
C．Windows 10 任何账户可以自行修改密码
D．Windows 10 的用户账户分为管理员账户、标准用户账户、Microsoft 账户

6．在 Windows 10 下，能弹出对话框的操作是选择了（　　）命令。
A．带“…”的菜单　B．带“√”的菜单
C．带“•”的菜单　D．颜色变灰的菜单

7．下列关于 Windows 10 任务栏的说法中，正确的是（　　）。
A．只能改变位置不能改变大小　B．只能改变大小不能改变位置
C．位置和大小都不能改变　D．位置和大小都可以改变

8．Windows 10 中，不能在任务栏上进行的操作是（　　）。

A．设置系统日期和时间　　B．排列桌面图标

C．排列和切换窗口　　D．查看跳转列表

9．在 Windows 10 窗口中，选择末尾带>的菜单意味着（　　）。

A．将弹出下一级菜单　　B．将执行该菜单命令

C．表明该项已被选用　　D．将弹出一个对话框

10．Windows 文件资源管理器窗口的左窗格称为导航窗格，其中显示的内容是（　　）。

A．系统的树形文件夹结构　　B．当前文件夹下的子文件夹及文件

C．所有未打开的文件　　D．所有已打开的文件夹

11．下列关于 Windows 操作系统的说法中，正确的是（　　）。

A．Windows 操作系统是一套功能强大的应用软件

B．Windows 操作系统是管理计算机软件、硬件资源的工具软件

C．Windows 是一种图形化用户界面操作系统，是系统操作平台

D．Windows 桌面上同时只能容纳一个窗口

12．下列关于键盘的叙述中，错误的是（　　）。

A．Shift、Alt 和 Ctrl 键一般不单独使用，而与其他键配合使用实现某种功能

B．在文档编辑状态下，Backspace 键和 Delete 键都有删除的功能

C．NumLock 指示灯亮时，数字小键盘区呈数字状态，此时可以使用数字小键盘输入数字

D．输入汉字时，应使键盘处于小写字母状态，此时 CapsLock 指示灯应亮起

13．下列程序中，不属于 Windows 10 附件的是（　　）。

A．截图工具　　B．写字板　　C．WPS Office　　D．记事本

14．在 Windows 10 下，对文件和文件夹的管理是通过（　　）来实现的。

A．控制面板　　B．对话框

C．剪贴板　　D．文件资源管理器

15．在 Windows 10 下，单击某应用程序窗口的最小化按钮，则该程序进入（　　）状态。

A．在后台继续运行　　B．仍在前台运行

C．被暂停运行　　D．被中止运行

16．使用 Windows 附件中的“写字板”程序保存文件时，默认的文件扩展名是（　　）

A．.txt　　B．.rtf　　C．.png　　D．.gif

17．双击就是快速、连续地按两下鼠标的（　　）。

A．左键　　B．右键或左键　　C．右键　　D．以上都不对

18．下列关于剪切和删除的叙述中，正确的是（　　）。

A．剪切和删除的本质是相同的，都会把选定的对象从源位置删除

B．一次可以删除多个对象，但剪切操作一次只能剪切一个对象

C．剪切的时候，Windows 10 只是把对象暂时存入“剪贴板”里

D．删除操作适用于文件和文件夹，剪切操作只适用于文件夹

19．在 Windows 10 下，按快捷键（　　）可以实现英文/中文切换。

A．Ctrl+空格　　B．Win+空格　　C．Alt+Tab　　D．Ctrl+Shift

20．在 Windows 文件资源管理器的内容窗格中，下列操作可以选定多个不连续排列的文件的是（　　）。

A．Ctrl+单击要选定的文件对象　　B．Alt+单击要选定的文件对象

C．Shift+单击要选定的文件对象　　D．Ctrl+右击要选定的文件对象

21．在 Windows 10 下，下列关于文件复制的描述不正确的是（　　）。

A．利用鼠标右键拖动可实现文件复制

B．利用鼠标左键拖动不能实现文件复制

C．利用剪贴板可实现文件复制

D．利用快捷键 Ctrl+C 和 Ctrl+V 可实现文件复制

22．在 Windows 10“开始”菜单中，单击“电源”按钮⏻，其弹出的菜单中不包含（　　）选项。

A．关机　　B．待机　　C．重启　　D．睡眠

23．在某文件夹窗口的内容窗格中，若已单击了第一个文件，又按住 Ctrl 键并单击了第 4 个文件，则有（　　）个文件被选中。

A．0　　B．1　　C．2　　D．4

24．在 Windows 10 下，想把 U 盘上的文件复制到硬盘上，下列操作不可行的是（　　）。

A．用鼠标左键拖动

B．用鼠标右键拖动后，再选择“复制到当前位置”

C．按住 Ctrl 键，再用鼠标左键拖动

D．按住 Alt 键，再用鼠标左键拖动

25．在全角状态下输入的字母所占的存储容量是（　　）个字节。

A．1　　B．2　　C．3　　D．4

26．从（　　）中删除的文件，不会进入“回收站”。

A．U 盘　　B．桌面　　C．“库”窗口　　D．个人文件夹

27．被删除到“回收站”的内容可以是（　　）。

A．文件夹　　B．文件　　C．快捷方式　　D．以上都对

28．在 Windows 10 下，在各窗口之间切换的快捷键是（　　）。

A．Ctrl+Tab　　B．Ctrl+空格　　C．Alt+Tab　　D．Alt+空格

29．下列关于 Windows 10 的叙述中，正确的是（　　）。

A．要打开“开始”菜单，只能用鼠标单击“开始”按钮⊞才行

B．任务栏的大小是不能被改变的

C．“开始”菜单是系统生成的，用户不能再设置它

D．Windows 10 任务栏可以放在桌面四周的任意边上

30．下列关于“回收站”的叙述中，错误的是（　　）。

A．“回收站”可以暂时或永久存放硬盘上被删除的信息

B．放入“回收站”的内容可以恢复

C．“回收站”所占据的空间是可以调整的

D．“回收站”可以存放从 U 盘上删除的信息

31．在 Windows 10 下，可以由用户设置的文件属性是（　　）。

A．只读、存档和隐藏　　B．只读、系统和隐藏

C．存档、系统和隐藏　　D．系统、只读和存档

32．下列关于 Windows 10 开始菜单和任务栏的叙述中，错误的是（　　）。

A．单击“开始”屏幕上的磁贴，可以快速启动相应程序

B．单击已固定在任务栏快速启动区的图标，可以快速启动相应程序

C．任务栏通知区的图标是系统自动设置的，用户只能查看，无法更改

D．Windows 10 系统中已安装的应用程序可以到“开始”菜单的应用表列中找到

33．在 Windows 10 下，关闭某应用程序窗口，就是（　　）。

A．暂时中断该程序的运行，用户随时可加以恢复

B．使该程序的运行转入后台继续工作

C．该程序的运行不受任何影响，仍然继续

D．结束该程序的运行

34．在 Windows 10 下，关于一个已经最大化的窗口，下列叙述错误的是（　　）。

A．已经最大化的窗口可以最小化　　B．已经最大化的窗口可以移动

C．已经最大化的窗口可以被关闭　　D．已经最大化的窗口可以还原

35．在 Windows 文件资源管理器窗口的导航窗格（左窗格）中，单击某文件夹图标左侧的按钮 > 后，此按钮变为 ⌄，同时窗口内容的变化有（　　）。

A．导航窗格中该文件夹被折叠，其下级文件夹在导航窗格中隐藏不可见

B．导航窗格中该文件夹被展开，其下级文件夹在导航窗格中显示可见

C．该文件夹的下级文件夹及文件显示在窗口的内容窗格中

D．该文件夹名称出现在地址栏上，当前窗口切换为该文件夹窗口

36．下列关于 Windows 10 桌面图标的叙述，错误的是（　　）。

A．桌面上的图标可以重新排列　　B．桌面上的图标可以移动

C．桌面上的图标可以删除　　D．除“回收站”外的桌面图标都可以重命名

37．下列关于 Windows 10 任务栏的叙述中，错误的是（　　）。

A．可以将任务栏设置为自动隐藏，也可以锁定不动

B．通过单击任务栏快速启动区中的程序图标按钮，可以实现各个窗口之间的切换

C．在任务栏上只显示当前活动窗口名

D．对锁定在任务栏的快速启动区的图标，只需单击，即可启动相应程序

38．Windows 中“文件资源管理器”的功能是（　　）。

A．对网络资源的管理　　B．对桌面上信息资源的管理

C．对内存资源的管理　　D．对文件和文件夹等资源的管理

39．在 Windows 10 下，下列关于“回收站”的叙述错误的是（　　）。

A．用 Shift+Delete 快捷键从硬盘上删除的文件可以从“回收站”恢复

B．用 Delete 键从硬盘上删除的文件可从“回收站”恢复

C．用鼠标从 C 盘拖入“回收站”的文件可以从“回收站”恢复

D．从 U 盘删除的文件不能从“回收站”恢复

40．在 Windows 10 中，若要将当前窗口复制到剪贴板中，可以按（　　）键。

A．Alt+Print Screen　　B．Ctrl+Print Screen

C．Print Screen　　D．Shift+Print Screen

41．在 Windows 10 默认状态中，下列操作不能运行应用程序的是（　　）。

A．单击应用程序的图标

B．双击应用程序的图标

C．右击应用程序的图标，在弹出的快捷菜单中选择“打开”命令

D．单击应用程序的图标，然后按 Enter 键

42．在 Windows 10 下，用快捷键（　　）能将选定的文件夹放入剪贴板中。

A．Ctrl+V　　B．Ctrl+C　　C．Ctrl+Z　　D．Ctrl+A

43．在 Windows 10 下，若系统长时间不响应用户要求，可用快捷键（　　）启动“任务管理器”，结束该任务。

A．Ctrl+F1　　B．Ctrl+Break

C．Alt+Shift+Enter　　D．Ctrl+Shift+Esc

44．在 Windows 10 下，下列操作可以打开“文件资源管理器”窗口的是（　　）。

A．右击桌面空白处→“个性化”命令

B．右击“开始”按钮■→“文件资源管理器”命令

C．右击任务栏空白区→“任务管理器”命令

D．右击“此电脑”图标→“打开”命令

45．在 Windows 10 下，当程序因故陷入死循环时，下列方法能够很好地结束该程序的是（　　）。

A．右击任务栏空白区→“任务管理器”命令

B．按快捷键 Ctrl+C

C．按快捷键 Ctrl+Break

D．按机箱前面板上的 Reset 按钮

46．在“此电脑”窗口中，对“查看”选项卡→“显示/隐藏”组→“隐藏的项目”复选或框下取消勾选后，下列有（　　）属性的文件和文件夹不可见。

A．只读　　B．存档　　C．隐藏　　D．系统

47．下列关于 Windows 10 窗口的叙述中，错误的是（　　）。

A．窗口是应用程序运行后展现给用户的工作区

B．同时打开的多个窗口可以层叠排列

C．可以同时打开多个窗口，但活动窗口只能有一个

D．窗口的位置可以改变，但窗口大小不能改变

48．在 Windows 10 文件资源管理器窗口下，功能区中灰色的命令按钮表示（　　）。

A．该命令当前不能使用　　B．单击该命令按钮后将弹出对话框

C．选中该命令后将弹出下拉菜单　　D．该命令正在使用

49．在 Windows 10 的某文件夹窗口中，若希望显示的文件有名称、修改日期、类型、大小等项，应选择“查看”选项卡→“布局”组中的（　　）按钮。

A．列表　　B．详细信息　　C．平铺　　D．内容

50．“画图”程序默认的扩展名是（　　）。

A．.txt　　B．.bmp　　C．.doc　　D．.png

51．含有（　　）属性的文件不能被修改。

A．系统　　B．存档　　C．隐藏　　D．只读

52．在 Windows 10 下，“粘贴”的快捷键是（　　）。

A．Ctrl+A　　B．Ctrl+X　　C．Ctrl+V　　D．Ctrl+C

53．删除 Windows 10 桌面上某个应用程序的快捷方式图标，意味着（　　）。

A．只删除了快捷方式，对应的应用程序仍被保留

B．只删除了该应用程序，对应的快捷方式图标被隐藏

C．该应用程序连同其快捷方式图标一起被删除

D．该应用程序连同其快捷方式图标一起被隐藏

54．当选定硬盘中某文件后，不将该文件放到“回收站”中，而直接删除的操作是（　　）。

A．按 Delete 键　　B．直接将文件拖到“回收站”中

C．按快捷键 Shift+Delete　　D．右击该文件→“删除”命令

55．下列操作不可能把“画图”程序锁定到任务栏的是（　　）。

A．打开“画图”程序，右击任务栏上“画图”程序图标按钮→“固定到任务栏”

B．选择“开始”按钮→应用列表中的“Windows 附件”→右击“画图”→“更多”→“固定到任务栏”

C．选择“开始”按钮→应用列表中的“Windows 附件”→拖动“画图”图标至任务栏空白区

D．右击任务栏空白区→勾选“锁定任务栏”复选框

56．在文件夹窗口中，若想一次选定多个分散的文件或文件夹，正确的操作是（　　）。

A．按住 Ctrl 键，逐个右击　　B．按住 Ctrl 键，逐个单击

C．按住 Shift 键，逐个右击　　D．按住 Shift 键，逐个单击

57．Windows“剪贴板”是（　　）中的一块区域。

A．硬盘　　B．CPU　　C．内存　　D．外存

58．下列关于 Windows 10 桌面的叙述中，错误的是（　　）。

A．可以设置桌面图标按大图标或小图标方式显示

B．桌面上可以有系统图标和快捷图标，用户自建的文件夹图标不能放到桌面上

C．对桌面上的图标可以显示，也可以隐藏

D．用户可以根据个人习惯设置桌面背景和分辨率

59．在应用程序窗口中，下列操作不能关闭应用程序的是（　　）。

A．单击窗口右上角的“关闭”按钮×

B．单击任务栏上的程序按钮

C．选择“文件”→“关闭”命令

D．按 Alt+F4 快捷键

60．在 Windows 10 桌面上已经有某应用程序的图标，要运行该程序，可以（　　）。

A．单击该图标　　B．双击该图标

C．用鼠标右键双击该图标　　D．右击该图标

61．Windows 10 的用户账户有多种类型，其中（　　）的权限最大。

A．Microsoft 账户　　B．标准用户账户

C．临时账户　　D．管理员账户

62．在某文件夹窗口中，先选定 Z 文件进行了剪切操作，又选定 R 文件进行了剪切操作，最后在目标位置做了粘贴操作，则实现了（　　）功能。

A．移动 R 文件　　B．移动 Z 文件

C．复制 Z 文件　　D．复制 R 文件

63．在 Windows 10 下，鼠标指针移动到一个窗口边缘时变成双向箭头状，说明（　　）。

A．可以移动窗口的位置

B．可以改变窗口的大小形状

C．既不可以改变窗口的位置，也不可以改变窗口的大小形状

D．既可以改变窗口的位置，也可以改变窗口的大小

64．程序是由（　　）执行的。

A．Windows　　B．CPU　　C．内存储器　　D．硬件

65．关于 Windows 10 提供的“此电脑”“网络”“控制面板”“回收站”和“个人文件夹”5 个系统图标，下列说法错误的是（　　）。

A．可以设置系统图标在桌面上显示或不显示

B．可以更换系统图标的图片

C．不可以更改系统图标的名称

D．可以改变系统图标在桌面上的位置

66．在某文件夹窗口的内容窗格中，选定所有文件后，如果要取消其中几个文件的选定，应进行的操作是（　　）。

A．依次单击各个要取消选定的文件

B．依次右击各个要取消选定的文件

C．按住 Shift 键，依次单击各个要取消选定的文件

D．按住 Ctrl 键，依次单击各个要取消选定的文件

67．选定某文件图标，并进行复制、粘贴操作后，该文件被长久保存在（　　）。

A．外存　　B．内存　　C．剪贴板　　D．回收站

68．下列图标中，属于快捷图标的是（　　）。

A． 　　B． 　　C． 　　D．

69．在库窗口中，若选定一个文件，并按 Delete 键和单击“是”按钮，则该文件（　　）。

A．被删除并放入“回收站”　　B．不被删除但脱离了库

C．被删除但不放入“回收站”　　D．不受任何影响

70．为了将硬盘上选定的文件移动到 U 盘，应进行的操作是（　　）。

A．先将文件删除并放入“回收站”，再从“回收站”中恢复

B．用鼠标左键将文件从硬盘拖动到 U 盘

C．先做“剪切”操作，再做“粘贴”操作

D．先做“复制”操作，再做“粘贴”操作

71. 剪切操作的快捷键是（　　）。

A. Ctrl+X　　B. Alt+A　　C. Ctrl+A　　D. Ctrl+V

72. 在 Windows 10 下，下列关于文档窗口的说法中正确的是（　　）。

A. 只能打开一个文档窗口

B. 可以同时打开多个文档窗口，被打开的窗口都是活动窗口

C. 可以同时打开多个文档窗口，但其中只能有一个是活动窗口

D. 可以同时打开多个文档窗口，但在屏幕上只能见到一个文档窗口

73. 在 Windows 10 下，Ctrl+Shift+Esc 快捷键的功能是（　　）。

A. 停止计算机工作　　B. 关闭计算机电源

C. 立即重启计算机　　D. 打开“任务管理器”窗口

74. 在 Windows 10 下，将信息传送到剪贴板，错误的方法是（　　）。

A. 用“复制”命令把选定的对象送到剪贴板

B. 用“剪切”命令把选定的对象送到剪贴板

C. 用“粘贴”命令把选定的对象送到剪贴板

D. 按 Alt+Print Screen 快捷键把当前窗口图像送到剪贴板

75. 若想移动窗口的位置，应将鼠标指针指向窗口的（　　），然后拖动。

A. 功能区　　B. 标题栏　　C. 状态栏　　D. 边界上

76. 在 Windows 10 中，将整幅屏幕内容拷贝到剪贴板上的功能键是（　　）。

A. Esc　　B. Print Screen　　C. PageUp　　D. Home

77. 下列关于文件夹与库的叙述中，错误的是（　　）。

A. 在库窗口和文件夹窗口下，都可以进行剪切、复制、粘贴等操作

B. 文件夹下真正存储着文件和子文件夹，而库是“虚拟”的，只是一个目录索引

C. 包含在库中的内容可以来自不同的磁盘、不同的文件夹

D. 某个文件在库窗口中被删除后，仍能在其相应的存储文件夹中找到该文件

78. 在 Windows 下为使文件不被显示，可以将它的属性设为（　　）。

A. 只读　　B. 存档　　C. 隐藏　　D. 索引

79. 在 Windows 文件资源管理器窗口，单击导航按钮中的“后退”按钮←，其功能是（　　）。

A. 返回上一级文件夹　　B. 返回上一次窗口

C. 返回桌面　　D. 返回 C 盘

80. 下列关于 Windows 10“写字板”程序的叙述中，错误的是（　　）。

A. 在“写字板”中可以新建、编辑、打印文档，也能嵌入图片

B.“写字板”窗口中的功能区始终显示在窗口上方，不能最小化

C. 选择“开始”按钮■→应用列表中的“Windows 附件”→“写字板”命令可以打开“写字板”

D. 可以把常用命令添加到“写字板”功能区上方的快速访问工具栏中

81. 在 Windows 10 中，关于回收站叙述正确的是（　　）。

A. 暂时存放被删除的对象

B. 回收站的内容不可以恢复

C．清空回收站后，清除的内容仍可恢复
D．回收站的内容不占用硬盘空间

82．Windows 中关于文件属性描述正确的是（　　）。
A．隐藏是文件和文件夹的属性之一
B．只有文件才能隐藏，文件夹不能隐藏
C．设置为“隐藏”属性的文件不能删除
D．隐藏文件在浏览时不可能被显示出来

83．Windows 10 中粘贴的快捷方式是（　　）。
A．Ctrl+A　　B．Ctrl+C　　C．Ctrl+N　　D．Ctrl+V

84．在 Windows 10 中，排列桌面图标的方法是（　　）。
A．右击桌面空白区　　B．右击任务栏空白区
C．单击桌面空白区　　D．单击任务栏空白区

85．在 Windows 10 中，当打开一个文件夹窗口后，选中全部内容的快捷键是（　　）。
A．Ctrl+A　　B．Ctrl+C　　C．Ctrl+V　　D．Ctrl+Z

86．Windows 10 中复选框的功能是（　　）。
A．提供多个选项，每次只能选择其中一项
B．提供多个选项，每次可以选择其中多项
C．提供多人同时选择的公共项目
D．可重复使用的对话框

87．若实现永久删除，拖动文件到回收站的同时，需要按住的功能键是（　　）。
A．Shift 键　　B．Ctrl 键　　C．Alt 键　　D．空格键

88．在 Windows 10 的窗口中，标题栏右侧的按钮有“最大化”“最小化”“还原”“关闭”，其中不可能同时出现的两个按钮是（　　）。
A．“最小化”和“关闭”　　B．“最大化”和“最小化”
C．“最小化”和“还原”　　D．“最大化”和“还原”

89．位于 Windows 10 窗口右上角的控制按钮是（　　）。
A．“关闭”按钮　　B．“查找”按钮　　C．“替换”按钮　　D．“选择”按钮

90．在 Windows 10 中，属于文件夹或文件的属性是（　　）。
A．只读　　B．只写　　C．编辑　　D．显示

二、多项选择题

1．Windows 文件资源管理器窗口中的功能区默认有（　　）选项卡。
A．主页　　B．共享　　C．查看　　D．库

2．选定一个文件夹后，下列各种操作中能打开该文件夹的是（　　）。
A．单击该文件夹
B．双击该文件夹
C．右击→“打开”命令
D．选择“主页”选项卡→“打开”组→“打开”按钮
E．按 Enter 键

3．在文件夹窗口下，下列操作可以新建一个子文件夹的是（　　）。

A．选择“主页”选项卡→“新建”组→“新建项目”下拉按钮→“文件夹”

B．按快捷键 Ctrl+N

C．将“回收站”中的文件夹还原

D．选择“主页”选项卡→“新建”组→“新建文件夹”按钮

E．右击内容窗格空白区→“新建”→“文件夹”命令

4．在 Windows 10 下，下列操作可以改变当前窗口的大小的是（　　）。

A．双击窗口的标题栏

B．选择“主页”选项卡→“布局”组→“平铺”按钮

C．单击窗口右上角的“最大化”按钮□或“还原”按钮

D．在窗口还原状态下，拖动窗口边框

E．拖动标题栏到桌面左边缘或右边缘，窗口自动变为桌面宽度的 50%

5．在文件夹窗口中，（　　）会在导航窗格（左窗格）中出现。

A．文件夹名　　B．文件名　　C．库名　　D．磁盘名

6．在“写字板”程序窗口的文档编辑区，选定一个文字后，按（　　）键可以删除该文字。

A．Backspace　　B．Delete　　C．空格　　D．Esc

7．关闭 Windows 文件资源管理器窗口的方法有（　　）。

A．单击窗口右上角的“关闭”按钮×

B．右击标题栏→“关闭”命令

C．双击窗口的标题栏

D．单击窗口右上角的“最小化”按钮–

E．按快捷键 Alt+F4

8．在 Windows 文件资源管理器窗口的内容窗格中，单击选定某文件后，对其进行重命名的正确方法有（　　）。

A．右击文件名→“重命名”命令，键入新文件名后按 Enter 键

B．选择“主页”选项卡→“组织”组→“重命名”按钮，键入新文件名后按 Enter 键

C．按 F2 键，键入新文件名后按 Enter 键

D．稍后再次单击文件名框，键入新文件名后按 Enter 键

E．选择“主页”选项卡→“打开”组→“编辑”按钮，键入新文件名后按 Enter 键

9．下列叙述中，错误的是（　　）。

A．从库窗口中删除的文件，不经过“回收站”直接删除，不可恢复

B．窗口在还原状态下，可以移动位置

C．Windows 10 下的文件或文件夹被删除后，就再也无法恢复了

D．从“回收站”删除文件或文件夹后，还可以对其“还原”

E．Windows 10 的功能很强，即使突然断电，计算机仍能自动保存信息

10．下列叙述中，正确的是（　　）。

A．屏幕上打开的窗口都是活动窗口

B．不同文件之间可通过剪贴板交换信息

C．写字板和记事本都有文档编辑的功能

D．应用程序窗口最小化成任务栏上的图标按钮后仍运行
E．在不同的磁盘之间可以用鼠标拖动文件的方法实现文件的复制

11．若文件的源位置和目标位置在不同磁盘下，在 Windows 10 文件资源管理器窗口下，下列操作中能够复制文件的是（　　）。
A．在内容窗格中选定源文件，拖动至导航窗格中的目标文件夹下
B．在内容窗格中选定源文件，按住 Ctrl 键，拖动至导航窗格中的目标文件夹下
C．在内容窗格中选定源文件，按住 Alt 键，拖动至导航窗格中的目标文件夹下
D．在导航窗格的树形目录中选定源文件，拖动至导航窗格中的目标文件夹下

12．在 Windows 10 文件资源管理器窗口下不能（　　）。
A．把内容窗格中选定的文件拖动到导航窗格中的某一文件夹里
B．在窗口中显示所有文件的属性
C．一次复制或移动多个不连续排列的文件
D．一次删除多个不连续的文件
E．在预览窗格中预览到选定的文件夹的内容

13．能使某个应用程序窗口成为当前窗口的操作是（　　）。
A．按快捷键 Alt+Esc　　B．按 Ctrl+空格键
C．按快捷键 Alt+Tab　　D．按快捷键 Alt+F4
E．单击任务栏上的程序按钮

14．在某文件夹窗口中，下列操作不能删除已选定文件的是（　　）。
A．按 Delete 键
B．按 Backspace 键
C．右击该文件→“删除”命令
D．选择“主页”选项卡→“组织”组→“删除”按钮✕
E．按 Enter 键

15．下列各操作中，能够打开 Windows 10“任务管理器”窗口的是（　　）。
A．按快捷键 Ctrl+Shift+Esc
B．按快捷键 Ctrl+Alt+Delete
C．按快捷键 Ctrl+F1
D．右击任务栏空白区→“任务管理器”命令
E．按快捷键 Win+E

16．有关桌面的叙述正确是（　　）。
A．桌面的图标都不能移动　　B．在桌面上不能打开文档和可执行文件
C．桌面上图标大小可以改变　　D．桌面的图标能自动排列
E．桌面的系统图标不能删除

17．有关 Windows 任务栏说法正确的是（　　）。
A．桌面上的任务栏可以删除　　B．任务栏大小可以改变
C．任务栏可以移动到屏幕上方　　D．任务栏可以移动到屏幕左侧和右侧
E．任务栏可以设置为自动隐藏

18．下列关于 Windows 10 对话框的描述正确的是（　　）。

A．对话框是提供给用户与计算机对话的界面

B．对话框的位置可以移动，但大小不能改变

C．对话框的位置和大小都不能改变

D．对话框中可能会出现滚动条

E．对话框中不可进行文本输入

19．在 Windows 10 中，下列关于文件命名的说法正确的是（　　）。

A．文件名的长度不允许超过 128 个字符

B．每一文件全名由文件主名和扩展名组成

C．不允许使用空格

D．允许使用“*”和“？”

E．不允许使用“>”和“<”

20．Windows 的优点有（　　）。

A．支持多任务　　B．良好的兼容性

C．具有强大的网络功能　　D．支持所有硬件的即插即用

E．友好的图形用户界面

三、判断题

1．在 Windows 10 下，按键盘上的 Windows 徽标键，可打开“开始”菜单。（　　）

2．在 Windows 文件资源管理器窗口中，可以通过“查看”选项卡→“窗格”组来打开或关闭导航窗格、预览窗格、详细信息窗格。（　　）

3．在同一个文件夹下不能有同名的文件。（　　）

4．撤消操作的快捷键为 Ctrl+Z。（　　）

5．在 Windows 中，系统重启后回收站和剪贴板中的数据将全部丢失。（　　）

6．Windows 10 控制面板窗口的查看方式有“类别”“大图标”和“小图标”。（　　）

7．在 Windows 文件资源管理器窗口的导航窗格中，文件夹图标左边的按钮 › 表示该文件夹是空的，其下无子文件夹也无文件。（　　）

8．在 Windows 10 下，快捷菜单的出现是由于双击了鼠标的左键所致。（　　）

9．在 Windows 10 桌面上，只能创建快捷方式图标，不能创建文件夹图标。（　　）

10．在文件夹窗口中，右击内容窗格空白区→“刷新”，可以重新排列图标。（　　）

11．右击桌面空白处→“个性化”命令，可以设置桌面背景，更改桌面图标。（　　）

12．为某文件夹创建了快捷方式后，双击快捷方式图标即可打开该文件夹。（　　）

13．可以把常用的程序固定到任务栏或“开始”菜单的“开始”屏幕中。（　　）

14．使用快捷键 Ctrl+A 可以将当前窗口中的文件及文件夹全部选定。（　　）

15．在某文件夹窗口的内容窗格中，有文件图标和子文件夹图标，拖动其中的一个文件图标到一个子文件夹图标上，可将文件移动到文件夹中。（　　）

16．硬盘上被删除的文件或文件夹被临时存放在“库”中。（　　）

17．Windows 10 中图标的大小是不能改变的。（　　）

18．在 Windows 中，删除桌面上的快捷方式，它所指向的项目同时也被删除。（　　）

19．设置 Windows 10 桌面背景时，只能从系统提供的几种图案中选择。（　　）

20．只要将打印机正确地连接到主机后面板的接口上，即可进行打印操作，无需进行其他的设置。（　　）

21．只要将鼠标指针指向当前窗口的任意位置，拖动即可移动该窗口位置。（　　）

22．在删除文件夹时，其中所有的文件及子文件夹也同时被删除。（　　）

23．扫描仪、数码相机、数码摄像机、打印机都属于图像采集输入设备。（　　）

24．在为某个应用程序创建了快捷方式后，若将该应用程序移动到另一个文件夹中，仍可用快捷方式启动该应用程序。（　　）

25．Windows 10 任务栏的位置只能固定在屏幕下方，不可以移动到其他位置。（　　）

26．在“此电脑”窗口中，右击 U 盘图标可以在弹出的快捷菜单中选择“格式化”命令对 U 盘进行格式化。（　　）

27．长时间使用机械硬盘后，通过“开始”按钮→应用列表中的“Windows 管理工具”→“碎片整理和优化驱动器”，对驱动器优化，有助于提高计算机的性能。（　　）

28．无论对于什么窗口，只要将窗口最大化，就不会再有滚动条。（　　）

29．通过任务栏通知区上的“扬声器”图标可以调节扬声器的音量。（　　）

30．Windows 10 不允许删除正在打开的应用程序。（　　）

31．Windows 10 的各种图标是在系统安装时设置好的，用户不能更改。（　　）

32．使用“写字板”程序可以编辑文本文档。（　　）

33．“双击”是指用鼠标左键单击一次对象后，再用鼠标右键单击一次对象。（　　）

34．任务栏上的图标和“开始”屏幕上的磁贴，都是单击即可快速启动相应程序。（　　）

35．当不小心误删除了硬盘中当前文件夹下的一个文件后，立即执行 Ctrl+Z 命令可以避免损失。（　　）

36．可以对 U 盘重新格式化，但对硬盘却不可以。（　　）

37．被放置到“回收站”的文件，可以随时将其还原。（　　）

38．最小化窗口就是关闭窗口。（　　）

39．任务栏被隐藏后，任务栏将缩为一条线，当鼠标指向该线时，任务栏自动显示，离开后，又自动隐藏起来。（　　）

40．剪贴板是内存中一块存放临时数据的区域。（　　）

习题 3　WPS 文字的使用

一、单项选择题

1．WPS Office 办公软件属于（　　）。

A．操作系统　　B．系统软件　　C．应用软件　　D．高级语言

2．在 WPS 文字的编辑状态下，文档中有一行被选定，当按 Backspace 键后（　　）。

A．被选定的行不被删除　　B．删除了选定的一行

C．删除了选定行及其之后的内容　　D．删除了选定行及其之前的内容

3．选定全文的快捷键是（　　）。

A．Ctrl+A　　B．Ctrl+C　　C．Ctrl+V　　D．Ctrl+X

4．在 WPS 文字中，如果要选定多个图形，应该（　　）。

A．依次单击各个图形　　B．Alt+单击各个图形

C．依次双击各个图形　　D．Shift+单击各个图形

5．要想在 WPS 文字文档中使用其他软件环境中制作的图片，下列说法中正确的是（　　）。

A．用“画图”程序打开图片，拖动该图片到 WPS 文字窗口中即可

B．可以通过剪贴板将用其他软件制作的图片粘贴到当前 WPS 文字文档中

C．WPS 文字文档中不能使用其他软件制作的图片

D．以上说法都不对

6．在 WPS Office 首页，无法实现的操作是（　　）。

A．可以打开磁盘中的一个 WPS 文字文档

B．新建一个 WPS 文字文档

C．修改文档属性

D．将最近编辑过的几个文档同时打开

7．在 WPS 文字编辑过程中能够显示当前页码、总页数、字数等信息的是（　　）。

A．功能区　　B．标题栏　　C．菜单栏　　D．状态栏

8．在 WPS 文字中，用鼠标拖动选定的文本的同时按住 Ctrl 键，则执行的是（　　）操作。

A．剪切　　B．复制　　C．粘贴　　D．移动

9．在 WPS 文字中，“恢复”操作的快捷键是（　　）。

A．Ctrl+T　　B．Ctrl+Z　　C．Ctrl+I　　D．Ctrl+Y

10．WPS 文字文档的扩展名默认为（　　）。

A．.doc　　B．.xls　　C．.docx　　D．.wps

11．当前插入点位于表格之外的表格右侧时，按 Enter 键后，可以使（　　）。

A．插入点所在的行增高　　B．在表格右侧增加一列

C．插入点的下一行增加一行　　D．对表格不起作用

12．关闭当前 WPS 文字文档标签但不退出 WPS Office 的快捷键是（　　）。

A．Ctrl+F4　　B．Shift+F4　　C．Alt+F4　　D．Esc 键

13．在 WPS 文字中，如果想复制选定的文本，则需要在拖动的同时按（　　）。

A．Ctrl 键　　B．Alt 键　　C．Delete 键　　D．Shift 键

14．WPS 文字中不显示功能区的视图方式是（　　）。

A．页面视图　　B．阅读版式　　C．大纲视图　　D．Web 版式

15．在 WPS 文字功能区，（　　）功能组中含有设定上标的命令按钮 X^2 ˅。

A．编辑　　B．字体　　C．段落　　D．样式

16．将 WPS 文字文档中一部分文本内容复制到别处，先要进行的操作是（　　）。

A．剪切　　B．复制　　C．粘贴　　D．保存

17．在 WPS 文字编辑状态下，若鼠标指针在某行左侧的选定区，则选定该行的操作是（　　）。

A．单击鼠标左键　　B．将鼠标左键连击三下

C．双击鼠标左键　　D．单击鼠标右键

18. 在 WPS 文字中，“边框和底纹”命令位于（　　）下。

A. “开始”选项卡→“段落”组→“边框”下拉列表

B. “开始”选项卡→“段落”组→“底纹颜色”下拉列表

C. “开始”选项卡→“字体”组→“边框”下拉列表

D. “开始”选项卡→“字体”组→“底纹颜色”下拉列表

19. 在 WPS 文字文档左侧的选定区，使用（　　）鼠标左键操作可以选定整个文档。

A. 三击　　B. 双击　　C. 单击　　D. 右击

20. 将 WPS 文字文档中一部分文本内容移动到别处，先要进行的操作是（　　）。

A. 剪切　　B. 复制　　C. 粘贴　　D. 保存

21. 打开 WPS 文字文档是指（　　）。

A. 从内存中读文档的内容并显示出来

B. 把文档的内容从磁盘调入内存并显示出来

C. 为指定文档开设一个新的、空的文档窗口

D. 显示并打印出文档的内容

22. 在 WPS 文字中，“撤消”操作的快捷键是（　　）。

A. Ctrl+T　　B. Ctrl+Z　　C. Ctrl+I　　D. Ctrl+Y

23. 在 WPS 文字中，要想查找段落标记符号↵，可以在“查找和替换”对话框中的“查找内容”文本框中进行（　　）操作。

A. 单击“格式”按钮　　B. 单击“特殊格式”按钮

C. 单击“高级搜索”按钮　　D. 输入符号“*”代替段落标记

24. 在 WPS 文字中，段落可以采取多种对齐方式，默认的对齐方式是（　　）。

A. 居中对齐　　B. 两端对齐　　C. 左对齐　　D. 右对齐

25. 在 WPS 文字的“段落”对话框中，不能设定文本的（　　）。

A. 行间距　　B. 段前间距　　C. 字间距　　D. 首行缩进

26. 在 WPS 文字中制作表格时，按（　　）快捷键可以将插入点移到前一个单元格。

A. Tab　　B. Alt+Tab　　C. Ctrl+Tab　　D. Shift+Tab

27. 在 WPS 文字中，若需要将文章中的文字“电脑”全部替换为“计算机”，可以按快捷键（　　）打开“查找替换”对话框进行操作。

A. Ctrl+D　　B. Ctrl+E　　C. Ctrl+F　　D. Ctrl+H

28. 关于 WPS 文字的功能，下列说法中错误的是（　　）。

A. 可以将文档中的图形、图片、文本框等对象组合

B. 在查找和替换字符串时，可以区分大小写，也可以区分全/半角

C. 可以用“写字板”“记事本”程序打开 WPS 文字文档，并正确显示文档内容

D. 可以不同的显示比例显示文档内容

29. 在 WPS 文字中，要写入一个复杂的数学表达式，可以通过（　　）操作实现。

A. “插入”选择卡→“符号”组→“公式”按钮 $\sqrt{x}$

B. “插入”选择卡→“符号”组→“符号”按钮Ω

C. “插入”选择卡→“附件”组→“附件”按钮

D. “开始”选择卡→“查找”组→“选择”按钮

30．在 WPS 文字窗口，保存文档的快捷键是（　　）。

A．Ctrl+S　　B．Ctrl+P　　C．Ctrl+N　　D．Ctrl+V

31．在 WPS 文字中插入一幅图片，其默认的环绕方式是（　　）。

A．四周型　　B．嵌入型　　C．紧密型　　D．穿越型

32．在 WPS 文字中可以编辑页眉和页脚的视图是（　　）。

A．阅读版式　　B．大纲视图　　C．页面视图　　D．Web 版式

33．下列关于 WPS 文字分栏的说法中，正确的是（　　）。

A．最多可以分 5 栏　　B．各栏间必须有分隔线分隔

C．各栏的宽度可以不同　　D．各栏之间的间距固定为 2 磅

34．在 WPS 文字中保存文件时，不能保存为（　　）文件类型。

A．.exe　　B．.docx　　C．.doc　　D．.txt

35．在 WPS 文字中，每按一次 Backspace 键都会（　　）。

A．删除当前插入点前的一个汉字或字符

B．删除当前插入点前的一个词

C．删除当前插入点所在的整个段落

D．删除当前选定文字前的一个汉字或字符

36．在 WPS 文字中，要给选定段落的左边添加边框，可以选择“开始”选项卡→“段落”组→“边框”下拉列表中的（　　）。

A．上框线　　B．左框线　　C．右框线　　D．方框

37．在 WPS 文字中，设置“悬挂缩进”应该在“段落”对话框中选择（　　）选项。

A．对齐方式　　B．行距　　C．特殊格式　　D．大纲级别

38．要将 WPS 文字文档转存为“记事本”能处理的文本文件，应选择（　　）文件类型。

A．.docx　　B．.doc　　C．.txt　　D．.trf

39．在 WPS 文字的编辑状态，当前编辑的文档是 C 盘中的 zch.docx 文档，要将该文档复制到 U 盘，应当使用“文件”菜单中的（　　）命令。

A．另存为　　B．保存　　C．新建　　D．打开

40．WPS 文字中的标尺不可以用于（　　）。

A．设置段落的缩进或制表位　　B．改变段落左右边界

C．改变分栏的栏宽或表格的列宽　　D．设置字符间距

41．在 WPS 文字的编辑状态，通过（　　）可以对当前选定的段落设置项目符号。

A．选择“开始”选项卡→“字体”组→“项目符号”

B．选择“插入”选项卡→“字体”组→“项目符号”

C．选择“开始”选项卡→“段落”组→“项目符号”

D．选择“插入”选项卡→“段落”组→“项目符号”

42．在 WPS 文字中，想使选定的文本像使用荧光笔做了标记，应选择“字体”组中的（　　）。

A．“字体颜色”按钮　　B．“字符底纹”按钮

C．“突出显示”按钮　　D．“文字效果”按钮

43. 在 WPS 文字中，对于一个多行多列的表格，选中一个单元格，再按 Delete 键，则（　　）。

A. 删除该单元格，右方单元格左移　　B. 删除该单元格，下方单元格上移
C. 删除该单元格所在的行　　D. 删除该单元格的内容

44. 在 WPS 文字中，使插入点快速定位到文档末尾的操作是按（　　）键。

A. Ctrl+Home　　B. Alt+End　　C. Ctrl+End　　D. PgDn

45. 在 WPS 文字中，不能保存一篇新文档的操作是（　　）。

A. 选择“文件”菜单→“另存为”
B. 按 Ctrl+O 快捷键
C. 单击快速访问工具栏上的“保存”按钮
D. 按 Ctrl+S 快捷键

46. 在 WPS 文字的编辑状态，打开 zrl.docx 文档后，又以 zr2.docx 为文件名进行了“另存为”操作，则（　　）。

A. 当前文档是 zrl.docx　　B. 当前文档是 zr2.docx
C. zr1.docx 与 zr2.docx 全被打开　　D. zr1.docx 与 zr2.docx 全被关闭

47. 若要将选定的文本设为“倾斜”，可在“开始”选项卡下，单击“字体”组中的（　　）。

A. B按钮　　B. U按钮　　C. I按钮　　D. 按钮

48. 在 WPS Office 首页，要想新建一个 WPS 文字文档，可以按快捷键 Ctrl+N，然后在打开的“新建”界面中选择（　　）。

A. W 文字　　B. S 表格　　C. P 演示　　D. PDF

49. 在 WPS 文字中，按（　　）快捷键可打开一个已存在的文档。

A. Ctrl+N　　B. Ctrl+O　　C. Ctrl+S　　D. Ctrl+P

50. 在 WPS 文字的编辑状态打开一个文档并做了修改，进行“关闭”文档操作时，（　　）。

A. 文档被关闭，并自动保存修改后的内容
B. 文档不能关闭，并提示出错
C. 文档被关闭，修改后的内容没有保存
D. 弹出对话框，并询问是否保存对文档的修改

51. WPS 文字的“文件”菜单下有“保存”和“另存为”命令。当文件首次存盘时，（　　）。

A. 只能使用“保存”命令
B. 只能使用“另存为”命令
C. 无论使用“保存”还是“另存为”命令，都会打开“另存为”对话框
D. 无论使用“保存”还是“另存为”命令，都将自动保存文件到桌面上

52. 在 WPS 文字中，使用快捷键 Ctrl+Enter 可产生一个（　　）。

A. 分节符　　B. 分页符　　C. 段落标记　　D. 手动换行符

53. 要选定某个自然段，可将鼠标指针移到该段落左侧的选定区，再（　　）。

A. 单击　　B. 双击　　C. 右击　　D. 三击

54. 在 WPS 文字中，查找操作（　　）。

A. 只能无格式查找　　B. 不能区分字母大小写
C. 可以查找某些特殊的非打印字符　　D. 查找的内容不能夹带通配符

55. 在 WPS 文字中，要将表格中一个单元格变成两个单元格，应先选定该单元格，然后选择“表格工具”上下文选项卡→“合并拆分”组中的（　　）命令按钮。

A. 自动调整　　B. 合并单元格　　C. 拆分单元格　　D. 拆分表格

56. 在 WPS 文字窗口中，要想显示标尺，可以在（　　）选项卡下“显示”组中，勾选“标尺”复选框。

A. 引用　　B. 视图　　C. 开始　　D. 页面

57. 编辑 WPS 文字表格时，选择“表格工具”上下文选项卡→“行和列”组→“删除”下拉列表，无法实现（　　）功能。

A. 删除整个表格　　B. 删除插入点所在的单元格

C. 删除插入点所在的整行　　D. 删除插入点所在的单元格及相邻单元格

58. 在 WPS 文字中，可选择（　　）中的“分隔符”列表，在文档的插入点处强行分页。

A.“插入”选项卡→“页”组　　B.“页面”选项卡→“结构”组

C.“插入”选项卡→“符号”组　　D.“页面”选项卡→“效果”组

59. 在 WPS 文字的编辑状态下，执行“粘贴”命令，可实现（　　）功能。

A. 将文档中被选定的内容复制一份插入到当前插入点处

B. 将文档中被选定的内容复制一份存入剪贴板中

C. 将剪贴板中的内容复制到当前插入点处

D. 将剪贴板中的内容移动到当前插入点处

60. 在 WPS 文字中，选择“文件”菜单下的“退出”命令是（　　）。

A. 仅关闭当前 WPS 文字文档标签，但其他文档标签不受影响

B. 退出 WPS Office 程序，WPS Office 及其所支持的各个组件窗口全部关闭

C. 关闭所有 WPS 文字文档标签，但不关闭 WPS Office 及其他组件窗口

D. 将当前 WPS 文字文档所在的 WPS Office 窗口最小化

61. 在 WPS 文字中，使插入点快速定位到文档首部的操作是按（　　）键。

A. Ctrl+Home　　B. Alt+End　　C. Ctrl+End　　D. PgDn

62. 在 WPS 文字窗口下，定位插入点后，若想将其他文件的内容插入到当前文档中，可以选择“插入”选项卡→“附件”组→“附件”下拉列表中的（　　）。

A. 文件　　B. 附件　　C. 对象　　D. 文件中的文字

63. 在 WPS 文字中，按（　　）键可使插入点快速定位到本行末尾。

A. Ctrl+Home　　B. End　　C. Ctrl+End　　D. Home

64. 在 WPS 文字中，使插入点快速定位到本行首部的操作是按（　　）键。

A. Ctrl+Home　　B. End　　C. Ctrl+End　　D. Home

65. 在 WPS 文字中，内容窗格中有一个闪动的细竖线“|”，它表示（　　）。

A. 插入点，可在该处输入字符　　B. 文章结尾符

C. 段落结束符　　D. 鼠标指针

66. 在 WPS 文字的编辑状态下，执行“复制”命令后，（　　）。

A. 被选定的内容将被复制到插入点处

B. 将剪贴板的内容复制到插入点处

C. 被选定的内容将被复制到剪贴板中

D．将被选定内容的格式复制到剪贴板中

67．在 WPS 文字中，以下有关段落的叙述，错误的是（　　）。

A．段落标记“↵”总是位于自然段的结尾处

B．要把自然段分为两段，在要拆分处按 Tab 键

C．要把两段合并成一段，在第二段的段首按 Backspace 键

D．要把两段合并成一段，在第一段的段末按 Delete 键

68．在 WPS 文字的当前文档中选定部分文本后按空格键，则（　　）。

A．被选定的文本后增加了一个空格　　B．被选定的文本前增加了一个空格

C．被选定的文本被空格取代　　D．没有任何变化

69．在 WPS 文字中插入一个图形后，可以设置该图形与文档编辑区文字的位置关系，下列说法错误的是（　　）。

A．图形可以衬于文字下方　　B．图形可以浮于文字上方

C．图形只能插入到页眉/页脚中　　D．文字可以环绕于图形四周

70．分别在两个 WPS Office 窗口中打开 A.docx 和 B.docx 文档，选定 A 文档中的部分文字，按住 Ctrl 键拖动至 B 文档中，可以实现（　　）功能。

A．复制　　B．移动　　C．删除　　D．以上都不对

71．调整窗口显示比例可以看清文档内容，下列方法中不能调整窗口显示比例的是（　　）。

A．选择“视图”选项卡→“比例”组→“显示比例”按钮

B．在状态栏右侧，向右拖动“显示比例”滑块

C．在状态栏右侧，单击“放大”按钮+

D．选择“开始”选项卡→“段落”组→“中文版式”下拉按钮→“字符缩放”

72．在 WPS 文字中，关于文本与表格之间的转换，下列说法正确的是（　　）。

A．只能将文本转换成表格　　B．只能将表格转换成文本

C．不能相互转换　　D．可以相互转换

73．在 WPS 文字的“页面设置”对话框中，不能设置（　　）。

A．纸张大小　　B．页边距　　C．每页的行数　　D．分节

74．在 WPS 文字中，使用“查找”功能无法找到（　　）中所显示的文字。

A．文本框　　B．图片　　C．正文　　D．表格

75．在 WPS 文字编辑状态下，要将不相邻的两段文字互换位置，可以采用的方法是（　　）。

A．剪切　　B．粘贴　　C．复制+粘贴　　D．剪切+粘贴

76．在 WPS 文字中，按 Shift+Enter 快捷键将产生一个（　　）。

A．分节符　　B．分页符　　C．段落标记　　D．手动换行符

77．在 WPS 文字中，定位插入点后进行了字体颜色的设置，则新设置的字体颜色将对（　　）有效。

A．插入点前的文字　　B．插入点后新输入的文字

C．插入点后的文字　　D．插入点所在段落的所有文字

78．在 WPS 文字中选定内容并按 Delete 键，则（　　）。

A．等同于选择“开始”选项卡→“剪贴板”组→“剪切”

B．等同于选择“开始”选项卡→“剪贴板”组→“复制”

C．选定内容被删除，但不能用“撤消”命令恢复

D．选定内容被删除

79．下列关于 WPS 文字的叙述中，错误的是（　　）。

A．新建的文档可以使用“文件”菜单下的“另存为”命令保存

B．“查找”和“替换”操作允许区分全角和半角

C．“撤消”命令不可以重复使用

D．只有在编辑表格时，“表格工具”上下文选项卡才可能在功能区显示和使用

80．以下关于 WPS 文字的说法中，错误的是（　　）。

A．WPS 文字窗口的功能区始终在内容窗格上方显示，不能隐藏

B．在段落中进行插入、删除等操作后，文本会自动按左右边界进行调整

C．在 WPS 文字中，删除段落标记的方法与删除一般字符的方法相同

D．按功能键 F12，可以将文档换名保存

81．关于 WPS 文字文档中的分页符，下列说法正确的是（　　）。

A．插入分页符后，当前插入点位置后的文字将于相邻的下一行另起一段

B．插入分页符的操作只能在页面视图下进行

C．在页面视图下，分页符不可以被删除

D．插入分页符后，当前插入点位置后的文字将于相邻的下一页另起一段

82．选定 WPS 文字表格的第 1 行后按 Ctrl+C 快捷键，再定位插入点到其他段落中，按 Ctrl+V 快捷键，即完成（　　）操作。

A．整个表格被复制

B．表格第 1 行的所有单元格的内容丢失，只留下一个空行，其他行未受影响

C．表格第 1 行的所有单元格及内容被复制

D．表格第 1 行的所有文本内容被复制

83．在 WPS 文字中，可以通过“表格工具”上下文选项卡下的（　　）组，设置表格内容的垂直对齐方式。

A．对齐方式　　B．字体　　C．属性　　D．行和列

84．若想快速编辑页眉，可以双击（　　）。

A．文本区　　B．标题栏　　C．页眉区　　D．功能区

85．关于 WPS 文字中的页眉和页脚，下列无法实现的操作是（　　）。

A．在页眉中插入剪贴画　　B．建立奇偶页内容不同的页眉

C．在页眉中插入首字下沉　　D．在页眉中插入日期

86．在 WPS 文字中修改某一页的页眉，则（　　）。

A．同一节的所有页的页眉都将被修改　　B．整篇文档的所有页的页眉都必定被修改

C．其余页的页眉一定不变　　D．出错，页眉设置后不能修改

87．以下对 WPS 文字表格操作的叙述中，错误的是（　　）。

A．在表格的单元格中除了可以输入文字、数字，还可以插入图片

B．文本与表格可以相互转换

C．表格的每一行中各单元格的宽度可以不同

D．表格的每一行单元格高度一定相同

88．要对 WPS 文字文档设置打印纸张的大小，不可能实现的方法是（　　）。

A．通过快速访问工具栏上的“打印预览”按钮，打开“打印预览”窗格

B．选择“页面”选项卡→“页面设置”组→“纸张大小”

C．选择“页面”选项卡→“页面设置”组→对话框启动器

D．选择“视图”选项卡→“显示”组

89．在 WPS 文字中，如果要调整行距，可使用（　　）对话框。

A．段落　　B．字体　　C．页面设置　　D．边框和底纹

90．在 WPS 文字的“字体”对话框中不能设置文字的（　　）。

A．缩进　　B．字形　　C．字体颜色　　D．字符间距

91．在 WPS 文字中可以将段落文字转换为表格，对这段文字的要求是（　　）。

A．必须是一个段落

B．必须是一节

C．每行的几个部分之间必须用空格分隔

D．每行的几个部分必须用统一符号分隔

92．若要加大两个段落的间距，又要求此间距小于一个空行的距离，可用（　　）办法解决。

A．在每两行之间按 Enter 键　　B．在每两段落之间按 Enter 键

C．在“段落”对话框中设置段落间距　　D．在“字体”对话框中增大字号

93．在 WPS 文字编辑状态下选定了某个段落后，若想设置该段为 2.1 倍行距，则应在“段落”对话框的“缩进和间距”选项卡下，选择“行距”列表框中的（　　）。

A．多倍行距　　B．最小值　　C．固定值　　D．以上皆可

94．用 WPS 文字的“格式刷”按钮可以复制（　　）。

A．段落的格式和内容　　B．文字的格式和内容

C．段落和文字的格式　　D．段落和文字的格式和内容

95．WPS 文字段落中可能造成每行的字间距不相等的对齐方式是（　　）。

A．左对齐　　B．右对齐　　C．居中对齐　　D．分散对齐

96．对当前 WPS 文字文档进行“字数统计”操作，应当使用（　　）选项卡下的命令。

A．开始　　B．插入　　C．页面　　D．审阅

97．在 WPS 文字功能区，“剪贴板”组中的“格式刷”按钮可用于复制文本或段落的格式，若要将选择好的文本或段落的格式重复应用多次，应（　　）格式刷。

A．单击　　B．双击　　C．右击　　D．拖动

98．在 WPS 文字中，对选定文档中某些段落进行有效的分栏操作后，必须在（　　）视图下才能看到分栏效果。

A．阅读版式　　B．页面　　C．大纲　　D．Web 版式

99．以下关于 WPS 文字的说法中，错误的是（　　）。

A．可以在导航窗格中进行“查找”“替换”操作

B．插入到 WPS 文字文档中多个图形或图片各自独立，不能组合到一起

C．WPS 文字文档分栏后，各栏的栏宽可以相同或不同

D．按快捷键 Ctrl+F1 可以隐藏或显示“任务窗格工具栏”

100．编辑 WPS 文字表格时，按住 Shift 键拖动水平标尺上的列间隔线，则（　　）。

A．整个表格平移

B．移动这条列线，而其他列线都不动

C．移动这条列线，该列线右侧的表格平移

D．移动这条列线，该列线左侧的表格平移

101．选定表格某行的所有单元格（包括表格右侧的段落标记），再执行“剪切”命令，则（　　）。

A．将该行的边框线删除

B．将该行各单元格中的内容删除

C．删除该行所有单元格及内容，下行单元格上移

D．将该表格拆分成两个表格

102．在 WPS 文字中，“边框和底纹”对话框不能用于设置（　　）的框线和底纹。

A．文本或段落　　B．表格　　C．段落标记　　D．文本框

103．在 WPS 文字表格中，可对表格的内容进行排序，下列不能作为排序类型的是（　　）。

A．笔画　　B．拼音　　C．字号　　D．数字

104．下列关于 WPS 文字表格单元格的叙述中，错误的是（　　）。

A．单元格中可以包含多个段落　　B．单元格的内容可以是图形

C．单元格可以被拆分　　D．同一行各单元格的格式必须相同

105．关于在 WPS 文字中插入的各个图形，下列说法中错误的是（　　）。

A．图形可以旋转

B．如果与文字重叠，图形一定会覆盖文字

C．如果是封闭图形，可以填充颜色

D．图形线条的颜色可以随时更改

106．下列关于 WPS 文字图形处理的说法中，错误的是（　　）。

A．对图形处理之前，必须先选定它

B．要选定图形只需单击图形即可

C．可以改变图形的大小

D．可以对图形做“裁剪”操作

107．在 WPS 文字文档中插入数学公式，应选择“插入”选项卡下的（　　）。

A．“符号”组中的“公式”按钮 $\sqrt{x}$　　B．“符号”组中的“符号”按钮 Ω

C．“部件”组中的“附件”按钮　　D．“符号”组中的“∑”按钮

108．WPS 文字文档中，每个段落都有自己的段落标记，段落标记的位置在（　　）。

A．段落的结尾处　　B．段落的首部

C．段落的右侧　　D．段落的左侧

109．在 WPS 文字文档编辑状态下，按快捷键 Alt+F4 可以实现的功能是（　　）。

A．WPS Office 窗口最小化

B．关闭当前 WPS 文字文档，WPS Office 应用程序及其他文档不受影响

C．关闭当前 WPS Office 应用程序及其所打开的所有组件窗口

D．关闭所有 WPS 文字文档，但不关闭 WPS Office 应用程序

110. WPS 文字中，段落标记是在输入（　　）之后产生的。
A. Shift+Enter 键　　B. Enter 键
C. 句号　　D. Ctrl+Enter 键

111. 在 WPS 文字编辑状态下，若要调整左右边界，比较直接、快捷的方法是使用（　　）。
A. “段落”对话框　　B. 水平标尺
C. 标题栏　　D. 垂直标尺

112. 在 WPS 文字编辑状态下，当前输入的文字显示在（　　）。
A. 插入点处　　B. 鼠标指针处　　C. 文件尾部　　D. 当前行尾部

113. WPS Office 窗口中标题栏最右端的按钮是（　　）。
A. “关闭”按钮×　　B. “最小化”按钮–
C. “最大化”按钮□　　D. “还原”按钮

114. 在 WPS 文字中选中某段文字，对功能区的“倾斜”按钮*I*连击两次，则（　　）。
A. 该段文字呈倾斜格式　　B. 产生错误信息
C. 该段文字呈右斜体格式　　D. 该段文字格式不变

115. WPS 文字的邮件合并是指（　　）。
A. 将多个文档依次连接在一起并输出
B. 将多个文档合并成一个文档后输出
C. 将主文档和数据源文档合并输出
D. 将两个电子邮件合并输出

116. 在 WPS 文字编辑状态下，在文档最后一页底端插入注释文字，应该使用（　　）。
A. 批注　　B. 题注　　C. 脚注　　D. 尾注

117. 下列方法中不能启动 WPS Office 的是（　　）。
A. 选择 Windows“开始”按钮→应用列表中的“WPS Office”→“WPS Office”
B. 在文件夹窗口中，右击一个扩展名为.docx 的文件→“打开”命令
C. 在文件夹窗口中，单击一个扩展名为.xlsx 的文件
D. 在文件夹窗口中，双击一个扩展名为.docx 的文件

118. 选择“视图”选项卡→“窗口”组→“新建窗口”按钮，可以新开一个窗口，使当前正在编辑的文档同时在两个窗口中显示，下列说法错误的是（　　）。
A. 在一个窗口内修改后，另一个窗口的内容也同时改变
B. 在一个窗口内执行“保存”命令后，另一个窗口的内容也同时保存
C. 关闭一个窗口后，另一个窗口也同时被关闭
D. 两个窗口的内容可以同时显示

119. 在 WPS 文字中，若要将选定的文本加粗，应单击“开始”选项卡→“字体”组中的（　　）。
A. **B**按钮　　B. U按钮　　C. *I*按钮　　D. 按钮

120. 在 WPS 文字文档编辑过程中，移动鼠标指针到正文中的任意一个文字处，连续按鼠标左键三下，可以实现（　　）操作。
A. 选定这个文字　　B. 选定这个文字所在的词组
C. 选定这个文字所在的段落　　D. 选定全文

121. 在 WPS 文字中，要把多处同样的错误一次性更正，正确的操作方法是（　　）。

A. 使用替换命令

B. 使用查找命令

C. 使用撤消与恢复命令

D. 用插入光标逐字查找，先删除错误文字，再输入正确文字

122. 在 WPS 文字中，如果选择的文字区域中包含多种字号的汉字，那么“开始”选项卡→“字体”组→“字号”框显示的是（　　）。

A. 文字区域中最小汉字的字号　　B. 空白

C. 首字字号　　D. 尾字字号

123. 在 WPS 文字编辑状态下，选中表格并按下 Delete 键，删除的是（　　）。

A. 整个表格　　B. 表格的边框

C. 表格的内容　　D. 表格内容的格式

124. WPS 文字文档中将鼠标指针指向选中的文本，同时按住 Ctrl 键与鼠标左键，将文本拖到另一位置的操作是（　　）。

A. 复制文本　　B. 移动文本　　C. 替换文本　　D. 删除文本

125. WPS 文字的（　　）视图下，编辑的文档外观与打印预览显示的外观完全相同。

A. 阅读　　B. Web 版式　　C. 大纲　　D. 页面

126. 在 WPS 文字中，若想给某段文字加批注，应选择（　　）选项卡→“批注”组→“插入批注”按钮。

A. 开始　　B. 插入　　C. 审阅　　D. 视图

127. WPS 文字中“剪切”命令的作用是（　　）。

A. 将选中的文字移入剪贴板中　　B. 将选中的文字复制剪贴板中

C. 仅将选中的文本删除　　D. 将剪贴板中的内容粘贴到指定位置

128. 在 WPS 文字的一个较大的表格中，一次操作即可插入 5 个新行的正确方法是（　　）。

A. 鼠标指向表格，单击出现在表格底端的控制标记“+”

B. 将插入点定位到表格行尾，按回车键

C. 选定“表格工具”上下文选项卡→“行和列”组→“插入”→“在上方插入行”

D. 选定连续 5 行，右击→“插入”→“在下方插入行”

129. 在 WPS 文字中，设置文档行距的命令按钮所处的选项卡是（　　）选项卡。

A. 视图　　B. 插入　　C. 开始　　D. 页面

130. 关于 WPS Office 标题栏上的文档标签，下列说法错误的是（　　）。

A. 将鼠标指向文档标签停留片刻，便会显示该文档标签的信息面板

B. 单击某个文档标签，即可使其切换成为当前文档标签，并呈高亮方式显示

C. 文档标签右侧的或×变为圆点•时，说明文档出错了

D. 要想移动文档标签的位置，可以在文档标签上按住鼠标左键左右拖拽

二、多项选择题

1. 从 WPS 文字的页眉/页脚编辑状态返回到正文编辑状态，可以（　　）。

A. 单击“页眉页脚”上下文选项卡中的“关闭”按钮

B．单击文档编辑区
C．双击文档编辑区
D．按 Esc 键
E．单击文档标签栏右侧的“关闭”按钮×

2．在 WPS 文字中，删除一个段落尾部的段落标记“↵”后，可以与后面段落的文字合并成一个段落，下列操作中可以实现段落合并的是（　　）。
A．选定↵，按 Delete 键或按 Backspace 键
B．选定↵，执行“剪切”命令
C．将插入点定位到↵前，按 Backspace 键
D．将插入点定位到↵前，按 Delete 键
E．将插入点定位到后面段落首，按 Backspace 键

3．在 WPS 文字中，下列操作中能选定整个文档的是（　　）。
A．三击文档左侧的选定区
B．按住 Ctrl 键，单击选定区
C．选择“开始”选项卡→“查找”组→“选择”下拉按钮↖→“全选”
D．按 Ctrl+A 快捷键
E．单击文档首位置，按住 Shift 键，再单击文档尾部
F．按住 Shift 键，单击选定区

4．在一个正处于编辑状态的 WPS 文字文档中，若要选择一个段落内的部分连续文字，下列操作中正确的是（　　）。
A．将鼠标指针移到待选文字的开头，按住鼠标左键拖动，直到待选文字的末尾
B．将插入点定位到待选文字的开头，按住 Shift 键，再按方向键→，直至待选文字的末尾
C．将插入点定位到待选文字的开头，按住 Shift 键，再单击待选文字的末尾
D．在段落内任意处双击
E．在段落左侧的选定区双击

5．在 WPS 文字中，下列说法中，正确的是（　　）。
A．定位插入点，然后按 Enter 键，则从该位置分割段落
B．通过快速访问工具栏，可以设置功能区显示或隐藏
C．在使用 WPS 文字的过程中，随时按键盘上的 F1 键都可以获得帮助
D．在任何视图下都可以看到分栏的效果
E．WPS 文字中的分页符也称分节符

6．在 WPS 文字中，按住（　　）键，单击图形，可选定多个图形。
A．Ctrl　　B．Alt　　C．Esc　　D．Shift

7．在 WPS 文字中，下列操作可以为文档加上页码的是（　　）。
A．选择“插入”选项卡→“页”组→“页码”
B．选择“插入”选项卡→“常用对象”组→“页码”
C．选择“页面”选项卡→“效果”组→“页码”
D．选择“页面”选项卡→“页眉页脚”组→“页码”

8．在 WPS 文字中，下列操作可以对文档进行页面设置的是（　　）。

A．选择快速访问工具栏上的“打印预览”按钮

B．选择“视图”选项卡→“显示”组

C．选择“页面”选项卡→“页面设置”组

D．选择“页面”选项卡→“页面设置”组→对话框启动器

9．在 WPS 文字中，通过“插入”选项卡→“常用对象”组→“插入表格”下拉列表中的（　　）可以在文档中生成表格。

A．插入表格

B．绘制表格

C．在示意网格上滑动确定行列后单击鼠标左键

D．文本转换成表格

E．表格转换成文本

10．关于 WPS 文字中的表格，以下叙述中正确的是（　　）。

A．WPS 文字提供了表格行列互换的功能

B．在 WPS 文字表格中，可以排序却不可以运算

C．选定表格，按 Delete 键，可以删除表格及表格内的所有内容

D．选定表格，按 Backspace 键，可以删除表格及表格内的所有内容

E．选定表格后，单击“开始”选项卡→“段落”组→“居中对齐”按钮，则表格被居中，而单元格内文字的对齐方式并无变化

11．在 WPS 文字中，要删除选定的文本，可以（　　）。

A．单击“开始”选项卡→“剪贴板”组→“剪切”按钮

B．按键盘上的 Delete 键

C．按键盘上的 Backspace 键

D．单击浮动工具栏中的“剪切”按钮

E．按快捷键 Ctrl+X

12．在 WPS 文字中，可对选定的对象实现复制的操作有（　　）。

A．单击“开始”选项卡→“剪贴板”组→“复制”按钮

B．单击浮动工具栏中的“复制”按钮

C．使用快捷键 Ctrl+C

D．使用快捷键 Ctrl+X

E．使用快捷键 Ctrl+V

13．在 WPS 文字中，关于设置页眉页脚的叙述正确的是（　　）。

A．允许为文档的第一页设置不同的页眉和页脚

B．插入页眉和页脚的操作只能通过“视图”选项卡→“页眉页脚”组

C．允许为偶数页和奇数页设置不同的页眉和页脚

D．允许为文档的每节设置不同的页眉和页脚

E．可以在页眉或页脚中插入页码

14．关于 WPS 文字中图片的大小，下列说法正确的是（　　）。

A．选定图片后，通过出现在图片四周的 8 个控制点，可以调整图片的大小

B．右击选定的图片→“设置对象格式”，弹出“设置对象格式”对话框，在“大小”选项卡下，可以设置图片的高度和宽度

C．插入到 WPS 文字文档中的图片，其大小是不可以改变的

D．按住 Shift 键，再调整图片大小时，可以锁定图片的横纵比例

E．选择图片后，通过“图片工具”上下文件选项卡→“大小”组可以设置图片大小

15．在 WPS 文字中，修改页眉的内容可以通过（　　）途径实现。

A．选择“页面”选项卡→“页眉页脚”组→“页眉页脚”按钮▤

B．选择“插入”选项卡→“页”组→“页眉页脚”按钮▤

C．选择“视图”选项卡→“窗口”组→“编辑页眉”

D．双击页眉编辑区

16．在 WPS 文字文档编辑过程中，若想在一个屏幕上同时看到文档不同的部分，正确选项有（　　）。

A．“视图”选项卡→“窗口”组→“新建窗口”

B．“视图”选项卡→“窗口”组→“拆分窗口”

C．“视图”选项卡→“窗口”组→“重排窗口”

D．“视图”选项卡→“比较”组→“并排比较”

E．“视图”选项卡→“比例”组→“多页”

17．利用 WPS 文字编辑文档，能完成的功能有（　　）。

A．插入图片　　B．设置项目符号

C．设置水印　　D．设置边框和底纹

E．插入页眉和页脚

18．在 WPS 文字中，可作为文本转换成表格的分隔符可以是（　　）。

A．段落标记　　B．制表符　　C．空格　　D．分页符

E．逗号

19．在 WPS 文字中，通过“表格属性”对话框可以设置的内容有（　　）。

A．表格的对齐方式　B．单元格的垂直对齐方式

C．表格的边框和底纹　　D．表格的行高和列宽

E．单元格的指定宽度

20．在 WPS 文字中，文档视图的种类有（　　）。

A．母版视图　　B．大纲视图　　C．页面视图　　D．阅读版式

E．Web 版式

三、判断题

1．查找的快捷键为 Alt+F。（　　）

2．要给选定的文字加下划线，可单击“字体”组中的U按钮。（　　）

3．在 WPS 文字中，用快捷键 Ctrl+C 将所选内容复制至剪贴板后，可以使用快捷键 Ctrl+V 将其粘贴到需要的位置。（　　）

4．通过“开始”选项卡→“段落”组→“编号”下拉列表，可为所选段落设置编号。（　　）

5．如果想增大选定文本的字号的磅值应使用“字符缩放”按钮。（ ）
6．WPS 文字窗口中，正文右侧的空白区域称为选定区。（ ）
7．在 WPS 文字窗口的内容窗格中闪烁的竖条表示插入点位置。（ ）
8．使用快捷键 Ctrl+F1 可以展开或最小化 WPS 文字窗口中的功能区。（ ）
9．选择“插入”选项卡→“符号”组→“公式”可以编辑数学公式。（ ）
10．替换的快捷键为 Ctrl+H。（ ）
11．WPS 文字中，拖动水平标尺左侧下面的小方块可以调整左缩进。（ ）
12．要对文档进行打印，可以选择快速访问工具栏中的“打印”按钮。（ ）
13．位于 WPS 文字窗口最下方的状态栏，可显示页码、字数统计等信息。（ ）
14．WPS 文字中保存文件可用快捷键 Ctrl+C。（ ）
15．通过“插入”选项卡→“常用对象”组可以插入表格、图片、形状等对象。（ ）
16．生成目录可以从“引用”选项卡→“目录”组实现。（ ）
17．WPS 文字中的文本框有“横向”和“竖向”之分。（ ）
18．通过“视图”选项卡→“窗口”组→“拆分窗口”，可以同时显示同一文档的不同部分。（ ）
19．如果已有一个 WPS 文字文档 ww.docx，经过编辑修改后，希望以 zch.docx 为文件名保存，而不覆盖 ww.docx，则应选择“文件”菜单→“另存为”命令。（ ）
20．在输入文本时，按 Enter 键后将产生分页符。（ ）
21．WPS 文字没有自动生成目录的功能。（ ）
22．通过“插入”选项卡→“常用对象”组→“表格”→“绘制表格”可以手工制表。（ ）
23．WPS 文字文档编辑过程中，剪贴板中的内容可以多次粘贴使用。（ ）
24．单击快速访问工具栏中的按钮可以按原文件名保存文档。（ ）
25．使用快捷键 Alt+F4 可以关闭正在编辑的文档，但不会关闭 WPS Office。（ ）
26．WPS 文字文档中，可以设置段落标记隐藏或显示。（ ）
27．在 WPS 文字的“字体”对话框中可以设置字形、字号、字体颜色。（ ）
28．WPS 文字中将插入点移动到文档末尾可以使用快捷键 Alt+End。（ ）
29．在 WPS 文字中，对文本和图形的移动操作应先“粘贴”后“剪切”。（ ）
30．可以给图片和段落加边框。（ ）
31．在 WPS 文字中，按快捷键 Ctrl+Home 可以将插入点移动到行尾。（ ）
32．不可以对表格内各单元格的内容设置多倍行距。（ ）
33．当表格在文档首行时，在第一个单元格按 Enter 键可在表格前添加一空行。（ ）
34．表格一经建立，其单元格的宽度和高度就不能改变了。（ ）
35．选定表格的一列，右击→“删除列”，则删除该列中所有单元格及内容。（ ）
36．在 WPS 文字窗口内容窗格的正上方有一个刻度尺，称之为水平标尺。（ ）
37．在“表格属性”对话框中可以设置表格的行数、列数。（ ）
38．通过“开始”选项卡→“字体”组→“拼写指南”下拉按钮→“更改大小写”，打开“更改大小写”对话框，可将所有英文大写单词全部改为小写。（ ）
39．两个选定的图形不可以组合成一个对象。（ ）

40．艺术字和图形不可以衬于文字下方。（　　）

41．在 WPS 文字中，要对一个文档中多个不连续的段落设置相同的格式，最高效的方法是选中同一个“样式”来格式化这些段落。（　　）

42．WPS 文字中只能对整篇文档进行分栏，不能对某一段落设置分栏。（　　）

43．WPS 文字中使用“格式刷”可以复制文本格式。（　　）

44．在 WPS 文字中为文字设置底纹时，可以填充颜色，不能设置图案样式。（　　）

45．在 WPS 文字编辑状态下，选中表格并且按 Delete 键，删除的是表格的内容。（　　）

46．在 WPS 文字中，打印预览只能预览当前页，不能预览全部页。（　　）

47．在 WPS 文字中，尾注由两个部分组成：引用标记和与其关联的注释文本。（　　）

48．在 WPS 文字中，只能在页面底端插入页码。（　　）

49．在 WPS 文字中，调整“显示比例”可以修改页边距。（　　）

50．在 WPS 文字中，可以创建样式。（　　）

习题 4　WPS 表格的使用

一、单项选择题

1．下列关于 WPS 表格的叙述中，正确的是（　　）。

A．WPS 表格只能处理表格，不能处理图形和艺术字

B．在 WPS 表格中，各单元格中数据宽度不能超过单元格宽度，否则数据会丢失

C．WPS 表格具有数据排序、筛选、分类汇总、建立数据透视表等功能

D．在一个工作表中可以包含多个工作簿

2．在 WPS 表格中，使用“高级筛选”对数据清单进行筛选时，在条件区不同行中输入两个条件表示（　　）关系。

A．或　　B．与　　C．非　　D．异或

3．在 WPS 表格中，要向单元格内输入手机号字符串 13823456789，正确的输入形式为（　　）。

A．'13823456789'　　B．'13823456789

C．13823456789　　D．13823456789'

4．在 WPS 表格中，一个工作表最多可包含的列数是（　　）。

A．16384　　B．256　　C．65536　　D．任意多

5．在 WPS 表格中，设有如图 2-4-1 所示的数据形式，利用“分类汇总”统计每日商品销售小计及总计值，应首先按（　　）字段排序。

A．销售日期　　B．商品名称　　C．销售数量　　D．销售额

	A	B	C	D	E
1	商品名称	单价	销售数量	销售日期	销售额
2					

图 2-4-1　WPS 表格分类汇总示例

6．在 WPS 表格中，为工作表中的数据建立图表，正确的说法是（　　）。

A．只能将图表嵌入到工作表中，不能建立一张单独的图表工作表

B．只能为连续的数据区建立图表，若数据区不连续则不能建立图表

C．建立图表时，图表类型一经选定，将不能修改

D．当数据列表中的数据系列被删除后，图表中的相应内容也会被删除

7．关于 WPS 表格工作表中单元格的宽度和高度，下列说法正确的是（　　）。

A．既能改变行高，也能改变列宽　　B．只能改变列宽，行高是不可改变的

C．只能改变行高，列宽是不可改变的　　D．行高和列宽都是固定不可改变的

8．在 WPS 表格工作簿中，可根据需要拆分窗口，一张工作表最多可拆分（　　）个窗口。

A．5　　B．4　　C．3　　D．任意多个

9．在 WPS 表格工作表中，第 10 行第 6 列单元格地址可表示为（　　）。

A．F6　　B．J6　　C．F10　　D．J10

10．默认情况下，在 WPS 表格中，向某单元格输入(23)后，单元格内将显示（　　）。

A．-23　　B．(23)　　C．23　　D．+23

11．在 WPS 表格中，向 B2 单元格输入身份证号码 200300196802270044 后，单元格左上角自动出现一个绿色标记◤，下列与此相关的分析中，错误的是（　　）。

A．WPS 自动识别超过 11 位的身份证号码属于数字文本，在数字前自动加上“'”

B．WPS 自动识别 0 开头超过 5 位的数字属于数字文本，在数字前自动加上“'”

C．WPS 表格不能接受这么长的字符串，这个◤是出错提示

D．单击 B2 单元格，在编辑栏上可见身份证号前自动加上了一个英文半角单引号“'”

12．在 WPS 表格中，由公式 SUM(B$2:C$7)计算得到的 A1 单元格复制到 C13 单元格后，原公式变为（　　）。

A．SUM(B$2:C$7)　　B．SUM(D$2:E$7)

C．SUM(B$14:C$19)　　D．SUM(D$14:E$19)

13．在 WPS 表格中，选定某单元格后右击，在快捷菜单中选择“删除”命令，不可能完成的操作是（　　）。

A．左侧单元格右移　　B．右侧单元格左移

C．删除该列　　D．删除该行

14．在 WPS 表格中，有如图 2-4-2 所示的数值型数据，在 C3 单元格的编辑栏输入公式=C2+$C$2，再按 Enter 键后，C3 单元格的内容为（　　）。

A．10　　B．12　　C．26　　D．9

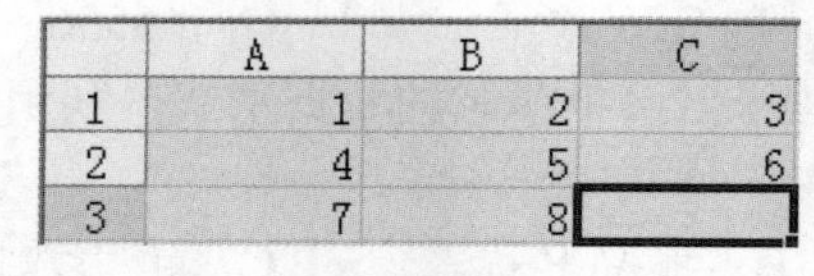

	A	B	C
1	1	2	3
2	4	5	6
3	7	8	

图 2-4-2　WPS 表格公式应用示例

15．在 WPS 表格中，关于工作表及为其建立的嵌入式图表的说法，正确的是（　　）。

A．删除工作表中的数据，图表中的数据系列不会删除

B．增加工作表中的数据，图表中的数据系列不会增加

C．修改工作表中的数据，图表中的数据系列不会修改

D．以上说法均不正确

16．在 WPS 表格工作表中，单元格 C4 中有公式=B3+$C$5，在第 3 行之前插入一行之后，单元格 C5 中的公式为（　　）。

A．=B4+$C$6　　B．=B4+$C$5　　C．=B3+$C$6　　D．=B3+$C$5

17．WPS 表格工作簿新建后，默认含有（　　）张工作表。

A．1　　B．2　　C．3　　D．4

18．WPS 表格工作簿的扩展名默认为（　　）。

A．.xls　　B．.docx　　C．.doc　　D．.xlsx

19．在同一个工作簿中要引用其他工作表中某个单元格的数据（如 Sheet2 中 D8 单元格的数据），下列表达式中正确的是（　　）。

A．=Sheet2!D8　　B．+Sheet2!D8　　C．$Sheet2$D8　　D．=D8(Sheet2)

20．在 WPS 表格中，删除当前工作表中某行的正确操作是（　　）。

A．右击，在快捷菜单中选择“剪切”

B．选择“开始”选项卡→“单元格”组→“行和列”→“删除单元格”→“删除行”

C．选择“开始”选项卡→“字体”组→“消除”→“全部”

D．按 Delete 键

21．当在某单元格内输入一个公式并确认后，单元格内容显示为#DIV/0!，它表示（　　）。

A．结果太长，单元格容纳不下　　B．某个参数不正确

C．公式引用了无效的单元格　　D．公式中出现被零除的现象

22．在 WPS 表格中，某单元格中的公式为=$C8，这里的$C8 属于（　　）引用。

A．行相对列绝对的混合　　B．列相对行绝对的混合

C．绝对　　D．相对

23．选定了指定单元格后，下列操作可以清除单元格格式的是（　　）。

A．按 Delete 快捷键

B．选择“开始”选项卡→“字体”组→“清除”下拉按钮→“全部”

C．选择“开始”选项卡→“字体”组→“清除”下拉按钮→“内容”

D．选择“开始”选项卡→“字体”组→“清除”下拉按钮→“格式”

24．在 WPS 表格中，如果要在同一行或同一列的连续单元格内使用公式，可以先在一个单元格中输入公式，然后用鼠标拖动单元格的（　　）来实现公式复制。

A．行号　　B．列标　　C．填充柄　　D．黑色边框

25．新建 WPS 表格工作簿后，工作表的名称默认为（　　）。

A．Sheet1　　B．表 1　　C．Book1　　D．工作簿 1

26．在对某单元格中的数值型数据进行修改后出现了“####”，说明（　　）。

A．单元格行高不够　　B．单元格列宽不够

C．系统出现错误　　D．数据无效

27．在 WPS 表格的当前工作表中，单元格 B1 的内容为数字 10，B2 的内容为数字 3，则 COUNT(B1:B2)等于（　　）。

A．1　　B．2　　C．13　　D．30

28．下列关于 WPS 表格工作表的叙述中，正确的是（　　）。

A．工作表内只能包括数字和字符串

B．工作表内可以包括数字、字符串和汉字，但不能包括公式和图表

C．工作表内可以包括字符串、数字、公式、图表等丰富信息

D．以上说法都是错误的

29．在 WPS 表格中，每个单元格的名称是由（　　）组成的。

A．行号+列标　　B．字母+数字　　C．列标+行号　　D．数字+字母

30．在单元格中输入公式时，编辑栏上的“√”按钮表示（　　）操作。

A．确认　　B．取消　　C．拼写检查　　D．函数向导

31．在 WPS 表格中，需要返回一组参数的最大值，则应该使用（　　）函数。

A．MAX　　B．MIN　　C．COUNT　　D．SUM

32．WPS 表格进行文字处理时，强行换行的方法是在需要换行的位置按快捷键（　　）。

A．Ctrl+Enter　　B．Ctrl+Tab　　C．Alt+Tab　　D．Alt+Enter

33．WPS 表格工作表的名称框的作用是显示（　　）。

A．活动单元格的名称　　B．活动单元格的内容

C．工作表的名称　　D．工作簿的名称

34. 在 WPS 表格中打开文档 ABC.xlsx，修改后另存为 CBA.xlsx，则文档 ABC.xlsx（　　）。

A．被文档 CBA 覆盖　　B．被修改未关闭

C．被修改并关闭　　D．未修改被关闭

35．在 WPS 表格工作表中，按（　　）键可使单元格 A1 成为活动单元格。

A．Ctrl+Home　　B．Shift+Home　　C．Home　　D．Ctrl+End

36．在使用“套用表格样式”来改变数据清单外观时，应使用“开始”选项卡下的（　　）。

A．“字体”组　　B．“单元格”组　　C．“样式”组　　D．“数字格式”组

37．在 WPS 表格工作表中，某区域包括 6 个单元格：A1、A2、B1、B2、C1、C2。下列表示区域的写法中错误的是（　　）。

A．A1:C2　　B．A2:C2　　C．C2:A1　　D．C1:A2

38．在 WPS 表格中，先后单击 A2、B3、C4 单元格，则有（　　）个单元格被选定。

A．1　　B．2　　C．3　　D．不确定

39．在 WPS 表格中，下列是单元格绝对引用地址的是（　　）。

A．B4　　B．&B&4　　C．$B4　　D．$B$4

40．在 WPS 表格工作表中，某区域的表示使用了(A2:D3)，那么这个区域所包含的单元格分别是（　　）。

A．A2、D3　　B．A2、A3、D2、D3

C．A1、A2、A3、D1、D2、D3　　D．A2、A3、B2、B3、C2、C3、D2、D3

41．下列关于 WPS 表格的说法正确的是（　　）。

A．数据透视表生成后，对表内的数据不可以再作排序、筛选等操作

B．选定一个区域后，区域内所有单元格的名称都会出现在名称框

C．用 Delete 键删除单元格内的红色数字后，再向该单元格输入文字时，文字为红色

D．默认情况下，WPS 表格工作簿中有 3 个工作表

42．在 WPS 表格工作簿中，下列操作中，不能正确插入新工作表的是（　　）。

A．按快捷键 Ctrl+N

B．选择“开始”选项卡→“单元格”组→“工作表”下拉列表→“插入工作表”

C．单击工作表标签栏右侧的“新建工作表”按钮+

D．右击工作表标签，从快捷菜单中选择“插入工作表”

43．在 WPS 表格中，一个工作表最多可包含的行数是（　　）。

A．1048576　　B．16384　　C．65536　　D．1048575

44．在 WPS 表格工作表中，下列操作中不能为表格设置边框的是（　　）。

A．“开始”选项卡→“对齐方式”组→对话框启动器↘

B．“开始”选项卡→“样式”组

C．“开始”选项卡→“字体”组→对话框启动器↘

D．“开始”选项卡→“字体”组→“边框”下拉列表→“其他边框”

45．在 WPS 表格工作簿中，若要切换工作表，可以单击工作表标签上的工作表名，也可按 Ctrl+PgUp 快捷键或（　　）键切换。

A．PgUp　　B．PgDn　　C．Ctrl+Home　　D．Ctrl+PgDn

46．为区分不同工作表的单元格，要在单元格名称前面增加（　　）。

A．工作表名称！　　B．工作簿名称！

C．单元格名称　　D．[工作表名称]

47．在 WPS 表格中，下列关于行高的叙述中，错误的是（　　）。

A．利用“单元格格式”对话框可以调整行高

B．使用鼠标拖动法可以调整行高

C．行高是可以改变的

D．选择“开始”选项卡→“单元格”组→“行和列”下拉列表可以改变行高

48．在 WPS 表格的某单元格中输入公式="A"&"B"，按 Enter 键后，单元格内将出现（　　）。

A．="A"&"B"　　B．"A"&"B"　　C．AB　　D．"AB"

49．WPS 表格工作表的 A1 单元格内容为=B$3，将其复制到 C2 后，公式变为（　　）。

A．=D$3　　B．=B$3　　C．=D$2　　D．=B$3

50．在 WPS 表格工作簿窗口中，“开始”选项卡下没有（　　）组。

A．字体　　B．单元格　　C．剪贴板　　D．图表

51．为了区别“数字文本”与“数字”，WPS 表格要求在输入数字文本前添加一个（　　）符号来区别。

A．@　　B．'　　C．&　　D．#

52．在 WPS 表格中，在单元格中输入（　　）后，该单元格显示为 0.8。

A．8/10　　B．"8/10"　　C．="8/10"　　D．=8/10

53．在 WPS 表格中，单元格 A1 的值为 10，单元格 A2 的值为 8，选中 A1:A2 区域，拖动该区域的填充柄至 A5，则单元格 A5 的值为（　　）。

A．1　　B．2　　C．4　　D．6

54．在 WPS 表格中，某区域用(A3:A5,C3:D5)表示，该区域的单元格数为（　　）。

A．15　　B．6　　C．16　　D．9

55. 在 WPS 表格中，下列（　）是混合引用地址。

A. A7　B. $B$3　C. $E8　D. G4

56. 假设 A2、B2、C2、D2 单元格中的数据分别为 8、6、4、2，则 SUM(A2:C2)/D2 为（　）。

A. 16　B. 6　C. 9　D. 4

57. 在 WPS 表格中，正确的公式形式是（　）。

A. =D3*Sheet!A2　B. =D3*Sheet3$A2

C. =D3"Sheet:A2　D. =D3*Sheet3%A2

58. 在 WPS 表格中，下列（　）函数是对指定区域 C2:C8 求和。

A. SUM(C2:C8)　B. AVERAGE(C2:C8)

C. MAX(C2:C8)　D. MIN(C2:C8)

59. 在 WPS 表格中，筛选后的数据清单仅显示包含了某一特定值或符合一组条件的行，而其他行（　）。

A. 暂时被隐藏起来　B. 被删除

C. 被改变　D. 被暂时放到剪贴板中，以便恢复

60. 下列运算符不是 WPS 表格的引用运算符的是（　）。

A. 冒号（:）　B. &　C. 空格　D. 逗号（,）

61. 在 WPS 表格中，独立图表的工作表名称约定为（　）。

A. xls　B. 图表　C. Sheet　D. Chart

62. 在 WPS 表格中，创建的图表默认为（　）。

A. 图表工作表　B. 独立图表　C. 嵌入式图表　D. 移动图表

63. WPS 表格中的单元格地址是指（　）。

A. 单元格所在的工作簿　B. 单元格数据在内存中存放的位置

C. 单元格所在的工作表　D. 单元格在工作表中的位置

64. 在 WPS 表格工作表中，若想选定不连续的区域，应先选定一个区域，然后按住（　）键，再拖动鼠标选定其他区域。

A. Alt　B. Shift　C. Tab　D. Ctrl

65. 在 WPS 表格中，若想为数据清单创建图表，应选择（　）中的选项。

A."开始"选项卡→"表格"组　B."插入"选项卡→"表格"组

C."插入"选项卡→"图表"组　D."开始"选项卡→"图表"组

66. 在 WPS 表格的某单元格中输入公式=10+27 后，按 Enter 键，单元格内将出现（　）。

A. =10+27　B. 10+27　C. =37　D. 37

67. 在 WPS 表格工作簿中，一个工作表中共有（　）个单元格。

A. 65536×16384　B. 16384×256

C. 无穷个　D. 1048576×16384

68. 在 WPS 表格进行排序操作时，排序依据不可以是（　）。

A. 字号　B. 字体颜色　C. 数值　D. 单元格颜色

69. 在 WPS 表格的某个单元格内输入日期时，年月日分隔符可以是（　）。

A."/"或"-"　B."."或"/"　C."/"或"\"　D."\"或"-"

70．在 WPS 表格的某个单元格中输入文字，若要文字能自动换行，可利用“单元格格式”对话框的（　　）选项卡，勾选“自动换行”项。

A．数字　B．对齐　C．图案　D．保护

71．不属于 WPS 表格视图方式的是（　　）。

A．普通视图　B．分页预览　C．草稿　D．页面布局

72．在 WPS 表格中，以下有关工作表中数据输入的叙述，正确的是（　　）。

A．所有的公式必须以=开头

B．所有的文本输入项在单元格中必须为左对齐

C．所有日期均以文字形式输入在单元格中

D．所有数值在单元格中默认为右对齐

73. WPS 表格工作表中，如果某单元格的内容以=开头，则说明该单元格的内容是（　　）。

A．常数　B．提示信息　C．公式　D．函数

74．在 WPS 表格中，利用填充柄可以将数据有规律地填写到相邻单元格中，若选定含有数值的上下相邻的两个单元格，然后向下拖动填充柄，则数据将默认以（　　）填充。

A．上单元格数值　B．等比序列

C．等差序列　D．下单元格数值

75．在 WPS 表格中，若想在活动单元格中输入当前日期，可以（　　）。

A．同时按 Ctrl 键和;键　B．同时按 Alt 键和;键

C．同时按 Ctrl+Shift 键和;键　D．同时按 Alt+Shift 键和;键

76．下列关于 WPS 表格中区域的叙述不正确的是（　　）。

A．B3:E6 表示 B3～E6 之间所有单元格构成的区域

B．可以用鼠标拖动的方法选定多个单元格

C．不相邻的单元格不能组成一个区域

D．(A1:B2,C4:E6)表示 A1～E6 之间的所有单元格构成的区域

77．下列功能中，WPS 表格不具有（　　）的功能。

A．分析数据　B．制作幻灯片　C．建立图表　D．制作与编辑表格

78．在 WPS 表格中，输入到单元格中的文本型数据，默认的对齐方式为（　　）。

A．居中　B．右对齐　C．左对齐　D．两端对齐

79．在 WPS 表格中，输入到单元格中的日期型数据，默认的对齐方式为（　　）。

A．居中　B．右对齐　C．左对齐　D．两端对齐

80．在 WPS 表格中，输入到单元格中的数值型数据，默认的对齐方式为（　　）。

A．居中　B．右对齐　C．左对齐　D．两端对齐

81．用来存储并处理数据的 WPS 表格文件称为（　　）。

A．单元格　B．工作表　C．工作簿　D．工作区

82．在 WPS 表格中，把 A1、B1 等称作单元格（　　），它们代表单元格的名称。

A．地址　B．编号　C．内容　D．代号

83．在 WPS 表格中，每个单元格都有其固定的地址，如 B6 表示（　　）。

A．B 代表 B 列，6 代表第 6 行　B．B 代表 B 行，6 代表第 6 列

C．B6 代表单元格的数据　D．B6 代表单元格的宽度

84．在 WPS 表格中，下列说法不正确的是（　　）。

A．若要删除一行，应先选定该行，再按 Delete 键

B．按 F4 键，可重复使用前一条命令

C．日期和时间型数据其实是一种特殊的数值型数据，在单元格默认右对齐

D．活动单元格是周围有绿色加粗矩形框的单元格

85．在 WPS 表格中，如图 2-4-3 所示的学生基本信息已经输入完毕，表格标题文字“11 计本学生基本情况表”在单元格 A1 中，下列操作中可以把标题文字设置为如图 2-4-4 所示的效果（标题文字位于 A1 至 F1 中间）的是（　　）。

	A	B	C	D	E	F
1	11计本学生基本情况表					
2	学号	姓名	民族	家庭住址	学生电话	宿舍
3	1	陈金灿	汉	唐山	12345678901	8-207
4	2	崔祎凝	汉	鞍山	12345678902	1-219

图 2-4-3　标题文本未居中

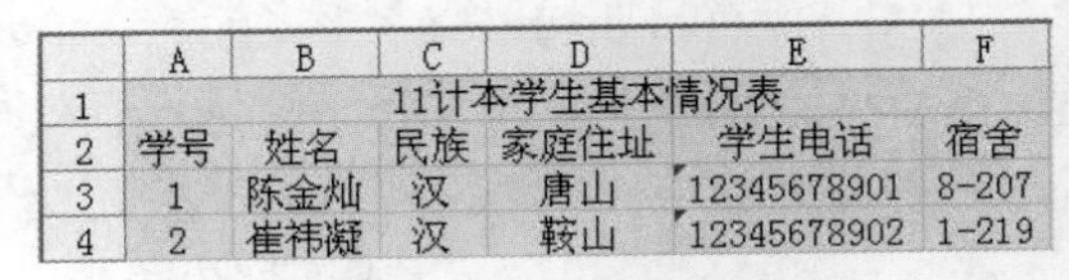

	A	B	C	D	E	F
1	11计本学生基本情况表					
2	学号	姓名	民族	家庭住址	学生电话	宿舍
3	1	陈金灿	汉	唐山	12345678901	8-207
4	2	崔祎凝	汉	鞍山	12345678902	1-219

图 2-4-4　标题文本居中

A．观察 A1 至 F1 区域的居中位置为单元格 D1，然后拖动标题文字至 D1 中

B．选定单元格 A1，单击“对齐方式”组中的“居中对齐”按钮三

C．选定单元格 A1，单击“对齐方式”组中的“合并及居中”按钮

D．选定 A1 至 F1 区域，单击“对齐方式”组中的“合并及居中”按钮

86．在 WPS 表格工作表中，活动单元格是指（　　）。

A．可以随意移动的单元格　　B．随其他单元格的变化而变化的单元格

C．已经改动了的单元格　　D．正在操作的单元格

87．在 WPS 表格中，若要选定区域 A2:B5 和 D3:F6，应（　　）。

A．用鼠标从 A2 拖动到 B5，然后用鼠标从 D3 拖动到 F6

B．用鼠标从 A2 拖动到 B5，然后按住 Ctrl 键，再用鼠标从 D3 拖动到 F6

C．用鼠标从 A2 拖动到 B5，然后按住 Alt 键，再用鼠标从 D3 拖动到 F6

D．用鼠标从 A2 拖动到 B5，然后按住 Shift 键，再用鼠标从 D3 拖动到 F6

88．在 WPS 表格中，下列关于区域的选定方法不正确的是（　　）。

A．按住 Shift 键，再单击可以选定相邻单元格区域

B．按住 Ctrl 键，再单击可以选定不相邻的单元格

C．按 Ctrl+C 快捷键可以选定整个工作表

D．单击某一列标可以选定整列

89．在 WPS 表格中，若删除单元格中对图表有链接的数据时，则图表中将（　　）。

A．自动删除相应的数据点　　B．必须手工编辑删除相应的数据点

C．不会发生变化　　D．不允许单元格的删除操作

90．单击“字体”组中的“字体颜色”按钮A，可以改变（　　）的颜色。

A．活动单元格的背景　　B．活动单元格内的文字

C．活动单元格的边框　　D．以上都不正确

91．在 WPS 表格中，函数可以作为公式的组成部分，单元格中输入函数及其参数“=SUM(20,A1,A3,B1:B4)”得到的结果是（　　）。

A．4 个数的和　　B．5 个数的和　　C．7 个数的和　　D．8 个数的和

92. 在 WPS 表格工作表中，若想将单元格内的 900 显示为 900.00，则应将该单元格的数字格式设置为（　　），可通过“单元格格式”对话框的“数字”选项卡设置。

A. 常规　　B. 数值　　C. 自定义　　D. 特殊

93. 在 WPS 表格单元格中输入公式时，输入的第一个符号应是（　　）。

A. =　　B. +　　C. &　　D. #

94. WPS 表格中的乘方运算符用（　　）表示。

A. *　　B. **　　C. ^　　D. \

95. 往单元格中输入公式时，WPS 表格编辑栏中的 f_x 表示（　　）。

A. 取消　　B. 输入　　C. 插入函数　　D. 拼写检查

96. 在 WPS 表格中，设 A3 单元格的内容为 10，B3 单元格的内容为 15，在 C3 单元格中输入=B3-A3，按 Enter 键后，C3 单元格的内容是（　　）。

A. 5　　B. -5　　C. =B3-A3　　D. ##

97. 在 WPS 表格中，假定 B1 单元格为空，在相邻的 A1 单元格中输入字符串时，若字符串长度超过 A1 单元格的显示宽度，则在默认方式下字符串的超出部分将（　　）。

A. 被截断删除　　B. 作为另一个字符串存入 B1 中
C. 显示####　　D. 继续超格显示

98. 在 WPS 表格中，想在单元格中输入数值 1/2，应（　　）。

A. 直接输入 1/2　　B. 输入'1/2
C. 输入空格和 0 后输入 1/2　　D. 输入 0 和空格后输入 1/2

99. 在 WPS 表格中，使用“高级筛选”命令对数据清单进行筛选时，在条件区的同行中输入两个条件，表示（　　）关系。

A. 或　　B. 与　　C. 非　　D. 异或

100. 下列 WPS 表格公式中，正确的是（　　）。

A. 8+SUM(A1:D4)　　B. 8-AVERAGE(A2,B3,C4)
C. =COUNT(50:7)　　D. =MAX(B3,B2,C5)

101. 下列（　　）的方法最能简单、快速地定位单元格 R70，使之成为活动单元格。

A. 拖动滚动条上的滑块，浏览、查找 R70 单元格
B. 在名称框中输入 R70，然后按 Enter 键
C. 在“开始”选项卡→“数据处理”组→“查找”下拉列表中选择“查找”，查找 R70
D. 在“开始”选项卡→“数据处理”组→“查找”下拉列表中选择“定位”

102. WPS 表格存储数据的最小单位是（　　）。

A. 工作簿　　B. 工作表　　C. 单元格　　D. 区域

103. 在 WPS 表格工作表中，（　　）被称为填充柄。

A. 活动单元格边框的右下角的一个小方块
B. 活动单元格四周的边框
C. 活动单元格右侧的单元格
D. 鼠标指向活动单元格时的鼠标指针

104. 在 WPS 表格工作表中，下列方法中不能改变行高的是（　　）。

A. 选择“开始”选项卡→“单元格”组→“行和列”下拉按钮→“行高”

B．选择“开始”选项卡→“单元格”组→“行和列”下拉按钮→“最适合的行高”

C．直接在单元格中按 Enter 键

D．将鼠标移动至行标签的下边框，当鼠标指针呈“+”状时，拖动调整行高

105．下列关于 WPS 表格中使用填充柄进行数据输入的叙述，错误的是（　　）。

A．鼠标指向初始值所在单元格的填充柄时，鼠标指针变为+形状时，拖动填充柄进行填充，拖动到最后一个单元格时松开，可完成自动填充

B．当初始单元格内容为文本型数字时，向下填充时文本型数字也会递增变化

C．在输入等差、等比等有规律的数据时，可使用填充功能而不需要一个个输入

D．数据的填充可以在不连续的区域进行

106．下列关于 WPS 表格的操作，正确的是（　　）。

A．利用拖动填充柄的方法可以填充数据和复制公式到任意的单元格或区域中

B．重命名工作表时，先单击工作表标签，再输入新的工作表名，按 Enter 键确定

C．选择“视图”选项卡→“窗口”组→“冻结窗格”→“冻结首行”命令可以使标题行始终显示在窗口中

D．在一列数据中，单击任意一个单元格，再单击“开始”选项卡→“数据处理”组→“排序”按钮，可以对数据从大到小排列

107．在 WPS 表格工作簿窗口的底部，（　　）显示出当前工作簿中的工作表名。

A．状态栏　　B．编辑栏　　C．工作表标签栏　　D．菜单栏

108．在 WPS 表格中，如果单元格 A1 的内容为“星期一”，那么向下拖动填充柄到 A4，则 A4 中应为（　　）。

A．星期一　　B．星期二　　C．星期三　　D．星期四

109．在 WPS 表格中，函数 SUM(B1:B4)等价于（　　）。

A．SUM(B1*B4)　　B．SUM(B1+B4)

C．SUM(B1,B2,B3,B4)　　D．SUM(B1/B4)

110．要在 WPS 表格公式中使用某个单元格的数据时，应在公式中输入该单元格的（　　）。

A．格式　　B．内容　　C．条件格式　　D．地址

111．在 WPS 表格工作表中，C3 单元格的内容为：=A2+B3，将 C3 单元格的公式复制到 D5 单元格中，则 D5 单元格中的公式是（　　）。

A．=B3+C4　　B．=A2+B3　　C．=A3+B4　　D．=B4+C5

112．在 WPS 表格中，绝对地址的行号列标前面使用的符号是（　　）。

A．#　　B．%　　C．&　　D．$

113．在 WPS 表格中，下列运算符优先级最高的一组是（　　）。

A．and 和 or　　B．*和/　　C．%和^　　D．>=和<=

114．在 WPS 表格中多个单元格输入相同的数据时，可先选定输入数据的区域并输入数据，然后（　　）。

A．同时按下 Shift+Enter　　B．同时按下 Ctrl+Enter

C．按下 Enter 键　　D．按下 F4 键

115．关于 WPS 表格的工作簿和工作表，正确的说法是（　　）。

A．每个工作簿只能包含三个工作表

B．只能在一个工作簿内进行工作表的复制和移动

C．图表必与其数据源在同一个工作表上

D．在工作簿中正在操作的工作表称为“当前工作表”

116．在 WPS 表格工作表中，如果没有特殊地设定格式，则文本会自动（　　）。

A．靠左对齐　　B．靠右对齐　　C．居中对齐　　D．两端对齐

117．WPS 表格中，将 A5 单元格的公式 count($A$1: $A$4)复制到 B5 单元格中，B5 单元格的公式是（　　）。

A．count($A$1:$A$4)　　B．count($B$1:$B$4)

C．count($A$1:$A$5)　　D．count($B$1:$A$5)

118．在 WPS 表格中，将单元格 G2 中的公式“=D2+E2+F2”复制到 G3 时，单元格 G3 中公式的内容是（　　）。

A．=D2+E2+F3　　B．=D2+E3+F2　　C．=D3+E2+F2　　D．=D3+E3+F3

119．在 WPS 表格中，单击单元格时，编辑栏中显示的是（　　）。

A．单元格的内容　　B．单元格的提示信息

C．单元格的行号和列号　　D．单元格高度和宽度

120．在 WPS 表格中，只打印 A3:E9 单元格，需要设置（　　）。

A．打印标题　　B．打印区域　　C．冻结窗口　　D．页眉和页脚

二、多项选择题

1．在 WPS 表格工作簿中，下列方法可以对工作表重新命名的是（　　）。

A．右击工作表标签

B．双击工作表标签

C．单击工作表标签，然后选择“文件”菜单→“另存为”

D．单击工作表标签，然后选择“开始”选项卡→“数据处理”组→“查找”→“替换”

2．在 WPS 表格中，利用填充柄的自动填充功能可以直接快速输入的序列有（　　）。

A．星期一、星期二、星期三、星期四……

B．一班、二班、三班、四班……

C．第一季、第二季、第三季、第四季……

D．甲、乙、丙、丁……

3．在 WPS 表格中，关于高级筛选，下列叙述正确的是（　　）。

A．高级筛选前，必须先在工作表中选择筛选范围

B．高级筛选，不但要有数据列表，还要建立条件区域

C．高级筛选可以将筛选结果复制到其他区域内

D．高级筛选只能将筛选结果放在原有区域内

4．在 WPS 表格中，下列叙述正确的是（　　）。

A．工作表其实就是一个文件，可以按名存取

B．在单元格中，可以输入数值、日期和公式

C．往单元格里输入公式时，所有用到的函数前都要加等号

D．编辑栏可以显示当前单元格中的内容

5．在 WPS 表格工作表中，下列说法正确的是（　　）。

A．使用 Delete 键可以删除活动单元格内的文字

B．使用 Delete 键不能删除活动单元格内的公式

C．使用 Delete 键不能删除活动单元格内设置的颜色

D．使用 Delete 键能删除活动单元格的格式

6．在 WPS 表格中建立函数的方法有（　　）。

A．直接在单元格中手动输入函数

B．直接在编辑栏中手动输入函数

C．通过“开始”选项卡→“数据处理”组→“求和”下拉按钮Σ，展开下拉列表

D．通过“公式”选项卡→“函数库”组

7．在 WPS 表格中，要想退出当前工作簿的编辑，但不关闭其他文档，下列操作中正确的是（　　）。

A．选择“文件”菜单→“退出”命令

B．单击当前工作簿标签右侧的“关闭”按钮×

C．按快捷键 Ctrl+F4

D．按快捷键 Alt+F4

E．右击当前工作簿标签→“关闭”

8．在 WPS 表格中，下列叙述正确的是（　　）。

A．可以对整行或整列的单元格进行隐藏

B．按快捷键 Ctrl+S 可以保存当前工作簿文件

C．按功能键 F12 可以换名保存工作簿文件

D．同时选定 Sheet1 和 Sheet2 工作表后，在当前 Sheet1 工作表 A1 单元格输入 5 后，Sheet2 工作表 A1 单元格的内容也变为 5

E．删除后的工作表，可以使用快捷键 Ctrl+Z 恢复

9．在 WPS 表格中，单元格地址的引用方式有（　　）。

A．绝对引用　　B．相对引用　　C．混合引用　　D．间接引用

10．在 WPS 表格工作表中，下列操作可以改变列宽的是（　　）。

A．选择“开始”选项卡→“单元格”组→“行和列”→“列宽”

B．选择“开始”选项卡→“单元格”组→“行和列”→“最适合的列宽”

C．将鼠标移动至列标签的右边框，当鼠标指针呈✛状时，拖动调整列宽

D．右击列标→“列宽”

11．在 WPS 表格中，为表格设置边框，可以使用的方法有（　　）。

A．通过“开始”选项卡→“字体”组→对话框启动器↘→“边框”选项卡

B．通过“字体”组→“边框”下拉列表

C．利用“字体”组的“填充颜色”按钮

D．右击选定的区域→“设置单元格格式”

12．关于 WPS 表格的基本概念，正确的是（　　）。

A．工作表是处理和存储数据的基本工作单位，由若干行和列组成

B．工作簿是 WPS 表格处理并存储工作数据的文件，但工作簿不能存储图片

C．单元格是工作表中行与列的交叉部分，是工作表的最小单位
D．同一工作簿中可以有多个工作表，各工作表独立组织单元格，单元格数据不可以被其他工作表引用

13．要绘制 WPS 表格图表，可以（　　）。
A．利用“插入”选项卡→“图表”组　B．利用“插入”选项卡→“常用对象”组
C．利用“插入”选项卡→“表格”组　D．按功能键 F11 快速生成一个图表

14．在 WPS 表格“页面设置”对话框中，可以设置（　　）。
A．打印区域　B．缩放比例　C．页眉/页脚　D．工作表边框线

15．在 WPS 表格中清除一行内容的方法有（　　）。
A．选定该行，然后按 Delete 键
B．选定该行，然后按 Backspace 键
C．用鼠标拖动行号下方的分隔线，将该行隐藏
D．选定要清除的区域，选择“开始”选项卡→“字体”组→“清除”→“内容”

16．在 WPS 表格工作簿中，选定工作表的操作过程，正确的选项有（　　）。
A．单击工作表标签可选定一个工作表
B．选择不相邻的工作表，必须先单击想要选定的第一个工作表标签，按住 Ctrl 键，然后单击其他要选的工作表标签
C．按住 Alt 键，单击各工作表标签可选定任意多个工作表
D．选择相邻的工作表，必须先单击想要选定的第一个工作表标签，按住 Shift 键，然后单击最后一个工作表标签
E．在工作表标签上拖动鼠标左键可选定多个相邻工作表

17．在 WPS 表格中，下列操作可以同时看到同一工作表的不同部分的是（　　）。
A．“视图”选项卡→“新建窗口”　B．“视图”选项卡→“重排窗口”
C．“视图”选项卡→“拆分窗口”　D．“视图”选项卡→“冻结窗格”
E．“视图”选项卡→“并排比较”

18．下列对 WPS 表格的表述中，正确的是（　　）。
A．可以只打印输出部分数据
B．WPS 表格图表不能单独打印
C．打印输出同一行的数据可以在不同的页上
D．打印输出的文件必须带表格线
E．打印文件上可以设置页眉和页脚

19．通过 WPS 表格的“开始”选项卡→“样式”组，可实现（　　）操作。
A．套用表格样式　B．设置条件格式
C．保护工作表　D．设置单元格样式
E．合并单元格

20．在 WPS 表格中，数据透视表的汇总方式有（　　）。
A．求和　B．计数　C．方差　D．最大值
E．平均值

三、判断题

1. 在 WPS 表格中，对数据清单进行分类汇总前，必须对汇总清单进行排序。（ ）
2.“开始”选项卡→“对齐方式”组中的按钮，表示“合并及居中”。（ ）
3. 在 WPS 表格中区域地址以冒号分隔。（ ）
4. 假设 A4 内容为文字'4，A6 内容为数值 8，则 COUNT(A4:A6)的值为 3。（ ）
5. 在 WPS 表格编辑栏旁有名称框、“输入”按钮✓、“取消”按钮×、“插入函数”按钮fx。（ ）
6. 绝对地址被复制到其他单元格时，其单元格地址不变。（ ）
7. 在 WPS 表格中，当修改工作表数据时，图表不会被自动更新。（ ）
8. 在 WPS 表格中，运算符&表示数值型数据的无符号相加。（ ）
9. 若在单元格中出现一连串的####符号，则需要调整单元格的宽度。（ ）
10. 在 WPS 表格中，函数的输入只能采用手工输入方法。（ ）
11. 在 WPS 表格中，自动求和可以通过 SUM 函数实现。（ ）
12. WPS 表格中，每个单元格都有其固定的地址，如 B5 表示 B 行 5 列。（ ）
13. 在 WPS 表格中，不能删除单元格，但单元格的内容可以删除。（ ）
14. 被删除的工作表可以用快速访问工具栏中的“撤消”按钮恢复。（ ）
15. 在 WPS 表格中，若用户在单元格中输入 2/3，即表示数值三分之二。（ ）
16. 在单元格中可以使用公式，但在一个公式中只能使用一个函数。（ ）
17. 在 WPS 表格中，图表的大小和类型可以改变。（ ）
18. 单击某单元格，则该单元格被激活。（ ）
19. 在 WPS 表格中，分类汇总是按一个字段进行分类汇总，而数据透视表则适合按多个字段进行分类汇总。（ ）
20. WPS 表格的功能区不可以最小化。（ ）
21. 选择“插入”选项卡→“符号”组→“公式”，可以向单元格中输入公式。（ ）
22. 填充的方向只有向上填充和向下填充，不可以左右填充。（ ）
23. 向单元格输入公式并确认后，该单元格显示的是数据，故该单元格中存储的是数据而非公式。（ ）
24. 在 WPS 表格中，若要删除工作表，可右击工作表标签，选择“删除”。（ ）
25. 在 WPS 表格中，可以为图表加上标题。（ ）
26. 在 WPS 表格中，调整行高后，单元格内字符的字号随之改变。（ ）
27. WPS 表格工作表的移动操作既可在同一工作簿内，也可跨工作簿进行。（ ）
28. 在 WPS 表格中，可以建立等差序列、等比序列或日期序列。（ ）
29. 在 WPS 表格中，使用公式的主要目的是为了节省内存。（ ）
30. WPS 表格只能对数值型数据进行排序，不能对日期型数据排序。（ ）
31. 对 A1、A2、A3 三个单元格数据求和，其函数写法是：=sum(A1:A3)。（ ）
32. 数字可以作为 WPS 表格的文本数据，成为文本数据后也可以进行算术运算。（ ）
33. 在 WPS 表格中，图表一旦建立，其标题的字体、字形是不可以改变的。（ ）
34. 在 WPS 表格工作表编辑时，将第 3 行隐藏起来，打印该工作表时，第 3 行不会被打

印出来。（　　）

35．在 WPS 表格中，根据数据源创建透视表，当数据透视表对应的数据源发生变化时，快速更新数据透视表的数据，需单击“分析”上下文选项卡→“数据”组→“刷新”按钮。（　　）

36．在 WPS 表格中，自动筛选的条件只能有一个，高级筛选的条件可以有多个。（　　）

37．WPS 表格不仅能按数值排序，还可以按单元格颜色、字体颜色排序。（　　）

38．在 WPS 表格中，通过“数据”选项卡→“数据工具”组→“重复项”，可以查找重复的数据行。（　　）

39．WPS 表格中的迷你图就是把尺寸缩小到单元格大小的图表。（　　）

40．WPS 表格图表中的图例可以位于图表的左侧、右侧、顶部或底部。（　　）

习题 5　WPS 演示的使用

一、单项选择题

1．在 WPS 演示文稿中，下列说法错误的是（　　）。

A．要向幻灯片中添加文字，就必须从幻灯片母版视图切换到幻灯片普通视图

B．在幻灯片母版中设置的标题和文本格式，不会影响到其他幻灯片

C．幻灯片母版主要强调的是文本的格式

D．幻灯片主要强调的是幻灯片的内容

2．单击 WPS 演示状态栏右侧的“放大”按钮+可以调整幻灯片的（　　）。

A．放映比例　　B．实际大小　　C．显示比例　　D．长宽比例

3．在 WPS Office 首页，要想新建一个 WPS 演示文稿，可以按快捷键 Ctrl+N，然后在打开的“新建”界面中选择（　　）。

A．W 文字　　B．S 表格　　C．P 演示　　D．PDF

4．在有 100 张幻灯片的演示文稿中，如果想让同一个图形出现在所有幻灯片中，且图形的大小、放置的位置一致，最简单的一种方法是（　　）。

A．把该图形复制到幻灯片母版中，调整好图形的大小和位置，操作一次即可

B．把这个图形复制到每张幻灯片中，这需要多达 100 次的复制操作

C．在幻灯片浏览视图下，按快捷键 Ctrl+A 选定全部幻灯片，然后进行复制操作，操作一次即可

D．在普通视图→幻灯片/大纲窗格→“幻灯片”选项卡下，按快捷键 Ctrl+A 选定全部幻灯片，然后进行复制操作，操作一次即可

5．如果想对幻灯片中的某个对象设置动画效果，应该在（　　）选项卡下操作。

A．开始　　B．插入　　C．切换　　D．动画

6．在幻灯片浏览视图下，下列说法错误的是（　　）。

A．单击某个幻灯片缩略图，将其拖动到其他幻灯片之后，可实现幻灯片的移动

B．按住 Ctrl 键，多次单击不连续的幻灯片，可实现多个不连续幻灯片的选定

C．单击一张幻灯片，然后长按 Shift 键再单击另一张幻灯片，可实现多个连续幻灯片的选定

D．不能用快捷键 Ctrl+A 选定所有幻灯片

7．在 WPS 演示文稿中，在“字体”对话框中无法实现的设置是（　　）。

A．文字颜色　　B．对齐方式　　C．文字大小　　D．文字字体

8．在 WPS 演示文稿中，对幻灯片背景的填充不能实现的是（　　）。

A．纯色填充　　B．渐变填充　　C．纹理填充　　D．序列填充

9．在 WPS 演示的幻灯片母版中，不可以进行的操作是（　　）。

A．设置标题和文本的样式　　B．设置动画

C．设置超链接　　D．新建幻灯片

10．下列操作中，不具有演示文稿保存功能的操作是（　　）。

A．按功能键 F12

B．按快捷键 Ctrl+P

C．单击快速访问工具栏上的“保存”按钮

D．右击演示文稿标签栏→“保存”

11．在普通视图→幻灯片/大纲窗格中，有“大纲”和“幻灯片”两个选项卡，关于“大纲”选项卡下的显示模式，下列说法错误的是（　　）。

A．只由每张幻灯片的标题和正文组成

B．是组织和创建演示文稿文本内容的理想方式

C．不可更改每张幻灯片的标题和正文

D．幻灯片的标题都出现在编号和图标的右边，正文则在标题的下方

12．在幻灯片中加入表格，可以使用“插入”选项卡下的（　　）组。

A．媒体　　B．链接　　C．表格　　D．文本

13．下列关于 WPS 演示文稿的说法中，错误的是（　　）。

A．看到图标为的文件，就知道它是一个用 WPS 编辑的演示文稿

B．双击扩展名为.ppsx 的文件，可以启动 WPS 演示并直接放映

C．对幻灯片中的对象可以设置进入、强调、退出、动作路径的动画效果

D．在幻灯片中可以加入文字、声音、视频、动画等多种媒体信息

14．在 WPS 演示文稿中，从一张幻灯片“淡出”到下一张幻灯片，应进行的操作是（　　）。

A．幻灯片切换　　B．添加动画　　C．动作设置　　D．页面设置

15．下列幻灯片放映操作中，（　　）从第一张幻灯片开始放映。

A．按 Shift+F5

B．按功能键 F5

C．在普通视图→幻灯片/大纲窗格→“幻灯片”选项卡下，双击幻灯片缩略图

D．单击状态栏右侧的“从当前幻灯片开始播放”按钮

16．“幻灯片放映时，让放映者可以根据需要选择放映顺序”，设计这项功能的演示文稿可以用（　　）实现。

A．设置切换　　B．设置超链接

C．设置幻灯片版式　　D．设置动画

17．在 WPS 演示文稿中，改变图形大小操作时先按住 Shift 键，其效果是（　　）。
　　A．以图形的中心为基点进行缩放　　B．按图形的比例改变图形的大小
　　C．只有图形的高度发生改变　　D．只有图形的宽度发生改变
18．WPS 演示文稿中，（　　）不是文本框内文本的对齐方式。
　　A．左对齐　　B．居中对齐　　C．右对齐　　D．水平对齐
19．WPS 演示是一种（　　）软件。
　　A．文字处理　　B．数据库　　C．电子表格　　D．演示文稿制作
20．WPS 演示提供了多种视图，下列选项中，（　　）不属于 WPS 演示视图。
　　A．普通视图　　B．幻灯片浏览视图
　　C．幻灯片母版视图　　D．Web 版式视图
21．要想退出当前演示文稿的编辑，但不关闭其他文档，下列操作中错误的是（　　）。
　　A．选择“文件”菜单→“退出”命令
　　B．单击当前演示文稿标签右侧的“关闭”按钮×
　　C．按快捷键 Ctrl+F4
　　D．右击当前演示文稿标签→“关闭”
22．WPS 演示文稿的扩展名默认为（　　）。
　　A．.xlsx　　B．.docx　　C．.pptx　　D．.ppt
23．下面关于 WPS 演示动画的说法中，错误的是（　　）。
　　A．幻灯片中的动画顺序是按添加顺序确定的，设置了动画后，顺序就不能改变了
　　B．对已设置的动画效果，可以使用动画窗格中的按钮或调整动画顺序
　　C．在动画窗格中，选定某个动画效果，上下拖动，可以调整动画顺序
　　D．对设置了动画效果的两个文本框进行组合后，动画效果没有了
24．在幻灯片浏览视图下选定了一张幻灯片缩略图，按 Delete 键，则（　　）。
　　A．这张幻灯片被删除，且不能恢复
　　B．这张幻灯片被删除，但能恢复
　　C．这张幻灯片被删除，但可以利用“回收站”恢复
　　D．这张幻灯片被移到“回收站”内
25．在幻灯片浏览视图下，下列关于幻灯片操作的叙述中，错误的是（　　）。
　　A．通过“开始”选项卡→“剪贴板”组中的“复制”“粘贴”命令可复制幻灯片
　　B．按快捷键 Ctrl+M，在所选幻灯片之后插入一张新的幻灯片
　　C．通过“开始”选项卡→“幻灯片”组→“版式”下拉列表，可以更改幻灯片版式。
　　D．按住 Ctrl 键拖动幻灯片可将幻灯片副本拖至需要的位置
26．下列有关幻灯片的叙述中，错误的是（　　）。
　　A．幻灯片是演示文稿的基本组成单元
　　B．可以向幻灯片中插入图片、文字和视频
　　C．可以在幻灯片中设置各种超链接
　　D．幻灯片中一张图片只能设置一种动画效果
27．在 WPS 演示中，下列关于占位符的说法正确的是（　　）。
　　A．表示文本长度　　B．表示图形大小　　C．可以添加文本　　D．位置不可改变

28．在 WPS 演示文稿放映时，需要从第 1 张幻灯片直接跳转到第 5 张幻灯片，可在第 1 张幻灯片做（　　）操作。

A．设置放映方式　　B．添加动作按钮
C．设置幻灯片切换　　D．添加动画效果

29．在 WPS 演示文稿中对母版的修改将直接反映在（　　）。

A．每张幻灯片上　　B．当前幻灯片之后的所有幻灯片上
C．当前幻灯片之前的所有幻灯片上　　D．当前幻灯片上

30．下列关于幻灯片母版的叙述中，错误的是（　　）。

A．幻灯片母版是用户定义的第一张幻灯片，以供其他幻灯片调用
B．幻灯片母版是幻灯片层次结构中的顶层幻灯片
C．幻灯片母版用于存储演示文稿的主题和幻灯片的版式等信息，包括背景、颜色、字体、效果、占位符大小和位置等
D．幻灯片母版中未被使用的版式可以删除

31．为了使每张幻灯片中出现完全相同的对象及动画效果，应该（　　）。

A．在幻灯片浏览视图中修改　　B．在幻灯片母版视图中修改
C．在阅读视图中修改　　D．在普通视图中修改

32．WPS 演示在不同的位置提供预设的编辑对象，这些对象用虚线方框标识，并且方框内有提示性文字，这些方框被称为（　　）。

A．文本框　　B．图形　　C．占位符　　D．单元格

33．更改幻灯片的大小，应该在（　　）选项卡下操作。

A．开始　　B．切换　　C．视图　　D．设计

34．在 WPS 演示文稿中，不可以对某一幻灯片单独进行的操作是（　　）。

A．移动　　B．复制　　C．删除　　D．保存

35．下列关于 WPS 演示母版的说法错误的是（　　）。

A．母版可以预先定义文本格式和背景颜色
B．在幻灯片母版中不可以编辑标题文本的样式
C．在幻灯片母板中可以对“日期和时间”“幻灯片编号”和“页脚”进行编辑
D．可以在幻灯片母版中添加图形，从而为所有幻灯片设计统一的风格

36．在幻灯片中，下列对象不能与其他对象组合的是（　　）。

A．通过“插入”选项卡→“图形和图像”组插入的对象
B．通过占位符插入的内容
C．设置了动画效果的对象
D．设置了超链接的对象

37．（　　）不是 WPS 演示所提供的母版。

A．讲义母版　　B．备注母版
C．幻灯片母版　　D．大纲母版

38．若要使某一张幻灯片与其母版不同（　　）。

A．可重新设置母版　　B．可设置该幻灯片不使用母版
C．可直接修改该幻灯片　　D．以上说法都不对

39. 要在每张幻灯片上添加页码，应该在（　　）中进行操作。

A. “页眉和页脚”对话框　　B. 幻灯片母版的页脚占位符

C. 幻灯片母版的日期占位符　　D. 幻灯片母版的幻灯片编号占位符

40. 下列关于 WPS 演示主题的叙述中，错误的是（　　）。

A. 更改主题应选择“幻灯片母版”选项卡→“编辑主题”组→“主题”按钮

B. 更改主题颜色应选择“幻灯片母版”选项卡→“编辑主题”组→“颜色”按钮

C. 更改主题字体应选择“幻灯片母版”选项卡→“编辑主题”组→“字体”按钮

D. 主题背景是不能改变的。

41. 在 WPS 演示文稿的某张幻灯中，依次插入三个对象（矩形、椭圆、笑脸），叠放次序如图 2-5-1 左图所示，下列操作可以调整为如图 2-5-1 右图所示的叠放次序的是（　　）。

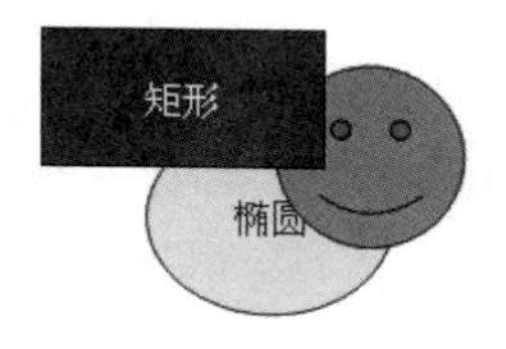

图 2-5-1　叠放次序示例

A. 选定矩形，右击→“置于底层”

B. 选定矩形，右击→“置于顶层”

C. 选定笑脸，选择“绘图工具”上下文选项卡→“排列”→“下移”→“下移一层”

D. 选定椭圆，选择“绘图工具”上下文选项卡→“排列”→“下移”→“置于底层”

42. 制作 WPS 演示文稿时，有时根据需要不改变幻灯片制作过程的排列顺序，又想调整放映顺序，可以做（　　）设置。

A. 隐藏幻灯片　　B. 排练计时　　C. 自定义放映　　D. 设置放映类型

43. 在普通视图→幻灯片/大纲窗格→“幻灯片”选项卡下，单击选定一张幻灯片缩略图后，下列操作不能创建新幻灯片的是（　　）。

A. 选择“开始”选项卡→“幻灯片”组→“版式”按钮

B. 按 Enter 键

C. 按快捷键 Ctrl+M

D. 右击→“新建幻灯片”

44. 新建的 WPS 演示文稿，默认幻灯片大小为（　　）。

A. 横向标准（4:3）　　B. 横向宽屏（16:9）

C. 纵向标准（4:3）　　D. 纵向宽屏（16:9）

45. 当在交易会进行广告片的放映时，应该选择（　　）放映类型。

A. 展台自动循环放映（全屏幕）　　B. 演讲者放映（全屏幕）

C. 循环放映，按 Esc 键终止　　D. 自定义放映

46. 在 WPS 演示中打开了一个演示文稿，对文稿做了修改并进行“关闭”操作以后（　　）。

A. 演示文稿被关闭，并自动保存修改后的内容

B. 演示文稿不能关闭，并提示出错

C. 演示文稿被关闭，修改后的内容不能保存

D．弹出对话框，询问是否保存对演示文稿的修改

47. 欲将幻灯片中设置了超链接的对象A与其他对象B组合，下列说法正确的是（　　）。

A．超链接失效　　B．不能组合

C．超链接不受影响　　D．对象B也具有了超链接的效果

48．在WPS演示文稿中，下列关于自定义动画的说法错误的是（　　）。

A．对已设置了动画效果的对象进行复制操作后，动画效果跟随对象一并被复制

B．已设置的动画效果，可以更改，也可以删除

C．一个对象只可以设置一种动画效果

D．同一幻灯片中的多个动画效果可以调整出场顺序

49．在幻灯片浏览视图下，双击某张幻灯片缩略图，则（　　）。

A．从第一张幻灯片开始放映　　B．从该幻灯片开始放映

C．切换到普通视图　　D．放大该幻灯片显示比例

50．在幻灯片放映过程中，如果要从第二张幻灯片跳转到第八张幻灯片，应使用（　　）。

A．超链接　　B．自定义动画　　C．幻灯片切换　　D．换片方式

51．对插入到幻灯片的视频，不能设置（　　）。

A．循环播放　　B．全屏播放　　C．自动播放　　D．超链接

52．在WPS演示文稿中要将多处同样的错误一次性更正，正确的方法是（　　）。

A．只能逐字阅读查找，先删除错误文字再输入正确文字

B．使用“替换”命令

C．使用“撤消”与“恢复”命令

D．使用“定位”命令

53．想在幻灯片中插入表格，错误的操作是（　　）。

A．勾选“视图”选项卡→“显示”组→“网格线”复选框

B．复制其他幻灯片中的表格，粘贴到本幻灯片中

C．选择“插入”选项卡→“表格”组→“表格”下拉按钮

D．单击包含“表格”图标的占位符

54．插入一段音频，幻灯片中会出现（　　）。

A．喇叭标记　　B．链接按钮　　C．链接说明　　D．一段文字说明

55．在WPS演示文稿中，若想设置幻灯片放映时的换页效果为“垂直百叶窗”，应该选择（　　）选项卡→“切换”组中的“百叶窗”。

A．设计　　B．切换　　C．动画　　D．开始

56．WPS演示文稿的主题颜色可以通过（　　）更改。

A．背景　　B．母版　　C．格式　　D．版式

57．要使所制作的背景对所有幻灯片生效，应在设置背景的“对象属性”任务窗格中选择（　　）按钮。

A．应用　　B．取消　　C．全部应用　　D．预览

58．下列关于演示文稿主题的叙述，错误的是（　　）。

A．一旦设定了主题，幻灯片背景就不能更改

B．一个演示文稿可以设定不同的主题

C．主题效果可以更改

D．不同幻灯片的主题颜色可以不同

59．修改项目符号的颜色，可以通过“开始”选项卡→“段落”组的（　　）实现。

A．“字体颜色”按钮　　B．“突出显示”按钮

C．“项目符号”按钮　　D．“编号”按钮

60．在“切换”选项卡下，允许设置幻灯片切换时的（　　）效果。

A．视觉　　B．听觉　　C．定时　　D．以上均可

61．在幻灯片放映过程中，要演示下一张幻灯片，错误的操作是（　　）。

A．按 Backspace 键　　B．单击鼠标左键

C．按空格键　　D．按 Enter 键

62．在 WPS 演示文稿中刚刚不小心出现了错误操作，可以通过（　　）命令恢复。

A．打开　　B．撤消　　C．保存　　D．关闭

63．在 WPS 演示的“动作设置”对话框中设置的超链接对象不允许是（　　）。

A．下一张幻灯片　　B．一个应用程序

C．其他演示文稿　　D．幻灯片内的某个对象

64．在 WPS 演示中，要修改设置了超链接的文字颜色，应通过（　　）进行操作。

A．“幻灯片母版”选项卡→“编辑主题”组→“颜色”→“自定义颜色”

B．“开始”选项卡→“字体”组→对话框启动器

C．“开始”选项卡→“字体”组→“字体颜色”按钮

D．“开始”选项卡→“字体”组→“文字效果”按钮

65．在“切换”选项卡→“换片方式”组中，有“单击鼠标时换片”和“自动换片”两个复选框，下列关于幻灯片换片方式的叙述中正确的是（　　）。

A．可以两种换片方式都不选择，则幻灯片将无法放映

B．在两种换片方式中至少选择一个

C．可以同时选择两种换片方式

D．可以同时选择两种换片方式，但“单击鼠标时换片”方式不起作用

66．在 WPS 演示文稿中，可对母版进行编辑和修改的视图是（　　）。

A．普通视图　　B．阅读视图　　C．母版视图　　D．幻灯片浏览视图

67．在幻灯片放映过程中，要回到上一张幻灯片，错误的操作是（　　）。

A．按 PgUp 键　　B．按 P 键

C．按 Backspace 键　　D．按空格键

68．要终止幻灯片放映，可以按（　　）键。

A．Ctrl+C　　B．Ctrl+PgDn　　C．Shift+End　　D．Esc

69．在幻灯片的内容占位符中有“单击此处添加文本”以及、、、图标，下列说法中错误的是（　　）。

A．单击内容占位符中央的某个图标，可以插入相应类型的对象

B．单击内容占位符可以直接输入文字

C．可以向占位符内同时添加文本、图片、图表、表格和视频

D．向占位符内添加内容后，可继续对其位置和大小进行调整

70．在为 WPS 演示文稿选择“打印内容”时，最多每页可打印（　　）张幻灯片。

A．3 张　　B．6　　C．9 张　　D．任意张

71．对幻灯片中的对象设置超链接时，可以链接到（　　）。

A．下一张幻灯片　　B．上一张幻灯片

C．第一张幻灯片　　D．以上都可以

72．选择“放映”选项卡→“放映设置”组→“放映设置”下拉按钮，在弹出的“设置放映方式”对话框中，如果“放映类型”选择“展台自动循环放映(全屏幕)”，那么放映时的换片方式是（　　）。

A．如果存在排练时间，则使用它　　B．按空格键手动换片

C．单击手动换片　　D．双击手动换片

73．在 WPS 演示文稿中，对插入到幻灯片中的图片，不可以进行（　　）操作。

A．裁剪　　B．调整位置和大小

C．设置动画效果　　D．设置切换效果

74．在 WPS 演示文稿中，如果向幻灯片中插入一张图片，可以选择（　　）选项卡。

A．切换　　B．插入　　C．视图　　D．设计

75．在 WPS 演示文稿中，关于自定义放映，下列说法错误的是（　　）。

A．可以自定义多个　　B．自定义放映必须包含第一张幻灯片

C．自定义放映方案可以不使用　　D．自定义放映方案可以删除

76．如果要将幻灯片的方向改为纵向，可通过（　　）实现。

A．快速访问工具栏上的“打印预览”→“页面设置”

B．“放映”选项卡→“放映设置”组→“放映设置”

C．“设计”选项卡→“自定义”组→“幻灯片大小”→“自定义大小”

D．“开始”选项卡→“幻灯片”组→“版式”

77．下列关于幻灯片放映的叙述中，错误的是（　　）。

A．幻灯片放映可以从头开始　　B．每次幻灯片放映都是系统随机

C．可以有选择地自定义放映　　D．幻灯片放映可以从当前幻灯片开始

78．WPS 演示不提供（　　）的打印。

A．幻灯片　　B．备注页　　C．大纲　　D．幻灯片母版

79．在 WPS 演示文稿中，使用快捷键（　　）可以插入一张新幻灯片。

A．Ctrl+P　　B．Ctrl+N　　C．Ctrl+M　　D．Ctrl+C

80．下列（　　）状态下，不能对幻灯片内的对象进行编辑，但可以对幻灯片进行移动、删除、添加、复制、设置切换效果等操作。

A．普通视图　　B．幻灯片浏览视图

C．幻灯片母版　　D．阅读视图

81．在 WPS 演示的普通视图→幻灯片/大纲窗格中，不可以（　　）。

A．插入幻灯片　　B．添加图片

C．移动幻灯片　　D．删除幻灯片

82．在普通视图下，要想对选定的幻灯片更改版式，下列操作错误的是（　　）。

A．选择“开始”选项卡→“幻灯片”组→“版式”

B. 右击幻灯片空白区→“版式”
C. 右击幻灯片缩略图→“版式”
D. 按快捷键 Ctrl+N

83. 在 WPS 演示文稿中，允许在（　　）状态下新建及删除自定义版式。
A. 幻灯片浏览视图　　B. 幻灯片放映
C. 普通视图　　D. 幻灯片母版视图

84. 在幻灯片浏览视图下进行幻灯片的复制和粘贴操作，其结果是（　　）。
A. 将复制的幻灯片粘贴到所有幻灯片的前面
B. 将复制的幻灯片粘贴到所有幻灯片的后面
C. 将复制的幻灯片粘贴到当前选定的幻灯片之前
D. 将复制的幻灯片粘贴到当前选定的幻灯片之后

85. 在 WPS 演示文稿中，利用“插入”选项卡下的（　　）组可以插入艺术字。
A. 图形和图像　　B. 幻灯片
C. 文本　　D. 媒体

86. 在 WPS 演示的“动作设置”对话框中，设置的超链接对象可以是（　　）。
A. 该幻灯片的声音对象　　B. 该幻灯片的形状对象
C. 其他幻灯片　　D. 该幻灯片的图形对象

87. 在 WPS 演示文稿中，关于插入到幻灯片中的视频，下列说法中正确的是（　　）。
A. 不能设置动画效果
B. 可以设置超链接
C. 只能在播放完毕后才能停止
D. 可以设置为“单击”时开始播放也可以“自动”开始播放

88. 下列对于 WPS 演示文稿的描述正确的是（　　）。
A. 演示文稿中所有幻灯片的版式必须相同
B. 通过更改主题，可以为幻灯片设置统一的外观样式
C. 切换和动画都是作用于幻灯片内某媒体对象的动态效果
D. 可以使用“文件”菜单→“新建”命令为演示文稿添加幻灯片

89. 下列关于幻灯片放映的叙述中，错误的是（　　）。
A. 按 F5 键，从第一张幻灯片开始放映
B. 单击状态栏上的“从当前幻灯片开始播放”按钮▶，可以从当前幻灯片开始放映
C. 在普通视图→幻灯片/大纲窗格→“幻灯片”选项卡下，双击任意一张幻灯片缩略图，则从第一张幻灯片开始放映
D. 按快捷键 Shift+F5，从当前幻灯片开始放映

90. 幻灯片中可以插入多个对象，多个对象可以组合成一个对象，下列关于组合的说法中，错误的是（　　）。
A. 组合之后，可以再取消组合
B. 图形、文本框、艺术字可以组合在一起
C. 文本框与其他对象组合之后，文本框内的文字仍然可以编辑
D. 图片与其他对象组合之后，图片的大小就固定不变了

二、多项选择题

1. 在 WPS 演示窗口，新建一个演示文稿的方法有（　　）。
   A. 选择“文件”菜单→“新建”→“新建”→“空白演示文稿”按钮＋。
   B. 如果快速访问工具栏有“新建”命令按钮，单击该按钮。
   C. 按快捷键 Ctrl+N
   D. 选择“插入”选项卡→“幻灯片”→“新建幻灯片”
2. 退出当前 WPS 演示文稿的编辑，下列方法中正确的是（　　）。
   A. 单击演示文稿标签右侧的“关闭”按钮×
   B. 右击当前演示文稿标签→“关闭”
   C. 按快捷键 Ctrl+F4
   D. 选择“文件”菜单→“退出”
   E. 单击 WPS Office 标题栏右侧的“关闭”按钮×
3. 在 WPS 演示文稿中，可以向幻灯片中插入（　　）。
   A. 视频　　B. 声音　　C. 艺术字　　D. 图形
   E. 图片
4. 在 WPS 演示文稿中，下列操作可以启动帮助系统的是（　　）。
   A. 选择“文件”选项卡→“帮助”
   B. 按 F1 键
   C. 右击对象，并从快捷菜单中选择“帮助”项
   D. 右击功能区空白区→“帮助”
   E. 按快捷键 Ctrl+F1
5. 在 WPS 演示文稿中，（　　）可以在“设计”选项卡下进行设置。
   A. 设置幻灯片背景　　B. 更改幻灯片版式
   C. 更改幻灯片大小　　D. 设置切换效果
   E. 自定义动画
6. 在 WPS 演示文稿中，为幻灯片中的图片设置动画效果的方法有（　　）。
   A. 选择“动画”选项卡“动画”组中的动画库
   B. 使用“动画刷”按钮，将其他动画效果复制给该图片
   C. 选择“动画窗格”任务窗格中的“添加效果”
   D. 右击图片→“动作设置”
7. 下列操作可以切换至幻灯片母版视图的是（　　）。
   A. 选择“设计”→“背景版式”→“母版”按钮
   B. 选择“开始”选项卡→“幻灯片”组→“版式”按钮
   C. 选择“视图”选项卡→“母版视图”组→“幻灯片母版”按钮
   D. 选择“切换”选项卡→“母版视图”组→“幻灯片母版”按钮
8. 选定一张幻灯片缩略图后，下列操作可复制当前幻灯片到相邻位置的是（　　）。
   A. 单击“剪贴板”组→“复制”按钮，再单击“剪贴板”组→“粘贴”按钮
   B. 右击→“复制幻灯片”

C. 按快捷键 Ctrl+X，再按快捷键 Ctrl+V

D. 按快捷键 Ctrl+C，再按快捷键 Ctrl+V

E. 按住 Ctrl 键，拖动当前幻灯片到相邻幻灯片旁，释放鼠标左键

9. 在 WPS 演示文稿中，演示文稿的放映类型有（　　）。

A. 展台自动循环放映（全屏幕）　　B. 演讲者放映（全屏幕）

C. 放映时不加动画片　　D. 循环放映，按 Esc 键终止

10. 在 WPS 演示窗口中，“开始”选项卡下有（　　）组。

A. 字体　　B. 段落　　C. 幻灯片　　D. 动画

E. 剪贴板

11. 在当前幻灯片中，选定多个对象后，上方出现多图形浮动工具栏，通过这个工具栏可以实现（　　）。

A. 设置边框　　B. 组合　　C. 居中对齐　　D. 横向分布

12. 在 WPS 演示文稿中，母版视图有（　　）。

A. 幻灯片母版　　B. 备注母版

C. 讲义母版　　D. 标题母版

13. 在 WPS 演示文稿中，下列操作可以调整幻灯片在幻灯片窗格中显示比例的是（　　）。

A. 右击幻灯片→“显示比例”

B. 拖动状态栏右侧的“显示比例”滑块

C. 单击状态栏右侧的“放大”按钮+或“缩小”按钮−

D. 通过“视图”选项卡→“比例”组→“显示比例”

E. 长按 Ctrl 键的同时，滚动鼠标滚轮

14. 在 WPS 演示文稿中，可以为（　　）设置超链接。

A. 文本　　B. 背景　　C. 图片　　D. 形状

E. 标题

15. 在 WPS 演示的幻灯片浏览视图下，移动幻灯片的方法有（　　）。

A. 按住 Shift 键，拖动幻灯片到目标位置

B. 选定幻灯片，单击“剪切”按钮，定位目标位置，再单击“粘贴”按钮

C. 选定幻灯片，按快捷键 Ctrl+X，定位目标位置，按快捷键 Ctrl+V

D. 按住 Ctrl 键，拖动幻灯片到目标位置

E. 拖动幻灯片到目标位置

三、判断题

1. 普通视图的左窗格是“幻灯片/大纲窗格”。（　　）

2. 幻灯片中不能设置页眉页脚。（　　）

3. 幻灯片中各个对象的大小和位置关系可以自定义。（　　）

4. 设置幻灯片内各对象的动画时，对象出场或退场的声音只能从系统提供的各种声音效果中选择。（　　）

5. 一张幻灯片中可以包含多个演示文稿。（　　）

6. 在幻灯片浏览视图下，右击幻灯片→“剪切”按钮，可以删除这张幻灯片。（　　）

7．选定主题后，每张幻灯片的背景都相同，不可以针对单张幻灯片更改背景。（　）
8．在幻灯片浏览视图下，可以设置幻灯片的切换效果。（　）
9．WPS 演示文稿可以在屏幕上放映，但无法输出到打印机。（　）
10．通过“绘图工具”选项卡→“排列”组，可以对选定的图形进行旋转操作。（　）
11．幻灯片中的对象，若设置了超链接就不能再设置动画效果。（　）
12．WPS 演示文稿默认保存的文件扩展名为.ppsx。（　）
13．当对演示文稿进行了排练计时后，放映时将按照排练时间自动放映，而无需人工干预。（　）
14．只有通过添加动作按钮，才能实现超链接关系。（　）
15．在 WPS 演示文稿中，可以为单个对象应用多个动画效果。（　）
16．在 WPS 演示文稿的幻灯片浏览视图下，可以编辑幻灯片。（　）
17．可以为幻灯片的动画效果设置持续时间。（　）
18．在“动画窗格”中使用“删除”按钮可以删除动画效果。（　）
19．幻灯片中的视频在插入以后就具有动画效果了。（　）
20．在 WPS 演示文稿中，可以将插入的音频设为背景音乐。（　）
21．WPS 演示文稿制作完成后，只能将幻灯片从头到尾顺序播放。（　）
22．在演示文稿放映过程中，按 Esc 键可以终止放映。（　）
23．在幻灯片浏览视图和普通视图下，都可以进行动画设置。（　）
24．在 WPS 演示文稿中，不能插入其他文件的内容或链接。（　）
25．如果不进行设置，系统放映幻灯片时默认全部放映。（　）
26．在幻灯片母版中可以设置超链接，但不能设置动画效果。（　）
27．通过“切换”选项卡→“切换”组，可以设置幻灯片切换效果。（　）
28．幻灯片中对象的布局可以在“设计”选项卡下操作。（　）
29．WPS 演示文稿由一张或多张幻灯片组成。（　）
30．播放动画时就不能播放声音。（　）

习题 6　计算机网络及应用

一、单项选择题

1．下列选项中，（　）是个人计算机接入互联网（Internet）必备的设备。
A．网卡　B．电话机　C．调制解调器　D．浏览器
2．物联网是一个基于（　）的巨大的人、机、物互联互通的网络。
A．局域网　B．互联网　C．星型网　D．树型网
3．从某网站下载一首歌曲，应用到了互联网的（　）协议。
A．SMTP　B．Telnet　C．HTTP　D．FTP
4．在网络传输介质中，目前传输速率最高的是（　）。
A．双绞线　B．同轴电缆　C．光纤　D．电话线

5.“统一资源定位器”是与 Web 网站和 Web 网页密切相关的一个概念，其英文缩写是（　　）。

A. UPS　　B. USB　　C. ULR　　D. URL

6. 计算机网络的主要功能是（　　）。

A. 数据处理　　B. 文献检索

C. 资源共享和数据通信　　D. 信息传输

7. 下一代互联网 NGI 使用（　　）位的 IPv6 地址。

A. 32　　B. 64　　C. 128　　D. 256

8. 用浏览器浏览网页时，网页上的 HTML 代码在（　　）得到解释并生成页面效果。

A. 服务器端　　B. 浏览器端　　C. 显卡上　　D. 显示器上

9. Telnet 是互联网中的（　　）协议。

A. 超文本传输　　B. 邮件传输　　C. 远程登录　　D. 文件传输

10. 下列传输介质中，（　　）属于无线传输介质。

A. 微波　　B. 光纤　　C. 同轴电缆　　D. 双绞线

11. OSI（开放系统互连参考模型）的最底层是（　　）。

A. 传输层　　B. 网络层　　C. 物理层　　D. 应用层

12. 在 OSI 七层模型中，（　　）负责路由选择。

A. 网络层　　B. 数据链路层　　C. 传输层　　D. 物理层

13. HTTP 是互联网中的（　　）协议。

A. 邮件传输　　B. 文件传输　　C. 超文本传输　　D. 远程登录

14. 下列选项中，（　　）不属于网络设备。

A. 路由器　　B. 交换机　　C. 集线器　　D. 夹线钳

15. 互联网实现了分布在世界各地的各类网络的互联，其最基础和核心的协议是（　　）。

A. TCP/IP　　B. FTP　　C. SMTP　　D. HTTP

16. 国际标准化组织（ISO）制定的 OSI 参考模型有七个层次，最高层是（　　）。

A. 表示层　　B. 网络层　　C. 应用层　　D. 会话层

17. 下列不属于互联网应用的是（　　）。

A. E-mail　　B. FTP　　C. WWW　　D. LAN

18. 下列关于 TCP/IP 的说法中，错误的是（　　）。

A. TCP 协议定义了如何对传输的信息进行处理

B. IP 协议专门负责按地址在计算机之间传递信息

C. TCP/IP 协议包括传输控制协议和网际协议

D. TCP/IP 是一种计算机语言

19. 接入互联网并且支持 FTP 协议的两台计算机，对于它们之间的文件传输，下列选项中正确的是（　　）。

A. 只能传输文本文件　　B. 只能传输有限的几种类型文件

C. 所有文件均能传输　　D. 不能传输声音文件

20. 文件传输协议的简称是（　　）。

A. FPT　　B. TFP　　C. TCP　　D. FTP

21．调制解调器（Modem）的作用是（　　）。
A．打电话与上网两不误
B．将模拟信号转换成计算机的数字信号，以便接收
C．将计算机的数字信号转换成模拟信号，以便发送
D．将计算机的数字信号与模拟信号互相转换，以便传输
22．下列 IPv4 地址中，正确的是（　　）。
A．124.23.19　　B．168.16.23.27
C．202.122.20.34.10　　D．282.9.1.12
23．（　　）是指收到某封电子邮件后，再将该邮件原封不动地发送给其他收信人。
A．回复邮件　　B．转发邮件　　C．收藏邮件　　D．发送新邮件
24．网络协议的三要素是：语法、语义和（　　）。
A．工作原理　　B．同步　　C．时序　　D．传输服务
25．在计算机网络中，通常把提供并管理共享资源的计算机称为（　　）。
A．服务器　　B．工作站　　C．网关　　D．网桥
26．电子邮件使用（　　）协议。
A．SMTP　　B．FTP　　C．UDP　　D．Telnet
27．下列行为中无助于计算机病毒防范的是（　　）。
A．尽量不要打开来历不明的电子邮件及附件
B．安装专业的杀毒软件，进行全面、实时的监控
C．迅速隔离受感染的计算机
D．尽量减少外部设备的使用，不常用的外部设备最好断开与主机的连接
28．下列选项中，（　　）不属于互联网提供的服务。
A．电子邮件　　B．文件传输　　C．远程登录　　D．货物速递
29．下列选项中，（　　）不属于 OSI 参考模型七个层次。
A．会话层　　B．数据链路层　　C．用户层　　D．应用层
30．某台计算机的 IP 地址为 192.168.3.10，该地址属于（　　）类 IP 地址。
A．A　　B．B　　C．C　　D．D
31．网络防火墙的主要作用是（　　）。
A．防止网络设备丢失
B．建立内部信息和功能与外部信息和功能之间的屏障
C．防止内部信息外泄
D．防止网络服务器死机
32．顶级域名 gov 表示的机构所属类型为（　　）。
A．军事机构　　B．政府机构　　C．教育机构　　D．商业机构
33．在计算机网络中，（　　）部件的一端连接局域网中的计算机，另一端连接局域网中的传输介质。
A．双绞线　　B．网卡　　C．电话机　　D．交换机
34．从 www.rui.edu.cn 可以看出它是（　　）。
A．法国的一个政府组织的站点　　B．中国的一个军事部门的站点

C．加拿大的一个商业组织的站点　　D．中国的一个教育机构的站点

35．按照网络分布和覆盖的地理范围，可将计算机网络分为（　　）。

A．局域网、互联网和 Internet　　B．局域网、城域网和广域网

C．广域网、互联网和城域网　　D．互联网、城域网和 Novell 网

36．下列 4 个网络拓扑结构图中，（　　）属于星型结构。

A．　　B．　　C．　　D．

37．下列选项中，（　　）不能作为计算机网络的传输介质。

A．微波　　B．光纤　　C．光盘　　D．双绞线

38．在互联网主机域名中，com 代表（　　）。

A．教育机构站点　　B．商业机构站点

C．网络机构站点　　D．政府机构站点

39．顶级域名 mil 表示的机构所属类型为（　　）。

A．军事机构　　B．政府机构　　C．教育机构　　D．商业组织

40．下列选项中，（　　）不属于计算机病毒的特征。

A．潜伏性　　B．传染性　　C．破坏性　　D．免疫性

41．网卡工作于 OSI 参考模型的（　　）。

A．传输层　　B．物理层　　C．应用层　　D．网络层

42．关于计算机病毒传播途径和攻击对象，下列说法正确的是（　　）。

A．计算机病毒可以通过网络和移动存储设备传播

B．计算机病毒只能通过网络传播

C．计算机病毒不会攻击服务器，只攻击个人计算机

D．不打开陌生电子邮件，就不会感染计算机病毒

43．计算机网络系统由网络硬件和网络软件组成，下列选项中，（　　）不属于网络硬件。

A．网卡　　B．协议

C．交换机　　D．有线传输介质和无线传输介质

44．下列有关信息的描述错误的是（　　）。

A．模拟信号能够直接被计算机处理

B．声音、文字、图像都是信息的载体

C．调制解调器能将模拟信号转换为数字信号

D．计算机以数字化的形式对各种信息进行处理

45．计算机网络技术包含计算机技术和（　　）两个主要技术。

A．微电子技术　　B．通信技术　　C．自动化技术　　D．数据处理技术

46．单击 Edge 浏览器工具栏中的“刷新”按钮，下列说法正确的是（　　）。

A．可以更新当前显示的网页

B．可以终止当前显示的传输，返回空白页面

C．可以更新当前浏览器的设定

D．以上说法都不正确

47．浏览 Web 网站必须使用浏览器，Windows 10 操作系统中的浏览器是（　　）。

A．Hotmail　　B．Microsoft Edge

C．Internet Exchange　　D．Internet Explorer

48．在计算机网络中，表示数据传输可靠性的性能指标是（　　）。

A．传输率　　B．误码率　　C．信息容量　　D．带宽

49．小赵在 www.163.com 网站注册了 163 免费电子邮箱，用户名为 zr，如果小王想向小赵发送电子邮件，则应使用下列邮件地址中的（　　）作为收件人。

A．zr@163.com　　B．zr@126.com　　C．zr·163.com　　D．zr#163.com

50．对同一幢教学楼内各教室、办公室中的计算机进行联网，这种网络属于（　　）。

A．广域网　　B．局域网　　C．城域网　　D．互联网

51．路由器工作于 OSI 参考模型的（　　）。

A．数据链路层　　B．物理层　　C．传输层　　D．网络层

52．双绞线由两根绝缘金属线按螺旋状扭合而成，下列关于双绞线的叙述，错误的是（　　）。

A．双绞线既可以传输模拟信号，也可以传输数字信号

B．双绞线安装方便，价格较低

C．双绞线不易受外部干扰，点到点的通信距离可达 1000 米

D．通常双绞线只用作建筑物内局域网的通信介质

53．互联网的拓扑结构是（　　）。

A．总线型结构　　B．网状型结构　　C．星型结构　　D．环型结构

54．大数据时代，云计算技术已广泛应用于各类服务中，“云”实质上就是指（　　）。

A．数据　　B．信息　　C．互联网　　D．IT 人才

55．关于网络的特点，下列叙述中错误的是（　　）。

A．网络中的数据可以共享

B．网络中的外部设备可以共享

C．网络方便了信息的传递

D．网络中的所有计算机必须是同一品牌、同一型号

56．关于杀毒软件的作用，下列叙述错误的是（　　）。

A．实时监控网络和系统文件，对比病毒库中的特征码，及时识别和清除计算机病毒

B．保护计算机的数据安全，使计算机运行得更加流畅

C．检查计算机是否感染病毒，清除任何已感染的病毒

D．防范恶意软件，确保计算机的安全运行

57．下列关于主页的说法中，正确的是（　　）。

A．一个网站中比较重要的 Web 页面称为主页

B．传送电子邮件的界面称为主页

C．主页也称首页，是一个网站的第一个 Web 页

D．主页是下载文件的网页

58．IP 地址是 IP 协议提供的一种统一的地址格式，下列 IP 地址中，正确的是（　　）。

A．192,168,2,6　　B．192.168.2.6　　C．192 168 2 6　　D．192;168;2;6

59．为了指导计算机网络的互联、互通和互操作，国际标准化组织（ISO）颁布了 OSI 参考模型，其基本结构分为（　　）。

A．7 层　　B．4 层　　C．3 层　　D．6 层

60．广域网和局域网是根据（　　）来划分的。

A．网络使用者　　B．信息交换方式
C．网络作用范围　　D．传输控制协议

61．下列关于电子邮件的叙述中，正确的是（　　）。

A．电子邮件的地址格式与域名相同　　B．电子邮件一次只能发给一个人
C．电子邮件不能没有主题　　D．电子邮件能传送多媒体文件

62．IP 地址包括网络地址和主机地址，对于 192.168.2.27，其网络地址为（　　）个字节。

A．4　　B．1　　C．2　　D．3

63．下列关于“超链接”的说法中，正确的是（　　）。

A．将约定的网络设备用网线连接起来
B．将指定的文件与当前文件合并
C．为收发电子邮件做好准备
D．单击链接，就会自动转向该链接所指向的目标位置

64．关于光纤，下列说法错误的是（　　）。

A．光纤的传输距离长　　B．光纤的安全保密性好
C．光纤的数据传输性能低于双绞线　　D．光纤的抗干扰能力强

65．发现计算机病毒后，下列方法可以彻底清除病毒的是（　　）。

A．删除磁盘上的所有文件　　B．用杀毒软件及时清理
C．用高温蒸气消毒　　D．对磁盘进行格式化

66．使用 IE 浏览器要将正在浏览的网页保存为网页文件，正确的操作是（　　）。

A．将网页添加到收藏夹　　B．执行“文件”→“另存为”命令
C．建立书签　　D．执行“文件”→“打印”命令

67．一个 IP 地址可以对应的域名数量有（　　）。

A．无穷个　　B．1 个　　C．1 个以上　　D．不确定

68．为了唯一识别互联网中的任意一台计算机，规定给每一台连入网络的计算机分配一个由（　　）位二进制数字组成的 IPv4 地址。

A．8　　B．16　　C．32　　D．64

69．DNS 服务器的作用是（　　）。

A．实现 IP 地址与域名地址之间的相互转换
B．接受用户的域名注册
C．确定域名与服务器的对应关系
D．解释 URL

70．为了使不同操作系统中的浏览器都能方便地访问网络中某个 Web 服务器上的文件，在 Web 服务器端采用一种专用的超文本标记语言（　　）来组织要发布的信息。

A．Java　　B．HTML　　C．FTP　　D．HTTP

71．计算机网络按照拓扑结构分为（　　）。

A．公用计算机网络和专用计算机网络　　B．局域网、城域网、广域网

C．广播式网络和点对点网络　　D．总线型、星型、环型、树型、网状型

72．使用 Edge 浏览器打开某网站主页后，不能实现（　　）操作。

A．收藏网址　　B．浏览网页　　C．修改网页　　D．下载图片

73．网络服务器是指（　　）。

A．具有通信功能的高档计算机

B．带有大容量硬盘的计算机

C．为网络提供资源，并对这些资源进行管理的计算机

D．64 位总线结构的高档计算机

74．下列选项中（　　）不是常用的搜索引擎网址。

A．http://www.baidu.com　　B．http://www.google.com

C．http://yahoo.com　　D．http://www.edu.cn

75．下列地址中（　　）是域名。

A．beijing/railway/institute/china　　B．www.sina.com.cn

C．203.165.3.2　　D．wangwang@163.com

76．下列关于网页的叙述中，正确的是（　　）。

A．网站的主页可以保存，但其他页面不能保存

B．网页上的文字复制后只能用 Word 编辑，不能用“写字板”编辑

C．网页上的图片可以保存到硬盘上

D．以上说法都不对

77．TCP/IP 体系结构中的传输层对应于 OSI 参考模型中的（　　）。

A．会话层　　B．传输层　　C．表示层　　D．应用层

78．局域网的英文缩写为（　　）。

A．WAN　　B．MAN　　C．TAN　　D．LAN

79．在电子邮件地址 wangwang@163.com 中，用户名是（　　）。

A．wangwang　　B．@163.com　　C．163　　D．163.com

80．互联网之所以采用域名地址，是因为（　　）。

A．一台主机必须用域名地址标识

B．一台主机必须用 IP 地址和域名地址共同标识

C．IP 地址不能唯一标识一台主机

D．IP 地址不便于记忆

81．在组建局域网络时，除了作为服务器和工作站的计算机及传输介质外，每台计算机上还应配置的是（　　）。

A．Modem　　B．路由器

C．网关　　D．网络适配器（网卡）

82．下列关于万维网浏览器的描述中，错误的是（　　）。

A．浏览器是一个客户端软件　　B．浏览器中不可以下载文件

C．浏览器中可以发送 Email 邮件　　D．浏览器中可以保存 web 页面文档

83．如果电子邮件到达时，收件人的电脑没有开机，则该电子邮件将（　　）。
A．退还回给发件人　　B．保存在服务商的主机上
C．过一段时间后重新发送　　D．不再发送

84．发送电子邮件时，邮件服务系统自动添加的邮件信息是（　　）。
A．邮件主题　　B．邮件正文内容
C．收件人 E-Mmail 地址　　D．邮件发送日期和时间

85．从用途来看，计算机网络可分为（　　）。
A．物联网和互联网　　B．互联网和教育网
C．专用网和公用网　　D．信息网和语义网

86．互联网最早的雏形是（　　）。
A．LAN　　B．Ethernet　　C．MILNET　　D．ARPANET

87．符合 URL（统一资源定位符）格式的是（　　）
A．http:www.sohu.com　　B．http:\\www.sohu.com
C．http://www.sohu.com　　D．http:/www.sohu.com

88．HTML 的中文译名是（　　）。
A．超文本标记语言　B．超文本传输协议
C．文件传输协议　　D．超链接

89．负责对发送的整体信息进行数据分解保证可靠传送并按序组合的网络协议是（　　）
A．IP　　B．TCP　　C．FIP　　D．SMTP

90．下列电子邮箱地址格式正确的是（　　）。
A．software.163.com　　B．software.163@com
C．software-163.com　　D．software@163.com

二、多项选择题

1．下列关于计算机病毒的叙述中，正确的是（　　）。
A．计算机病毒是人为编制的、可在计算机上运行的程序
B．计算机病毒具有寄生于其他程序或文档的特点
C．感染过病毒的计算机具有对该病毒的免疫性
D．计算机病毒不会危害计算机用户的健康
E．只有计算机病毒发作时才能检查出来并加以清除
F．计算机病毒具有潜伏性，仅在一些特定的条件下才发作

2．下列关于电子邮件的叙述中，正确的是（　　）。
A．在一个电子邮件中可以发送文字、图像、语言等信息
B．发送电子邮件时，通信双方必须都在线
C．电子邮件可以同时发送给多人
D．电子邮件比人工邮件传送迅速、可靠、范围更广

3．计算机病毒具有许多特征，下列选项中，（　　）属于计算机病毒的特征。
A．寄生性　　B．破坏性　　C．免疫性　　D．潜伏性
E．隐蔽性　　F．传染性

4．在局域网中，可用作有线传输介质的是（　　）。

A．微波　　B．双绞线

C．光纤　　D．红外线

5．在互联网所提供的多方面服务中，下列选项中正确的是（　　）。

A．电子邮件（E-mail）　　B．超文本信息服务（WWW）

C．远程登录（Telnet）　　D．文件传输（FTP）

6．在电子邮件地址中，必须有（　　）。

A．电子邮箱的主机域名　　B．用户口令

C．用户名　　D．ISP 的电子邮箱地址

7．基于 IPv6 的下一代互联网，相比 IPv4 互联网具有（　　）的特点。

A．速率更高　　B．地址足够多

C．安全性强　　D．无需网卡接入

8．关于 IP 地址及域名，下列说法错误的是（　　）。

A．IP 地址是一串数字，不便于记忆，所以产生了域名，但域名中不可以出现数字

B．一个域名可以对应多个 IP 地址

C．若要访问一台主机，可以按这台主机的 IP 地址访问，也可以使用域名访问

D．域名解析就是由 DNS 服务器向客户机分配临时 IP 地址的过程

E．计算机网络中的 IP 地址不能相同，但域名可以相同

9．计算机网络协议由（　　）三要素组成。

A．语法　　B．语义

C．变换规则　　D．时序

10．计算机网络的主要功能是（　　）。

A．专家系统　　B．数据通信

C．集中管理　　D．资源共享

E．分布式信息处理

11．关于国际标准化组织（ISO）制定的开放系统互连参考模型（OSI），下列说法正确的是（　　）。

A．TCP/IP 体系结构与 OSI 参考模型 7 层相对应，但简化了层次模型，只有 4 层

B．具有路由选择功能的路由器工作于 OSI 参考模型的网络层

C．当今互联网应用的是 OSI 参考模型，而非 TCP/IP 体系结构

D．OSI 参考模型自下而上分别是物理层、数据链路层、网络层、传输层、会话层、表示层、应用层

12．下列与网络有关的说法中，正确的是（　　）。

A．互联网可提供电子邮件的功能

B．IP 地址分成三类

C．当一台个人计算机接入网络后，其他主机均可访问这台计算机

D．在家上网注册的电子邮箱，可以在任何地方上网登录并收发电子邮件

E．互联网的网络拓扑结构属于网状型结构

13．想把当前打开的网页中的一段文字下载到 aa.txt 文档中，在下列操作中，能够成功下载的是（　　）。

A．选定文字，拖动到 aa.txt 文档窗口内的指定位置

B．选定文字，右击，选择“复制”命令，定位 aa.txt 文档插入点，按快捷键 Ctrl+V

C．选定文字，按快捷键 Ctrl+X，定位 aa.txt 文档插入点，按快捷键 Ctrl+C

D．选定文字，按快捷键 Ctrl+C，定位 aa.txt 文档插入点，按快捷键 Ctrl+V

14．下列关于黑客的说法中，错误的是（　　）。

A．黑客是通过网络非法进入他人系统，危害信息安全的计算机入侵者

B．只要及时更新操作系统，就可以防止黑客的攻击

C．设置很难猜的密码可以抵挡黑客的入侵，就高枕无忧了

D．黑客就是木马程序

15．下列关于 E-mail 附件的说法中，不正确的是（　　）。

A．附件只能是文本文件

B．附件不可以是视频文件

C．附件不是 E-mail 中必需的选项

D．附件文件大小不受限制

三、判断题

1．在计算机网络中使用防火墙就可以防止计算机病毒了。（　　）

2．Outlook 是用于网页浏览和电子邮件收发的管理软件。（　　）

3．协议是计算机网络中通信双方必须共同遵守的规则或约定。（　　）

4．某些软件公司发布“补丁”程序就是计算机病毒。（　　）

5．未经授权通过计算机网络获取某公司的经济情报是一种违法的行为。（　　）

6．若在计算机运行时发现病毒，应立即重新启动计算机并格式化硬盘。（　　）

7．在内部网与互联网之间加防火墙，即设置了一个禁止非法数据进入的屏障，从而保护内部网，阻止黑客入侵。（　　）

8．网页既可以浏览，也可以下载到本地硬盘中，并且网页中的图片、动画、文本、视频等信息可以单独下载。（　　）

9．计算机网络，是指将地理位置不同的具有独立功能的多台计算机及其外部设备，通过通信线路连接起来，在网络操作系统、网络管理软件及网络通信协议的管理和协调下，实现资源共享和信息传递的计算机系统。（　　）

10．网络操作系统是一种提供网络通信和网络资源共享功能的操作系统。（　　）

11．黑客就是设计出计算机病毒程序的人。（　　）

12．局域网比广域网的数据传输率高，误码率也高。（　　）

13．个人计算机无须经过 ISP（互联网服务提供商）即可连入互联网。（　　）

14．用户的电子邮箱地址就是该用户的 IP 地址。（　　）

15．计算机病毒只破坏磁盘上的文件和数据。（　　）

16．计算机网络已成为当今计算机病毒最主要、最常见的传播媒介。（　　）

17．调制解调器用于对信号进行整形和放大。（　　）

18．路由器是组建局域网时必不可少的网络设备。（ ）

19．TCP/IP 是互联网上最基本的通信协议。（ ）

20．局域网是一种在小区域内使用的网络，其英文缩写为 MAN。（ ）

21．计算机网络按通信介质划分，有高速网、中速网和低速网。（ ）

22．zch@163.com 是一个电子邮箱地址。（ ）

23．光纤成本高，适合于距离近、保密性强、容量小的网络环境。（ ）

24．用杀毒软件可以清除所有的计算机病毒。（ ）

25．网络拓扑结构是按计算机分布的地域范围而划分的一种网络结构。（ ）

26．一般情况下，校园网属于局域网。（ ）

27．个人计算机只要插入网卡接通网线就可以上网浏览网页了。（ ）

28．从域名到 IP 地址或者从 IP 地址到域名的转换由 DNS 服务器完成。（ ）

29．局域网由 PC 机和网线组成。（ ）

30．网络传输介质中，速度由快到慢依次是同轴电缆、光纤、双绞线。（ ）

31．计算机病毒也是一种程序，它在某些条件下激活，起干扰破坏作用，并能传染到其他程序中。（ ）

32．互联网中 WWW 的功能是远程登录。（ ）

33．造成计算机不能正常工作的原因若不是硬件故障就一定是计算机病毒。（ ）

34．计算机网络具有数据通信、资源共享的功能。（ ）

35．计算机病毒具有寄生性、破坏性、传染性、潜伏性和隐蔽性的特点。（ ）

36．计算机病毒是一种自然衍生的特殊程序，没有任何人为因素。（ ）

37．交换机是网络中负责路由选择的设备。（ ）

38．TCP/IP 体系结构由下而上分别为链路层、网络层、传输层、应用层。（ ）

39．www.zr.gov.cn 是一个域名。（ ）

40．192.280.5.6 是一个合法的 IP 地址。（ ）

41．调制解调器（Modem）是电话拨号上网的主要硬件设备，其作用是将计算机输出的数字信号转换成模拟信号，以便发送。（ ）

42．在计算机网络中通常将提供并管理共享资源的计算机称为服务器。（ ）

43．FTP 是互联网中的一种文件传输服务，它可以把文件下载到本地计算机中。（ ）

44．网络协议是网络上的计算机为了交换数据所必须遵循的通信规程及消息格式的集合。（ ）

45．电子商务是指利用计算机和网络进行的新型商务活动。（ ）

46．在计算机局域网中，以文件数据共享为目标，需将多台计算机共享的文件存放在一台计算机中，这台计算机被称为 DNS 服务器。（ ）

47．一台计算的 IP 地址设置为 202.196.32.10，它属于 C 类地址。（ ）

48．WLAN 即无线局域网。（ ）

49．FTP 服务器支持匿名登录。（ ）

50．IPv6 的地址长度为 128 位，采用“冒分十六进制”法表示。（ ）

习题1参考答案

一、单项选择题

1. A　2. A　3. B　4. C　5. C　6. B　7. C　8. A　9. D　10. B
11. D　12. C　13. B　14. A　15. C　16. D　17. B　18. A　19. C　20. C
21. B　22. C　23. D　24. C　25. B　26. D　27. C　28. D　29. B　30. B
31. B　32. B　33. D　34. A　35. D　36. C　37. D　38. B　39. C　40. D
41. D　42. A　43. A　44. A　45. C　46. D　47. D　48. B　49. C　50. B
51. C　52. D　53. C　54. D　55. B　56. C　57. D　58. B　59. D　60. D
61. B　62. D　63. C　64. C　65. B　66. B　67. C　68. D　69. C　70. B
71. A　72. D　73. C　74. B　75. C　76. A　77. C　78. B　79. A　80. C
81. B　82. C　83. C　84. C　85. B　86. C　87. A　88. D　89. A　90. D
91. C　92. B　93. D　94. C　95. B　96. C　97. D　98. C　99. A　100. D
101. D　102. C　103. D　104. B　105. D　106. C　107. A　108. C　109. B　110. C
111. C　112. C　113. B　114. D　115. C　116. A　117. C　118. D　119. C　120. A
121. B　122. D　123. B　124. D　125. C　126. C　127. B　128. B　129. D　130. C

二、多项选择题

1. ABC　2. AB　3. AC　4. BDF　5. ACD
6. BCDF　7. ACE　8. ABDE　9. ABCDE　10. ABCDEF
11. ABCD　12. AB　13. DE　14. ABE　15. ABC
16. ABDE　17. ABC　18. BCD　19. ABCDE　20. ABCD

三、判断题

1. ×　2. √　3. ×　4. √　5. √　6. ×　7. ×　8. ×　9. √　10. ×
11. √　12. √　13. √　14. ×　15. √　16. ×　17. ×　18. √　19. ×　20. ×
21. √　22. √　23. ×　24. ×　25. √　26. √　27. √　28. √　29. ×　30. √
31. ×　32. √　33. √　34. ×　35. √　36. ×　37. √　38. √　39. √　40. ×
41. ×　42. √　43. ×　44. ×　45. √　46. √　47. √　48. √　49. ×　50. √

习题2参考答案

一、单项选择题

1. C　2. A　3. B　4. B　5. A　6. A　7. D　8. B　9. A　10. A
11. C　12. D　13. C　14. D　15. A　16. B　17. A　18. C　19. A　20. A

21. B 22. B 23. C 24. D 25. B 26. A 27. D 28. C 29. D 30. D
31. A 32. C 33. D 34. B 35. B 36. D 37. C 38. D 39. A 40. A
41. A 42. B 43. D 44. B 45. A 46. C 47. D 48. A 49. B 50. D
51. D 52. C 53. A 54. C 55. D 56. B 57. C 58. B 59. B 60. B
61. D 62. A 63. B 64. B 65. C 66. D 67. A 68. B 69. A 70. C
71. A 72. C 73. D 74. C 75. B 76. B 77. D 78. C 79. B 80. B
81. A 82. A 83. D 84. A 85. A 86. B 87. A 88. D 89. A 90. A

二、多项选择题

1. ABC 2. BCDE 3. ADE 4. ACDE 5. ACD
6. AB 7. ABE 8. ABCD 9. ACDE 10. BCDE
11. AB 12. BE 13. ACE 14. BE 15. ABD
16. CD 17. BCDE 18. ABD 19. BE 20. ABCE

三、判断题

1. √ 2. √ 3. √ 4. √ 5. × 6. √ 7. × 8. × 9. × 10. ×
11. √ 12. √ 13. √ 14. √ 15. √ 16. × 17. × 18. × 19. × 20. ×
21. × 22. √ 23. × 24. × 25. × 26. √ 27. √ 28. × 29. √ 30. √
31. × 32. √ 33. × 34. √ 35. √ 36. × 37. √ 38. × 39. √ 40. √

习题3参考答案

一、单项选择题

1. C 2. B 3. A 4. D 5. B 6. C 7. D 8. B 9. D 10. C
11. C 12. A 13. A 14. B 15. B 16. B 17. A 18. A 19. A 20. A
21. B 22. B 23. B 24. B 25. C 26. D 27. D 28. C 29. A 30. A
31. B 32. C 33. C 34. A 35. A 36. B 37. C 38. C 39. A 40. D
41. C 42. C 43. D 44. C 45. B 46. B 47. C 48. A 49. B 50. D
51. C 52. B 53. B 54. C 55. C 56. B 57. D 58. B 59. C 60. C
61. A 62. D 63. B 64. D 65. A 66. C 67. B 68. C 69. C 70. A
71. D 72. D 73. D 74. B 75. D 76. D 77. B 78. D 79. C 80. A
81. D 82. C 83. A 84. C 85. C 86. A 87. D 88. D 89. A 90. A
91. D 92. C 93. A 94. C 95. D 96. D 97. B 98. B 99. B 100. B
101. C 102. C 103. C 104. D 105. B 106. D 107. A 108. A 109. C 110. B
111. B 112. A 113. A 114. D 115. C 116. D 117. C 118. C 119. A 120. C
121. A 122. B 123. C 124. A 125. D 126. C 127. A 128. D 129. C 130. C

二、多项选择题

1. ACD　2. ABDE　3. ABCDE　4. ABC　5. ABC
6. AD　7. AD　8. ACD　9. ABCD　10. ADE
11. ABCDE　12. ABC　13. ACDE　14. ABDE　15. ABD
16. AB　17. ABCDE　18. ABCE　19. ABCDE　20. BCDE

三、判断题

1. ×　2. √　3. √　4. √　5. ×　6. ×　7. √　8. ×　9. √　10. √
11. √　12. √　13. √　14. ×　15. √　16. √　17. √　18. √　19. √　20. ×
21. ×　22. √　23. √　24. √　25. ×　26. √　27. √　28. ×　29. ×　30. √
31. ×　32. ×　33. √　34. ×　35. √　36. √　37. ×　38. √　39. ×　40. ×
41. √　42. ×　43. √　44. ×　45. √　46. ×　47. √　48. ×　49. ×　50. √

习题 4 参考答案

一、单项选择题

1. C　2. A　3. B　4. A　5. A　6. D　7. A　8. B　9. C　10. A
11. C　12. B　13. A　14. B　15. B　16. A　17. A　18. D　19. A　20. B
21. D　22. A　23. D　24. C　25. A　26. B　27. B　28. C　29. C　30. A
31. A　32. D　33. A　34. D　35. A　36. C　37. B　38. A　39. D　40. D
41. C　42. A　43. A　44. B　45. D　46. A　47. A　48. C　49. A　50. D
51. B　52. D　53. B　54. D　55. C　56. C　57. A　58. A　59. A　60. B
61. D　62. C　63. D　64. D　65. C　66. D　67. D　68. A　69. A　70. B
71. C　72. A　73. C　74. C　75. A　76. D　77. B　78. C　79. B　80. B
81. C　82. A　83. A　84. A　85. D　86. D　87. B　88. C　89. A　90. B
91. C　92. B　93. A　94. C　95. C　96. A　97. D　98. D　99. B　100. D
101. B　102. C　103. A　104. C　105. D　106. C　107. C　108. D　109. C　110. D
111. D　112. D　113. C　114. B　115. D　116. A　117. A　118. D　119. A　120. B

二、多项选择题

1. AB　2. ACD　3. BC　4. BD　5. AC
6. ABCD　7. BCE　8. ABCD　9. ABC　10. ABCD
11. ABD　12. AC　13. AD　14. ABC　15. AD
16. ABD　17. AC　18. ACE　19. ABD　20. ABCDE

三、判断题

1. √　2. √　3. √　4. ×　5. √　6. √　7. ×　8. ×　9. √　10. ×

11. √ 12. × 13. × 14. × 15. × 16. × 17. √ 18. √ 19. √ 20. ×
21. × 22. × 23. × 24. √ 25. √ 26. × 27. √ 28. √ 29. × 30. ×
31. √ 32. √ 33. × 34. √ 35. √ 36. × 37. √ 38. √ 39. × 40. √

习题 5 参考答案

一、单项选择题

1. B 2. C 3. C 4. A 5. D 6. D 7. B 8. D 9. D 10. B
11. C 12. C 13. A 14. A 15. B 16. B 17. B 18. D 19. D 20. D
21. A 22. C 23. A 24. B 25. D 26. D 27. C 28. B 29. A 30. A
31. B 32. C 33. D 34. D 35. B 36. B 37. D 38. C 39. A 40. D
41. B 42. C 43. A 44. B 45. A 46. D 47. C 48. C 49. C 50. A
51. D 52. B 53. A 54. A 55. B 56. B 57. C 58. A 59. C 60. D
61. A 62. B 63. D 64. A 65. C 66. C 67. D 68. D 69. C 70. C
71. D 72. A 73. D 74. B 75. B 76. C 77. B 78. D 79. C 80. B
81. B 82. D 83. D 84. D 85. C 86. C 87. D 88. B 89. C 90. D

二、多项选择题

1. ABC 2. ABC 3. ABCDE 4. AB 5. ABC
6. ABC 7. AC 8. ABD 9. AB 10. ABCE
11. BCD 12. ABC 13. BCDE 14. ACDE 15. BCE

三、判断题

1. √ 2. × 3. √ 4. × 5. × 6. √ 7. × 8. √ 9. × 10. √
11. × 12. × 13. √ 14. × 15. √ 16. × 17. √ 18. √ 19. × 20. √
21. × 22. √ 23. × 24. × 25. √ 26. × 27. √ 28. × 29. √ 30. ×

习题 6 参考答案

一、单项选择题

1. A 2. B 3. D 4. C 5. D 6. C 7. C 8. B 9. C 10. A
11. C 12. A 13. C 14. D 15. A 16. C 17. D 18. D 19. C 20. D
21. D 22. B 23. B 24. C 25. A 26. A 27. D 28. D 29. C 30. C
31. B 32. B 33. B 34. D 35. B 36. C 37. C 38. B 39. A 40. D
41. B 42. A 43. B 44. A 45. B 46. A 47. B 48. B 49. A 50. B
51. D 52. C 53. B 54. C 55. D 56. C 57. C 58. B 59. A 60. C

61．D 62．D 63．D 64．C 65．D 66．B 67．C 68．C 69．A 70．B
71．D 72．C 73．C 74．D 75．B 76．C 77．B 78．D 79．A 80．D
81．D 82．B 83．B 84．D 85．C 86．D 87．C 88．A 89．B 90．D

二、多项选择题

1．ABDF 2．ACD 3．ABDEF 4．BC 5．ABCD
6．AC 7．ABC 8．ABDE 9．ABD 10．BCDE
11．ABD 12．ADE 13．ABD 14．BCD 15．ABD

三、判断题

1．× 2．× 3．√ 4．× 5．√ 6．× 7．√ 8．√ 9．√ 10．√
11．× 12．× 13．× 14．× 15．× 16．√ 17．× 18．× 19．√ 20．×
21．× 22．√ 23．× 24．× 25．× 26．√ 27．× 28．√ 29．× 30．×
31．√ 32．× 33．× 34．√ 35．√ 36．× 37．× 38．√ 39．√ 40．×
41．× 42．√ 43．√ 44．√ 45．√ 46．× 47．√ 48．√ 49．√ 50．√

第3部分　模拟考试篇

一级模拟试卷1

（考试时间90分钟，满分100分）

一、单项选择题（每小题1分，共20分）

1．世界上公认的第一台电子计算机诞生的年代是（　　）。

A．20世纪30年代　　B．20世纪40年代

C．20世纪80年代　　D．20世纪90年代

2．20GB的硬盘表示容量约为（　　）。

A．20亿个字节　　B．20亿个二进制位

C．200亿个字节　　D．200亿个二进制位

3．在微型计算机中，西文字符所采用的编码是（　　）。

A．EBCDIC码　　B．ASCII码　　C．国标码　　D．BCD码

4．计算机语言的发展过程，依次是机器语言、（　　）和高级语言。

A．C语言　　B．中级语言　　C．汇编语言　　D．编译语言

5．下列关于计算机病毒的叙述中，错误的是（　　）。

A．计算机病毒具有潜伏性

B．计算机病毒具有传染性

C．感染过计算机病毒的计算机具有对该病毒的免疫性

D．计算机病毒是一个特殊的寄生程序

6．在一个非零无符号二进制整数之后添加一个0，则此数的值为原数的（　　）。

A．4倍　　B．2倍　　C．1/2倍　　D．1/4倍

7．组成一个完整的计算机系统应该包括（　　）。

A．主机、鼠标、键盘和显示器

B．系统软件和应用软件

C．主机、显示器、键盘和音箱等外部设备

D．硬件系统和软件系统

8．运算器的完整功能是进行（　　）。

A．逻辑运算　　B．算术运算和逻辑运算

C．算术运算　　D．逻辑运算和微积分运算

9．能直接与CPU交换信息的存储器是（　　）。

A．硬盘存储器　　B．CD-ROM

C．内存储器　　D．U盘存储器

10. 组成计算机指令的两部分是（ ）。
    A. 数据和字符
    B. 操作码和地址码
    C. 运算符和运算数
    D. 运算符和运算结果
11. 在微机的配置中常看到“P4 2.4G”字样，其中数字“2.4G”表示（ ）。
    A. 处理器的时钟频率是 2.4GHz
    B. 处理器的运算速度是 2.4GIPS
    C. 处理器是 Pentium4 第 2.4 代
    D. 处理器与内存之间的数据交换速率是 2.4GB/S
12. 下列设备组中，完全属于输入设备的一组是（ ）。
    A. CD-ROM 驱动器，键盘，显示器
    B. 绘图仪，键盘，鼠标
    C. 键盘，鼠标，扫描仪
    D. 打印机，硬盘，条码阅读器
13. 下列叙述中，错误的是（ ）。
    A. 把数据从内存传输到硬盘的操作称为写盘
    B. Windows 属于应用软件
    C. 把高级语言编写的程序转换为机器语言的目标程序的过程称为编译
    D. 计算机内部对数据的传输、存储和处理都使用二进制
14. 下列各组软件中，全部属于应用软件的是（ ）。
    A. 程序语言处理程序、数据库管理系统、财务处理软件
    B. 文字处理程序、编辑程序、Unix 操作系统
    C. 管理信息系统、办公自动化系统、电子商务软件
    D. WPS Office、Windows 10、指挥信息系统
15. 把用高级程序设计语言编写的程序转换成等价的可执行程序，必须经过（ ）。
    A. 汇编和解释
    B. 编辑和链接
    C. 编译和链接
    D. 解释和编译
16. 以下程序设计语言属于低级语言的是（ ）。
    A. Python
    B. C
    C. JAVA
    D. 80x86 汇编语言
17. 计算机网络分为局域网、城域网和广域网，下列属于局域网的是（ ）。
    A. ChinaDDN 网
    B. Novell 网
    C. Chinanet 网
    D. Internet
18. Modem 是计算机通过电话线接入 Internet 时所必需的硬件，它的功能是（ ）。
    A. 只将数字信号转换为模拟信号
    B. 只将模拟信号转换为数字信号
    C. 为了在上网的同时能打电话
    D. 将模拟信号和数字信号互相转换
19. 域名 mh.bit.edu.cn 中主机名是（ ）。
    A. mh B. edu C. cn D. bit
20. 下列电子邮件地址的格式错误的是（ ）。
    A. taiya@tom.com
    B. xueli@sohu.com
    C. www.sohu.com
    D. 123456@qq.com

二、Windows 基本操作题（每小题 2 分，共 10 分）

Windows 基本操作题，不限制操作的方式。本试卷考生文件夹指“一级模拟试卷 1”文件夹。

1．将考生文件夹下 KEEN 文件夹设置成隐藏属性。

2．将考生文件夹下 QEEN 文件夹移动到考生文件夹下 NEAR 文件夹中，并改名为 SUNE。

3．将考生文件夹下 DEER\DAIR 文件夹中的文件 TOUR.PAS 复制到考生文件夹下 CRY\SUMMER 文件夹中。

4．将考生文件夹下 CREAM 文件夹中的 SOUP 文件夹删除。

5．在考生文件夹下建立一个名为 TESE 的文件夹。

三、上网题（10 分）

1．某模拟网站的主页地址是 http://localhost/index.html，打开此主页，浏览“绍兴名人”页面，查找介绍“鲁迅”的页面内容，将页面中鲁迅的照片保存到考生文件夹下，命名为“LUXUN.jpg”，并将此页面内容以文本文件的格式保存到考生文件夹下，命名为“LUXUN.txt”。

2．（1）接收并阅读由 wj@mail.cumtb.edu.cn 发来的 E-mail，将随信发来的附件以文件名 wj.txt 保存到考生文件夹下。

（2）回复该邮件，回复内容为“王军：您好！资料已收到，谢谢。李明”。

（3）将发件人添加到通讯簿中，并在其中的“电子邮箱”栏填写“wj@mail.cumtb.edu.cn”；“姓名”栏填写“王军”，其余栏目缺省。

四、WPS 文字题（25 分）

打开“一级模拟试卷 1”文件夹下的文档“WPS.docx”按要求完成下列操作：小王正在编辑“中华世纪坛”的相关内容，文档由标题“中华世纪坛”和正文两部分组成。现在还有一些问题，需要编辑修改，请按要求帮他完成相应操作。

1．对文章标题“中华世纪坛”进行以下设置。

（1）字体为“幼圆、小三、加粗”，且居中显示。

（2）字符间距为“加宽”，且加宽值为 0.2 厘米。

（3）段前、段后间距均为 0.5 行。

2．对正文（文章标题以外的文本）进行以下格式设置。

（1）字体为“楷体、小四”。

（2）段落首行缩进 2 字符，且行距为“固定值 22 磅”。

3．为正文中所有的“世纪坛”一词添加圆点（.）形式的“着重号”（不包含文章标题中的“世纪坛”）。

4．为文档添加页眉“中华世纪坛概览”，并将其设置为“五号、隶书、居中”显示，且下方有 0.75 磅的实线。

5．在页脚中间插入页码，且页码样式为“第 1 页共 x 页”。

6．对文档页面进行以下设置：

（1）页面背景为“纸纹 2”纹理。

（2）上、下页边距为 2.5 厘米，左、右页边距为 3 厘米，且装订线位置为“左”，装订线宽为 0.5 厘米。

7．在文档首页插入图片“全景.jpg”，图片格式要求如下。

（1）在“锁定纵横比”的情况下，将图片大小调整为“相对原始图片大小”的 30%。

（2）文字环绕方式为“紧密型”。

（3）水平方向的绝对位置为“页面”右侧 12.5 厘米，垂直方向的绝对位置为“页面”下侧 6 厘米。

五、WPS 表格题（20 分）

打开“一级模拟试卷 1”文件夹下的文档“ET.xlsx”按要求完成下列操作：期末考试结束后，6 个班级学生的各科成绩已录入到“成绩”工作表中，现需要对学生成绩进行分析和处理，请按要求实现相应操作。

1．在“成绩”工作表中，完成以下计算。

（1）在 J3:J272 区域计算每个学生的“总分”。

（2）在 K3:K272 区域计算每个学生的“平均分”。

2．对“成绩”工作表进行以下格式调整，样表如图 3-1-1 所示。

	A	B	C	D	E	F	G	H	I	J	K
1	高一年级考试成绩表										
2	学号	姓名	性别	班级	语文	数学	英语	生物	地理	总分	平均分
3	20190244	陈晓	男	二班	72	84	74.5	72.5	73	376	75.20
4	20190438	兰羽	男	四班	97	85	72	90	76	420	84.00
5	20190245	陈俊杰	男	二班	64	98	75	78	60	375	75.00
6	20190537	周婧	女	五班	76.5	61	88	86	90	401.5	80.30
7	20190439	陈雨卓	女	四班	78	96	74	72	71	391	78.20
8	20190538	周明杰	女	五班	74	82	70	68	71	365	73.00
9	20190636	杨瑞	男	六班	88.5	90	81	70	82	411.5	82.30

成绩　数学成绩统计　+

图 3-1-1　“成绩”工作表样表

（1）将 K3:K272 区域的数值格式设置为保留 2 位小数。

（2）对数据区域套用表格样式“表样式 3”。

（3）将 A:K 列的列宽统一设置为 10 字符，且设置 A:D 列数据“水平居中”对齐。

（4）将 A1 单元格中的表格名称“高一年级考试成绩表”居于表格中央，且设置为“隶书，18 号字”。

（5）将标题行（即“学号、姓名......平均分”）设置为“加粗”，“水平居中”对齐。

3．对“成绩”工作表，将所有单科成绩在 60 分以下的数值显示为“红色”“粗体”。

4．为了更好地打印输出学生成绩，请根据以下要求对“成绩”工作表进行打印设置。

（1）“横向”打印输出。

（2）每一页都需要打印表格的名称“高一年级考试成绩表”，以及标题行内容。

5．利用数据透视表统计各班级的数学平均分（要求保留 2 位小数），放置数据透视表的位置为“数学成绩统计”工作表的 A1 单元格，行标题信息为“数学平均分”。数据透视表显示效果如图 3-1-2 所示。

	A	B	C	D	E	F	G	H
1		班级 ▾						
2		二班	六班	三班	四班	五班	一班	年级平均
3	数学平均分	85.98	75.88	73.97	88.22	72.79	75.60	78.76

图 3-1-2 “数据透视表”样表

六、WPS 演示题（15 分）

打开“一级模拟试卷 1”文件夹下的文档“WPP.pptx”按要求完成下列操作：小王制作了介绍北京植物园的演示文稿，但需要进行调整。请按要求帮他完成相应操作，调整过程中不要新增或删减幻灯片，也不要更改幻灯片的顺序。

1．按以下要求，对演示文稿的“幻灯片母版”进行调整。

（1）将“标题幻灯片”版式的“副标题”文本格式设置为“微软雅黑，36 号字”。

（2）对于“标题幻灯片”版式以外的其他版式，将“标题样式”的格式设置为“隶书，48 号字”，“文本样式”的格式设置为“楷体，20 号字”。

2．第 2 张幻灯片使用了智能图形“垂直框列表”，但需要进行以下调整。

（1）在“锁定纵横比”情况下，图形的大小缩放 60%。

（2）图形相对于“左上角”水平位置为 7.5 厘米，垂直位置为 5 厘米。

3．将第 3 张幻灯片的版式调整为“图片与标题”，且在左侧图片区域插入“植物园.jpg”。

4．第 5 至第 9 张幻灯片是对“专类花园”的介绍，但第 6 张幻灯片的排版与其他 4 张幻灯片不一致，请对它使用“比较”版式，并参照其他 4 张幻灯片格式进行调整。

5．对第 4 张幻灯片中的“表格”进行以下操作。

（1）应用表格样式“中度样式 4-强调 1”。

（2）表格内容设置为“楷体，20 号字，居中对齐”。

（3）进入动画设置为“飞入”，且飞入方向为“自右下部”，速度为“中速”。

6．将所有幻灯片的“切换”效果设置为“百叶窗”，且切换效果播放的速度为 1 秒。

一级模拟试卷 2

（考试时间 90 分钟，满分 100 分）

一、单项选择题（每小题 1 分，共 20 分）

1．现代微型计算机中所采用的电子器件是（　　）。

A．电子管　　B．晶体管

C．小规模集成电路　　D．大规模、超大规模集成电路

2．Cache 的含义是（　　）。

A．高速缓冲存储器　　B．虚拟存储器

C．只读存储器　　D．随机存储器

3．下列字符中，其 ASCII 码值最小的一个是（　　）。

A．空格字符　　B．0　　C．A　　D．a

4．造成计算机中存储数据丢失的原因主要是（　　）。

A．病毒侵蚀和人为窃取　　B．计算机电磁辐射

C．计算机存储器硬件损坏　　D．以上全部

5．下列关于计算机病毒的说法中，正确的是（　　）。

A．计算机病毒是一种有损计算机操作人员身体健康的生物病毒

B．计算机病毒发作后，将造成计算机硬件永久性的物理损坏

C．计算机病毒是一种通过自我复制进行传染的，破坏计算机程序和数据的小程序

D．计算机病毒是一种具有逻辑错误的程序

6．目前互联网广泛采用（　　）协议来进行数据传输。

A．IPX/SPX　　B．HTTP　　C．Telnet　　D．TCP/IP

7．下列叙述中，错误的是（　　）。

A．计算机系统由硬件系统和软件系统组成

B．计算机软件由各类应用软件组成

C．CPU 主要由运算器和控制器组成

D．计算机主机由 CPU 和内存储器组成

8．控制器的功能是（　　）。

A．指挥、协调计算机各相关硬件工作

B．指挥、协调计算机各相关软件工作

C．指挥、协调计算机各相关硬件和软件工作

D．控制数据的输入和输出

9．ROM 中的信息是（　　）。

A．由生产厂家预先写入的

B．安装系统时写入的

C．根据用户需求不同，由用户随时写入的

D．由程序临时存入的

10．计算机指令中，规定其所执行操作功能的部分称为（　　）。

A．地址码　　B．源操作数　　C．操作数　　D．操作码

11．衡量计算机运算速度常用的单位是（　　）。

A．MIPS　　B．MHz　　C．MB/s　　D．Mbps

12．下列设备组中，完全属于计算机输出设备的一组是（　　）。

A．喷墨打印机，显示器，键盘　　B．激光打印机，键盘，鼠标器

C．键盘，鼠标器，扫描仪　　D．打印机，绘图仪，显示器

13．计算机操作系统的主要功能是（　　）。

A．管理计算机系统的软硬件资源，以充分发挥计算机资源的效率，并为其他软件提供良好的运行环境

B．把高级程序设计语言和汇编语言编写的程序翻译到计算机硬件可以直接执行的目标程序，为用户提供良好的软件开发环境

C．对各类计算机文件进行有效的管理，并提交计算机硬件高效处理

D．相对于机器语言程序具有较高的执行效率

14．计算机软件的确切含义是（　　）。

A．计算机程序、数据与相应文档的总称

B．系统软件与应用软件的总和

C．操作系统、数据库管理软件与应用软件的总和

D．各类应用软件的总称

15．以下关于编译程序的说法正确的是（　　）。

A．编译程序直接生成可执行文件

B．编译程序直接执行源程序

C．编译程序完成高级语言程序到低级语言程序的等价翻译

D．各种编译程序构造都比较复杂，所以执行效率高

16．用高级程序设计语言编写的程序（　　）。

A．计算机能直接执行　　B．具有良好的可读性和可移植性

C．执行效率高　　D．依赖于具体机器

17．计算机网络最突出的优点是（　　）。

A．资源共享和快速传输信息　　B．高精度计算和收发邮件

C．运算速度快和快速传输信息　　D．存储容量大和高精度

18．以太网的拓扑结构是（　　）。

A．星型　　B．总线型　　C．环型　　D．树型

19．以下正确的 IPv4 地址是（　　）。

A．202.112.111.1　　B．202.2.2.2.2

C．202.202.1　　D．202.257.14.13

20．上网看新闻需要计算机上安装（　　）。

A．数据库管理软件　　B．视频播放软件

C．浏览器软件　　D．网络游戏软件

二、Windows 基本操作题（每小题 2 分，共 10 分）

Windows 基本操作题，不限制操作的方式。本试卷考生文件夹指“一级模拟试卷 2”文件夹。

1．将考生文件夹下 EDIT\POPE 文件夹中的文件 CENT.PAS 设置为隐藏属性。

2．将考生文件夹下 BROAD\BAND 文件夹中的文件 GRASS.FOR 删除。

3．在考生文件夹下 COMP 文件夹中建立一个新文件夹 COAL。

4．将考生文件夹下 STUD\TEST 文件夹中的文件夹 SAM 复制到考生文件夹下的 KIDS\CARD 文件夹中，并将文件夹改名为 HALL。

5．将考生文件夹下 CALIN\SUN 文件夹中的文件夹 MOON 移动到考生文件夹下 LION 文件夹中。

三、上网题（10 分）

1．某模拟网站的主页地址是 HTTP://LOCALHOST/index.html，打开此主页，浏览“李白”页面，将页面中“李白”的图片保存到考生文件夹下，命名为“LIBAI.jpg”，查找“代表作”

的页面内容并将它以文本文件的格式保存到考生文件夹下，命名为“LBDBZ.txt”。

2．给王军同学（wj@mail.cumtb.edu.cn）发送 E-mail，同时将该邮件抄送给李明老师（lm@sina.com）。

（1）邮件内容为“王军：您好！现将资料发送给您，请查收。赵华”。

（2）将考生文件夹下的 jsjxkjj.txt 文件作为附件一同发送。

（3）邮件的“主题”栏中填写“资料”。

四、WPS 文字题（25 分）

打开“一级模拟试卷 2”文件夹下的文档“WPS.docx”按要求完成下列操作：1024 程序员节快到了，公司准备了丰富的活动给程序员，现需拟一则通知，请协助行政专员丽丽制作活动通知。

1．将文中所有的错词“程序源”替换为“程序员”。

2．设置文档的页面布局。

（1）纸张方向为横向，纸张大小为 A4，设置页边距上、下为 2.5 厘米，左、右为 3 厘米。

（2）设置页面背景颜色为“白色，背景 1，深色 5%”。

3．分别为文档中的标题和正文进行以下格式设置。

（1）为标题内容“活动通知：1024 金山程序员节”添加“文字效果”中的“填充，黑色，文本 1，阴影”艺术字效果；设置字体为微软雅黑，字号小一，加粗，字符间距加宽 0.05 厘米，居中对齐，段前间距为 0 磅，段后间距 10 磅。

（2）为正文 2～4 段落添加自定义项目符号“§”（字体为 Arial）。

（3）设置正文 1～15 段落：中文字体为黑体，西文字体为 Arial，字号为五号，1.5 倍行距，首行缩进 2 字符。

（4）设置正文 14～15 段落（落款与日期）对齐方式为右对齐。

4．对正文第 6～11 段落进行表格转换和格式设置。

（1）将正文第 6～11 段落转换为一个 6 行 3 列的表格。

（2）设置表格尺寸为指定宽度 60%，整体表格左对齐，左缩进 1cm。行高为固定值，指定高度 0.8 厘米。

（3）将第 1 行的三个单元格、第 3 列第 3～4 行和 5～6 行单元格分别合并单元格，水平居中、垂直居中对齐。

（4）为表格套用“网格表 3-双线边框”样式。

5．为文档添加页眉和页脚。

（1）插入内容为“用户第一/坚持创新/诚信正直/乐观坚韧”的页脚，居中对齐。

（2）添加一条单直线的页眉横线，输入内容“金山办公”，居中对齐。

6．插入图片和文本框。

（1）插入“金小獴.png”图片，并设置环绕方式为“浮于文字上方”。

（2）取消图片锁定纵横比，将图片大小设置为高度 5 厘米，宽度 5 厘米，将图片裁剪为椭圆，移至文档右侧空白处。

（3）图片下方插入一个文本框，输入文字“节日快乐”，设置为无形状填充与边框。

五、WPS 表格题（20 分）

打开“一级模拟试卷 2”文件夹下的文档“ET.xlsx”按要求完成下列操作：小鸣最近家里装修，为了更好地预计和分配费用，小鸣制作了一份装修预算表，请你协助他完成相关表格的整理。

1．“Sheet1”工作表中完成以下表格设置和数据填充。

（1）将工作表“Sheet1”重命名为“装修预算表”。

（2）将 A1:H1 合并单元格并居中，行高设为 30 磅。

（3）将 B 列、C 列和 J 列设置为最适合列宽。

2．“装修预算表”工作表中完成以下公式和函数计算。

（1）H3:H32 区域，计算“总计”列（总计=数量*(材料+人工)），并设置单元格格式为人民币货币，保留两位小数。

（2）K3:K9 区域，使用 SUMIF 函数计算各个装修类型的费用。

（3）L3:L9 区域，使用 IF/IFS 函数对各个装修类型的费用进行评估（费用<5000 为“便宜”，5000<=费用<10000 为“中等”，费用>=10000 为“贵”）。

3．在“装修预算表”工作表中完成以下条件格式设置，效果如图 3-2-1 所示。

	A	B	C	D	E	F	G	H
1	装修预算表							
2	序号	装修类型	工程名称	单位	数量	材料	人工	总计
3	1	基础建设	贴地脚线	m	180	20	10	¥5, 400. 00
4	2	基础建设	铺地砖	m2	120	28	60	¥10, 560. 00
5	3	基础建设	开关插座	位	30	80	30	¥3, 300. 00
6	4	基础建设	线路铺设	m	80	80	20	¥8, 000. 00
7	5	基础建设	墙面	m2	600	20	10	¥18, 000. 00
8	6	基础建设	波打线铺贴	m	180	20	20	¥7, 200. 00
9	7	客餐厅及过道	鞋柜及造型	m	2	600	80	¥1, 360. 00
10	8	客餐厅及过道	电视墙柜	m2	8	600	220	¥6, 560. 00
11	9	客餐厅及过道	屏风	m2	2	480	20	¥1, 000. 00
12	10	客餐厅及过道	餐区酒水柜	m2	2	1200	230	¥2, 860. 00
13	11	客餐厅及过道	防潮处理	m2	4	100	80	¥720. 00

图 3-2-1 “装修预算表”工作表样表

（1）将材料费用中（F3:F32）大于 1000 的单元格文本设置为“浅红填充色深红色文本”，小于 100 的单元格文本设置为“蓝色”“加粗”。

（2）使用条件格式，在 H3:H32 中设置渐变填充“红色数据条”。

4．在“家具类别汇总”工作表中生成图表，如图 3-2-2 所示。

（1）选择 A2:B5 区域生成簇状条形图，置于 A7:G20 区域。

（2）图表标题改为“家具类别汇总”，图表样式为“样式 7”，将数据标签设置为“数据标签内”。

5．在“家具清单”工作表中完成以下排序、数据汇总表设置。

（1）对数据区域进行排序，主关键字为“类别”，升序排序；次关键字为“总计（元）”，降序排序。

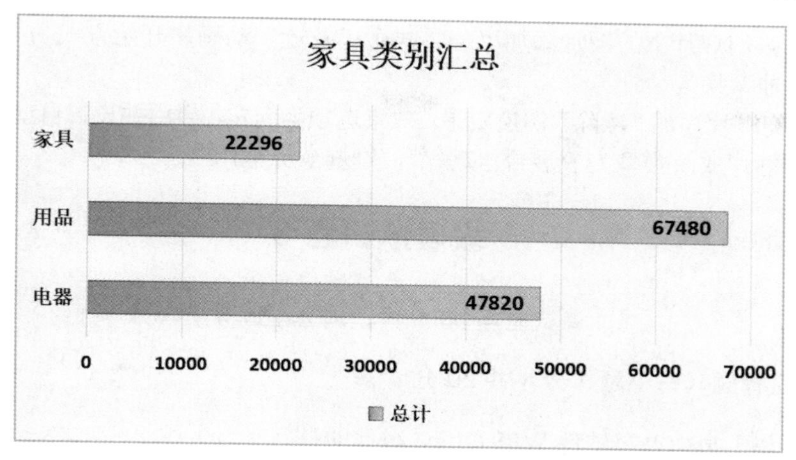

图 3-2-2 “家具类别汇总”图表样图

（2）A 列前插入一列，A1 单元格输入“序号”，在 A2:A31 区域填充序号“A01、A02、A03……A30”。

（3）使用 A1:G31 生成分类汇总表，分类字段为类别，汇总方式为求和，选定汇总项为总计（元），汇总结果显示在数据下方。

6．对“家具清单”工作表进行打印页面设置。

（1）将 A1:G35 区域设置为打印区域。

（2）将页边距设置为预设“窄”的页边距，设置表格打印页面中水平和垂直居中。

六、WPS 演示题（15 分）

打开“一级模拟试卷 2”文件夹下的文档“WPP.pptx”按要求完成下列操作：请制作一份宣传咖啡因知识科普的演示文稿，该演示文稿共包含 7 页，制作过程中请不要新增、删减幻灯片、或更改幻灯片的顺序。

1．在幻灯片母版视图中对幻灯片母版进行设置。

（1）设置主题为“角度”。

（2）标题占位符为微软雅黑，字号 40 号，加粗，文字颜色为“茶色，着色 5，深色 50%”。

（3）内容占位符文字颜色为“茶色，着色 5，深色 25%”，其他不作修改。

（4）插入“咖啡杯.png”图片，其位置为水平 25 厘米，垂直 10 厘米，均相对于左上角。

2．设置幻灯片页面背景。

（1）将全部幻灯片背景设置为“编织”纹理填充，透明度为 90%。

（2）为除了标题幻灯片以外所有的幻灯片添加幻灯片编号和自动更新的日期。

3．对第 5 张幻灯片进行如下设置。

（1）将第 5 张幻灯片的版式改为“两栏内容”。

（2）在右侧占位符中插入“咖啡豆.jpg”图片，将图片裁剪为圆角矩形，使其相对于幻灯片水平和垂直居中对齐。

（3）在图片下方插入样式为“填充-茶色，着色 5，轮廓-背景 1，清晰阴影-着色 5”的艺术字，内容为“咖啡豆”，设置字号 40，文本效果为“紧密倒影，接触”。

4．为第 3 张幻灯片中的图片添加“翻转式由远及近”动画，开始方式为“与上一动画同时”，速度为“非常快”。

5．为所有幻灯片添加“擦除”切换效果，效果选项为向左，启用并设置自动换片时间 5 秒。

6．设置幻灯片放映类型为“展台自动循环放映(全屏幕)”。

一级模拟试卷 3

（考试时间 90 分钟，满分 100 分）

一、单项选择题（每小题 1 分，共 20 分）

1．下列不属于金山办公软件 WPS Office 组件的是（　　）。

A．WPS 文字　　B．WPS 表格　　C．WPS 文稿　　D．WORD

2．在计算机中，组成一个字节的二进制位位数是（　　）。

A．1　　B．2　　C．4　　D．8

3．下列关于 ASCII 编码的叙述中，正确的是（　　）。

A．一个字符的标准 ASCII 码占一个字节，其最高二进制位总为 1

B．所有大写英文字母的 ASCII 码值都小于小写英文字母“a”的 ASCII 码值

C．所有大写英文字母的 ASCII 码值都大于小写英文字母“a”的 ASCII 码值

D．标准 ASCII 码表有 256 个不同的字符编码

4．Windows 10 系统下，下列方法不能正确卸载应用软件的是（　　）。

A．通过“控制面板”　　B．通过“Windows 设置”

C．通过“开始”菜单应用列表　　D．直接删除程序文件

5．下列关于计算机病毒的叙述中，正确的是（　　）。

A．反病毒软件可以查、杀任何种类的病毒

B．计算机病毒是一种被破坏了的程序

C．反病毒软件必须随着新病毒的出现而升级，提高查、杀病毒的功能

D．感染过计算机病毒的计算机具有对该病毒的免疫性

6．如果删除一个非零无符号二进制数尾部的 2 个 0，则此数的值为原数（　　）。

A．4 倍　　B．2 倍　　C．1/2　　D．1/4

7．计算机的系统总线是计算机各部件间传递信息的公共通道，它分为（　　）。

A．数据总线和控制总线　　B．地址总线和数据总线

C．数据总线、控制总线和地址总线　　D．地址总线和控制总线

8．微机硬件系统中最核心的部件是（　　）。

A．内存储器　　B．输入输出设备　　C．CPU　　D．硬盘

9．当电源关闭后，下列关于存储器的说法中，正确的是（　　）。

A．存储在 RAM 中的数据不会丢失　　B．存储在 ROM 中的数据不会丢失

C．存储在 U 盘中的数据会全部丢失　　D．存储在硬盘中的数据会丢失

10．若已知一汉字的国标码是 5E38H，则其内码是（　　）。

A．DEB8H　　B．DE38H　　C．5EB8H　　D．5E38H

11．计算机的技术性能指标主要是指（　　）。
A．计算机所配备的程序设计语言、操作系统、外部设备
B．计算机的可靠性、可维性和可用性
C．显示器的分辨率、打印机的性能等配置
D．字长、主频、运算速度、内/外存容量

12．用高级语言编写的程序（　　）。
A．计算机能直接执行　　B．具有良好的可读性和可移植性
C．执行效率高但可读性差　　D．依赖于具体机器，可移植性差

13．计算机系统软件中最核心的是（　　）。
A．程序语言处理系统　　B．操作系统
C．数据库管理系统　　D．诊断程序

14．下列软件中，属于系统软件的是（　　）。
A．WPS Office 办公软件　　B．Windows 10
C．MS Office 办公软件　　D．指挥信息系统

15．下列说法中，正确的是（　　）。
A．只要将高级语言编写的源程序的扩展名更改为.exe，则它就成为可执行文件了
B．高档计算机可以直接执行用高级语言编写的程序
C．源程序只有经过编译和链接后才能成为可执行程序
D．低级语言的功能远不及高级语言，所以高级语言将把低级语言取代

16．以下名称是手机中的常用软件，属于系统软件的是（　　）。
A．QQ　　B．Android　　C．Tik Tok　　D．微信

17．计算机网络的主要目标是实现（　　）。
A．数据处理和网络游戏　　B．文献检索和网上聊天
C．快速通信和资源共享　　D．共享文件和收发邮件

18．计算机网络中常用的有线传输介质有（　　）。
A．双绞线，红外线，同轴电缆　　B．激光，光纤，同轴电缆
C．双绞线，光纤，同轴电缆　　D．光纤，同轴电缆，微波

19．以下正确的 IP 地址是（　　）。
A．192.102.11.2　　B．4.5.6.7.8
C．200.100.1　　D．200.300.10.10

20．拥有计算机并以拨号方式接入 Internet 网的用户需要使用（　　）。
A．CD-ROM　　B．鼠标　　C．U 盘　　D．Modem

二、Windows 基本操作题（每小题 2 分，共 10 分）

Windows 基本操作题，不限制操作的方式。本试卷考生文件夹指“一级模拟试卷 3”文件夹。

1．将考生文件夹下 TIUIN 文件夹中的文件 ZHUCE.BAS 删除。

2．将考生文件夹下 VOTUNA 文件夹中的文件 BOYABLE.DOC 复制到同一文件夹下，并命名为 SYAD.DOC。

3．在考生文件夹下 SHEART 文件夹中新建一个文件夹 RESTICK。

4．将考生文件夹下 BENA 文件夹中的文件 PRODUCT.WRI 设置为只读属性，并撤消该文档的存档属性。

5．将考生文件夹下 HWAST 文件夹中的文件 XIAN.FPT 重命名为 YANG.FPT。

三、上网题（10 分）

1．某模拟网站的地址为 http://localhost/index.htm，打开此网站，找到关于最强选手“王峰”的页面，将此页面另存到考生文件夹下，文件名为“WangFeng”，保存类型为“网页,仅HTML(*.html;*.htm)”，再将该页面上有王峰人像的图像另存到考生文件夹下，文件命名为“Photo”，保存类型为“JPG,JPEG(*.JPG)”。

2．接收并阅读来自朋友小赵的邮件（zhaoyu@ncre.com），主题为：“生日快乐”。将邮件中的附件“生日贺卡.jpg”保存到考生文件夹下，并回复该邮件，回复内容为：“贺卡已收到，谢谢你的祝福，也祝你天天幸福快乐！”

四、WPS 文字题（25 分）

打开“一级模拟试卷 3”文件夹下的文档“WPS.docx”按要求完成操作。为了更好地完成公司下半年所制定的业务任务，总经理助理小许拟定了一份公司上半年总结表彰大会文档。按照如下要求，完成文档外观与格式的制作工作。

1．调整文档纸张上、下页边距为 2.8 厘米，左、右页边距为 3.5 厘米。

2．将文档的第一行文字内容设为居中格式，字体为黑体、字号为 36，字体的颜色为红色、字符间距加宽为 0.2 厘米。

3．将标题一到标题六的文本设置为楷体、三号。

4．将标题一到标题五下的内容设置为小四号、首行缩进 2 个字符。

5．将标题六下的五行内容转换成 5 行 4 列表格，整个表格内容为“水平居中”格式，表格标题行内容设置为隶书、三号，部门标题列下内容设置为楷体、小四号。

6．将文尾的“凯斯威科技股份有限公司”内容设置为小四号、字符间距加宽 0.05 厘米、右对齐，文本之后缩进 1 个字符。

7．将文尾的“2018 年 7 月 3 日”内容设置为小四号、字符间距加宽 0.05 厘米、右对齐，文本之后缩进 3.5 个字符、段前间距 1 行。

五、WPS 表格题（20 分）

打开“一级模拟试卷 3”文件夹下的文档“ET.xlsx”按要求完成下列操作：凯恩科技有限公司人事需对本企业员工的工资、各部门员工人数等基本情况进行统计分析，完成下列操作并保存。

1．将“员工酬金统计”工作表中 A1:G1 区域合并居中，字体设置为 24 号黑体。

2．将 A2:G2 列标题设置水平居中，字体设置为 12 号加粗。

3．员工的总酬金每年都以 4%的增长率递增，计算各员工的总酬金，保留小数点 2 位（注：入职年限为 1 的即当年入职员工其总酬金不递增），如图 3-3-1 所示。

	A	B	C	D	E	F	G
1	凯恩科技有限公司						
2	姓名	性别	学历	部门	入职年限	工资	总酬金
3	王鑫佳	男	中专	人事部	5	4500	5264.36
4	薛可宇	男	中专	生产部	6	4300	5231.61
5	杨继凡	男	硕士	管理部	6	9800	11923.20
6	包宁宁	女	大专	销售部	5	5300	6200.25
7	蒋晨曦	女	大学	后勤部	6	8000	9733.22
8	杨浩芮	男	大学	科研部	5	8000	9358.87

图 3-3-1　“员工酬金统计”工作表样表

4．在 G54 单元格中计算企业职工的酬金平均值（保留 0 位小数）。

5．在 G55 单元格中计算企业职工的总酬金（保留 0 位小数）。

6．在 J8 单元格使用数据透视表计算企业各部门的员工人数，如图 3-3-2 所示。

部门	计数项:部门
管理部	4
后勤部	6
科研部	13
人事部	2
生产部	16
销售部	9
总计	**50**

图 3-3-2　“数据透视表”样表

7．在 J17:P34 区域中，根据数据透视表统计出的各部门员工人数，使用饼图来显示各部门员工所占百分比的汇总图，图表标题在图表上方，其标题名称为“凯恩公司各部门员工百分比汇总图”，数据标签以百分比形式显示在数据标签内，图例显示在右边。图表如图 3-3-3 所示。

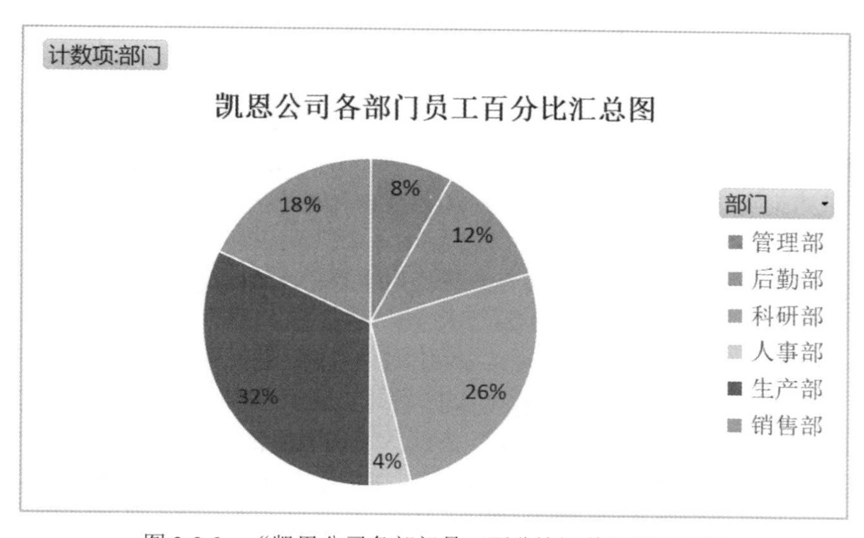

图 3-3-3　“凯恩公司各部门员工百分比汇总”图表样图

六、WPS 演示题（15 分）

打开“一级模拟试卷 3”文件夹下的文档“WPP.pptx”，按照下列要求设置完善并保存：

1．设置第 1 张幻灯片的主标题“实验室管理制度”文字为进入时“百叶窗”动画，副标题“物理化学实验室”文字为进入时“飞入”动画。

2．对第 2 张幻灯片的“实验室管理细则”“实验室环境与安全制度”和“物理化学实验物品管理”文本进行艺术字设置，文本填充选择“钢蓝，着色 1”，文本效果选择“阴影、右下斜偏移”。

3．把第 3 张幻灯片的标题字体设置为 54 号，文本部分字体设置为黑体 20 号，首行缩进 2 个字符。

4．在第 4 张幻灯片的右边需插入一张图片（名称为“安全标志.jpg”）。

5．把第 5 张幻灯片左边一栏中的有关“化学药品……”的 5 条内容移到右边一栏，并将两栏内容的字体都设置为 28 号。

一级模拟试卷 4

（考试时间 90 分钟，满分 100 分）

一、单项选择题（每小题 1 分，共 20 分）

1．世界上第一台计算机是 1946 年美国研制成功的，该计算机的英文缩写名为（　　）。

A．MARK-Il　　B．ENIAC　　C．EDSAC　　D．EDVAC

2．假设某计算机的内存容量为 512MB，硬盘容量为 10GB。硬盘的容量是内存容量的（　　）。

A．40 倍　　B．30 倍　　C．20 倍　　D．100 倍

3．已知英文字母 m 的 ASCII 码值为 6DH，那么 ASCII 码值为 71H 的英文字母是（　　）。

A．M　　B．j　　C．p　　D．q

4．防火墙是指（　　）。

A．一个特定软件　　B．一个特定硬件

C．执行访问控制策略的一组系统　　D．一批硬件的总称

5．计算机感染病毒的可能途径之一是（　　）。

A．从键盘输入数据

B．随意运行外来的、未经杀病毒软件严格审查的 U 盘上的软件

C．所使用的光盘表面不清洁

D．电源不稳定

6．十进制整数 127 转换为二进制整数等于（　　）。

A．1010000　　B．0001000　　C．1111111　　D．1011000

7．1946 年首台电子数字计算机问世后，冯·诺依曼在研制 EDVAC 计算机时，提出两个重要的改进，它们是（　　）。

A．采用二进制和存储程序控制的概念　　B．引入 CPU 和内存储器的概念

C．采用机器语言和十六进制　　D．采用 ASCII 编码系统

8．构成 CPU 的主要部件是（　　）。

A．内存和控制器　　B．内存和运算器

C．控制器和运算器　　D．内存、控制器和运算器

9．下列叙述中，正确的是（　　）。

A．内存中存放的只有程序代码

B．内存中存放的只有数据

C．内存中存放的既有程序代码又有数据

D．外存中存放的是当前正在执行的程序代码和所需的数据

10．计算机指令主要存放在（　　）。

A．CPU　　B．内存　　C．硬盘　　D．键盘

11．CPU 主要技术性能指标有（　　）。

A．字长、主频和运算速度　　B．可靠性和精度

C．耗电量和效率　　D．冷却效率

12．根据汉字国标 GB 2312—1980 的规定，一个汉字的内码码长为（　　）。

A．8bit　　B．12bit　　C．16bit　　D．24bit

13．下列选项中，既可作为输入设备又可作为输出设备的是（　　）。

A．扫描仪　　B．键盘　　C．鼠标　　D．磁盘驱动器

14．下列软件中，属于系统软件的是（　　）。

A．航天信息系统　　B．Office 2016

C．Windows 10　　D．决策支持系统

15．高级程序设计语言的特点是（　　）。

A．高级语言数据结构丰富

B．高级语言与具体的机器结构密切相关

C．高级语言接近算法语言不易掌握

D．用高级语言编写的程序计算机可立即执行

16．计算机硬件能直接识别、执行的语言是（　　）。

A．汇编语言　　B．机器语言

C．高级程序语言　　D．C++语言

17．计算机网络最突出的优点是（　　）。

A．提高可靠性　　B．提高计算机的存储容量

C．运算速度快　　D．实现资源共享和快速通信

18．把计算机作为教学工具，辅助教学过程，这是计算机（　　）应用。

A．CAI　　B．CAD　　C．CAM　　D．CAT

19．有一域名为 bit.edu.cn，根据域名代码的规定，此域名表示（　　）。

A．教育机构　　B．商业组织　　C．军事部门　　D．政府机关

20．在计算机分类中，下列不属于微型计算机的是（　　）。

A．台式机　　B．一体机　　C．笔记本电脑　　D．服务器

二、Windows 基本操作题（每小题 2 分，共 10 分）

Windows 基本操作题，不限制操作的方式。本试卷考生文件夹指“一级模拟试卷 4”文件夹。

1．在考生文件夹下 GPOP\PUT 文件夹中新建一个名为 HUX 的文件夹。

2．将考生文件夹下 MICRO 文件夹中的文件 XSAK.BAS 删除。

3．将考生文件夹下 COOK\FEW 文件夹中的文件 ARAD.WPS 复制到考生文件夹下 ZUME 文件夹中。

4．将考生文件夹下 ZOOM 文件夹中的文件 MACRO.OLD 设置成隐藏属性。

5．将考生文件夹下 BEI 文件夹中的文件 SOFT.BAS 重命名为 BUAA.BAS。

三、上网题（10 分）

1．某模拟网站的地址为 http://localhost/index.htm，打开此网站，找到参加最强大脑的“报名方式”页面，将报名方式的内容作为 DOCX 类型文档的内容，并将此文档保存到考生文件夹下，文件命名为“baoming.docx”。

2．接收并阅读来自同事小张的邮件（zhangqiang@ncre.com），主题为：“值班表”。将邮件中的附件“值班表.docx”保存到考生文件夹下，并回复该邮件，回复内容为：“值班表已收到，会按时值班，谢谢！”

四、WPS 文字题（25 分）

打开“一级模拟试卷 4”文件夹下的文档“WPS.docx”，按照如下要求，完成素材文档的设置保存：

1．把文中“黄岳”全部替换为“黄山”。

2．文档的第 1 行文字内容设置为居中，字体为微软雅黑、字号为小二号、段后间距 1 行，添加“文字效果”中的“渐变填充-钢蓝”艺术字效果。

3．把正文第 1～3 段文字（“黄山雄踞于安徽南部……已成为全人类的瑰宝。”）设置为仿宋、小四号，并设置首行缩进 2 个字符。

4．在正文第 1 段的右上角插入“黄山云海.JPG”图片，其高度为 3.6 厘米、宽度为 5.44 厘米、文字环绕方式为四周型。

5．把最后四段文本（怪石……称为“灵泉”。）转换成 4 行 2 列的表格，选择制表符作为文字分隔位置。转换后的表格其第 1 列列宽设置为 3.5 厘米，第 2 列列宽设置为 11.5 厘米。

6．将表格的第 1 列文字设置为隶书、初号；第 2 列文字设置为楷体、小四号。

7．为文档设置页码，在页码对话框中选择：样式为“第 1 页”、位置为“居中”、起始页码为 1。

五、WPS 表格题（20 分）

打开“一级模拟试卷 4”文件夹下的文档“ET.xlsx”，本文档是高二年级期末考试成绩表，完成下列操作并保存。

1．将 A1:K1 单元格内容合并居中，字体为 24 号微软雅黑。

2．将 A2:K2 各列标题居中，字体为 16 号黑体并加粗，列宽设为“最适合的宽度”。

3．使用函数计算 J3:J114 各位同学的平均成绩，保留小数点 1 位，平均分大于等于 88 分的其平均分单元格底纹设置成红色。

4．使用函数计算 K3:K114 各位同学的总成绩。

5．为 A2:K114 区域添加外框线为粗实线、内框线为细实线的边框，如图 3-4-1 所示。

	A	B	C	D	E	F	G	H	I	J	K
1	高二年级期末各科考试成绩										
2	姓名	班级	性别	语文	数学	外语	地理	政治	体育	平均成绩	总成绩
3	蒋豪鸿	高二（1	男	63	76	83	61	72	86	73.5	441
4	孙智	高二（1	女	72	76	76	55	96	97	78.7	472
5	彭霖洁	高二（1	男	80	88	98	78	95	89	88.0	528
6	严烨诚	高二（2	女	92	80	100	76	89	98	89.2	535
7	秦涛	高二（2	女	58	97	56	64	60	79	69.0	414
8	秦昊煜	高二（2	男	75	75	100	56	69	98	78.8	473
9	褚煊霖	高二（3	男	50	93	77	82	80	97	79.8	479

图 3-4-1 “高二年级成绩表”样表

6．在 J115 单元格计算年级的平均成绩，保留小数点 1 位；在 K115 单元格计算年级的总成绩平均值（保留 0 位小数）。

7．在 P12 单元格使用数据透视表统计高二各班的男女生人数。

8．在 O20:V36 区域中，根据数据透视表统计出的各班男女生人数，使用簇状柱形图（样式 9）显示各班级男女生人数，如图 3-4-2 所示。

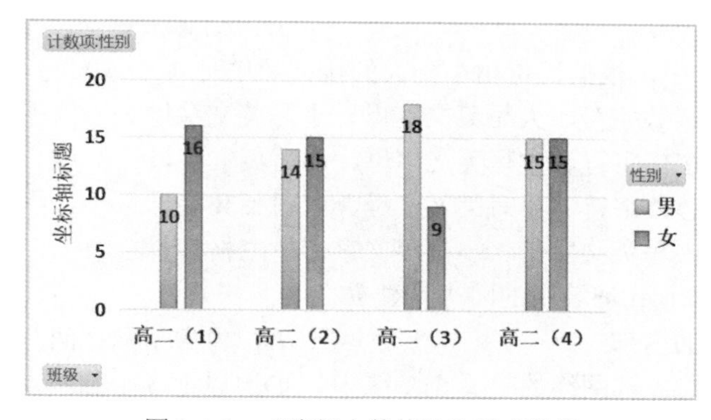

图 3-4-2 “班级人数统计”图表样图

六、WPS 演示题（15 分）

打开“一级模拟试卷 4”文件夹下的文档“WPP.pptx”，按照下列要求设置完善并保存。

1．设置幻灯片背景为“渐变填充”，渐变样式为“矩形渐变”→“中心辐射”，应用到所有幻灯片。

2．第 1 张幻灯片的主标题“桅杆疏影缀浦江船艇浮动靓申城”的字体大小设置为 44 号，副标题“记第 17 届中国国际船艇及其技术设备展览会”的字体设置为方正舒体 24 号。

3．第 2 张幻灯片的文本部分内容首行缩进 2 个字符，字体设置为华文行楷 24 号，文字进入时设置“百叶窗”动画。

4．把第 3 张幻灯片的文本部分内容字体设置为 28 号。

5．把第 4 张幻灯片的左栏文本部分内容首行缩进 2 个字符，行距为 1.5 倍，字体设置为华文隶书 20 号，文字进入时添加“十字形扩展”动画设置。右栏插入一张图片（名称为“游艇.jpg”），进入时添加“百叶窗”动画设置。

6．在第 5 张幻灯片中输入“谢谢”并设置字体为微软雅黑 60 号。

一级模拟试卷 5

（考试时间 90 分钟，满分 100 分）

一、单项选择题（每小题 1 分，共 20 分）

1．按电子计算机传统的分代方法，第一代至第四代计算机依次是（　　）。

A．机械计算机，电子管计算机，晶体管计算机，集成电路计算机

B．晶体管计算机，集成电路计算机，大规模集成电路计算机，光器件计算机

C．电子管计算机，晶体管计算机，小、中规模集成电路计算机，大规模和超大规模集成电路计算机

D．手摇机械计算机，电动机械计算机，电子管计算机，晶体管计算机

2．计算机技术应用广泛，以下属于科学计算方面的是（　　）。

A．图像信息处理　　B．视频信息处理

C．火箭轨道计算　　D．信息检索

3．在 ASCII 码表中，根据码值由小到大的排列顺序是（　　）。

A．空格字符、数字符、大写英文字母、小写英文字母

B．数字符、空格字符、大写英文字母、小写英文字母

C．空格字符、数字符、小写英文字母、大写英文字母

D．数字符、大写英文字母、小写英文字母、空格字符

4．一般而言，Internet 环境中的防火墙建立在（　　）。

A．每个子网的内部　　B．内部子网之间

C．内部网络与外部网络的交叉点　　D．以上 3 个都不对

5．下列叙述中，正确的是（　　）。

A．计算机病毒只在可执行文件中传染，不执行的文件不会传染

B．计算机病毒主要通过读/写移动存储器或 Internet 网络进行传播

C．只要删除所有感染了病毒的文件就可以彻底消除病毒

D．计算机杀病毒软件可以查出和清除任意已知的和未知的计算机病毒

6．十进制数 18 转换成二进制数是（　　）。

A．010101　　B．101000　　C．010010　　D．001010

7．组成一个完整的计算机系统应该包括（　　）。

A．主机、鼠标器、键盘和显示器

B．系统软件和应用软件

C．主机、显示器、键盘和音箱等外部设备

D．硬件系统和软件系统

8．下列叙述中，正确的是（ ）。

A．CPU 能直接读取硬盘上的数据

B．CPU 能直接存取内存储器上的数据

C．CPU 由存储器、运算器和控制器组成

D．CPU 主要用来存储程序和数据

9．在计算机中，每个存储单元都有一个连续的编号，此编号称为（ ）。

A．地址　B．位置号　C．门牌号　D．房号

10．下列关于指令系统的描述，正确的是（ ）。

A．指令由操作码和控制码两部分组成

B．指令的地址码部分可能是操作数，也可能是操作数的内存单元地址

C．指令的地址码部分是不可缺少的

D．指令的操作码部分描述了完成指令所需要的操作数类型

11．字长是 CPU 的主要性能指标之一，它表示（ ）。

A．CPU 一次能处理二进制数据的位数

B．CPU 最长的十进制整数的位数

C．CPU 最大的有效数字位数

D．CPU 计算结果的有效数字长度

12．在微机的硬件设备中，有一种设备在程序设计中既可以当作输出设备，又可以当作输入设备，这种设备是（ ）。

A．显示器　B．麦克风　C．鼠标　D．磁盘驱动器

13．计算机操作系统通常具有的五大功能是（ ）。

A．CPU 管理、显示器管理、键盘管理、打印机管理和鼠标管理

B．硬盘管理、U 盘管理、CPU 的管理、显示器管理和键盘管理

C．处理器（CPU）管理、存储管理、文件管理、设备管理和作业管理

D．启动、打印、显示、文件存取和关机

14．在所列出的：①字处理软件、②Linux、③Unix、④学籍管理系统、⑤Windows 和⑥WPS Office，六个软件中，属于系统软件的有（ ）。

A．①②③　B．②③⑤　C．①②③⑤　D．全部都不是

15．JPEG 是一个用于数字信号压缩的国际标准，其压缩对象是（ ）。

A．文本　B．音频信号　C．静态图像　D．视频信号

16．一个字长为 8 位的无符号二进制数能表示的十进制数值范围是（ ）。

A．0～256　B．1～256　C．1～255　D．0～255

17．计算机网络中传输介质传输速率的单位是 bps，其含义是（ ）。

A．字节/秒　B．字/秒　C．字段/秒　D．二进制位/秒

18．若网络的各个节点通过中继器连接成一个闭合环路，则称这种拓扑结构称为（ ）。

A．总线型拓扑　B．星型拓扑　C．树型拓扑　D．环型拓扑

19．下列各选项中，不属于 Internet 应用的是（　　）。

A．电子邮件　　B．远程登录　　C．网络协议　　D．搜索引擎

20．若要将计算机与局域网连接，至少需要具有的硬件是（　　）。

A．集线器　　B．网关　　C．网卡　　D．路由器

二、Windows 基本操作题（每小题 2 分，共 10 分）

Windows 基本操作题，不限制操作的方式。本试卷考生文件夹指“一级模拟试卷 5”文件夹。

1．在考生文件夹下 CCTVA 文件夹中新建一个文件夹 LEDER。

2．将考生文件夹下 HIGER\YION 文件夹中的文件 ARIP.BAT 重命名为 FAN.BAT。

3．将考生文件夹下 GOREST\TREE 文件夹中的文件 LEAF.MAP 设置为只读属性。

4．将考生文件夹下 BOP\YIN 文件夹中的文件 FILE.WRI 复制到考生文件夹下 SHEET 文件夹中。

5．将考生文件夹下 XEN\FISHER 文件夹中的文件夹 EAT-A 删除。

三、上网题（10 分）

1．某模拟网站的地址为 http://localhost/index.htm，打开此网站，找到此网站的首页，将首页上所有最强选手的姓名作为 DOCX 类型文档的内容，每个姓名之间用逗号分隔，并将此文档保存到考生文件夹下，文件命名为“Allnames.docx”。

2．向科研组成员发一个讨论项目进度的通知的邮件，并抄送部门经理汪某某。

具体如下：

【收件人】panwd@ncre.cn

【抄送】wangjl@ncre.cn

【主题】通知

【函件内容】“各位成员：定于本月 3 日在本公司大楼五层会议室召开 AC-2 项目有关进度的讨论会，请全体出席。”

四、WPS 文字题（25 分）

打开“一级模拟试卷 5”文件夹下的文档“WPS.docx”。李丽正在编辑“敦煌”的相关内容，文档由标题“敦煌莫高窟”和正文两部分组成。现在还有一些格式上的问题需要调整，请按要求帮她完成相应操作。

1．对文章标题“敦煌莫高窟”进行以下设置：字体为“隶书、小二、加粗”，且居中显示；段前、段后间距均为 0.5 行。

2．对正文（文章标题以外的文本）进行以下格式设置：字体为“仿宋、小四”；段落首行缩进 2 字符，且设置为 1.5 倍行距。

3．将正文中所有的“敦煌”一词“加粗”显示，且将其字体颜色设置为标准红色（不包含文章标题中的“敦煌”）。

4．为文中“蓝色”“加粗”显示的文本行（即“历史价值”“艺术价值”“科技价值”）设置底纹“白色，背景 1，深色 15%”。

5．对文档页面进行以下设置：上、下页边距为 2.8 厘米，左、右页边距为 3 厘米；页面边框为“宽度 2.25 磅，颜色为标准绿色”的实线。

6．以“图片水印”作为页面的背景。“图片水印”所使用的图片为“285 窟.jpg”，且缩放 200%，其余参数取默认值。

7．在“底端居右”位置插入页码，且页码样式为“第 1 页”。

五、WPS 表格题（20 分）

打开“一级模拟试卷 5”文件夹下的文档“ET.xlsx”按要求完成下列操作：某商贸公司 2021 年 9 月份的销售明细数据已录入到“销售数据”工作表中，现需要对 9 月份销售数据进行处理和分析，请按要求实现相应操作。

1．计算“销售数据”表中的“销售金额”。

2．对“销售数据”表进行格式调整，效果如图 3-5-1 所示。

（1）将“销售金额”列的数值格式设置为保留 2 位小数。

（2）将 A 列“销售日期”的格式设置为“3 月 7 日”类型。

（3）将 A2:H191 区域的字体设置为“仿宋，16 号字”。

	A	B	C	D	E	F	G	H
1	2021年9月份销售明细表							
2	销售日期	销售人员	部门	商品名称	单位	单价	销售数量	销售金额
3	9月2日	张春雷	2组	有芯卷纸	包	42.6	95	4047.00
4	9月25日	魏雨亭	1组	盒抽抽纸	箱	45	31	1395.00
5	9月24日	康鹏	3组	无芯卷纸	包	40	79	3160.00
6	9月9日	魏雨亭	1组	有芯卷纸	包	42.6	82	3493.20
7	9月19日	刘亦恪	2组	便携式温纸巾	箱	45.12	22	992.64
8	9月1日	钟天乐	2组	抽取式温纸巾	箱	50.56	55	2780.80
9	9月2日	杨晨含	1组	无芯卷纸	包	40	41	1640.00

图 3-5-1 “销售数据”工作表样表

（4）将 A:H 列的列宽设置为“最适合的列宽”。

（5）为 A2:H191 区域设置边框线，其外框线为双线，内框线为细实线。

（6）将标题行（即“销售日期、销售人员……销售金额”）设置为“加粗，水平居中对齐”。

（7）将 A1 单元格中的表格名称“2021 年 9 月份销售明细表”居于表格中央，且设置为“楷体，20 号字”。

（8）将第 1 行的行高设置为“最适合的行高”。

3．将“销售数量”在 100 以上（含 100）的所有数值显示为“蓝色，粗体”。

4．为了更好的打印输出，请根据以下要求进行设置。

（1）设置“页面”，将其调整为“将所有列打印在一页”。

（2）每一页都需要打印的“顶端标题行”为表格名称和标题行内容。

5．利用数据透视表统计“各部门、不同商品的销售数量总计值”，且将数据透视表放置在名称为“透视表”的工作表中。数据透视表的局部效果如图 3-5-2 所示。

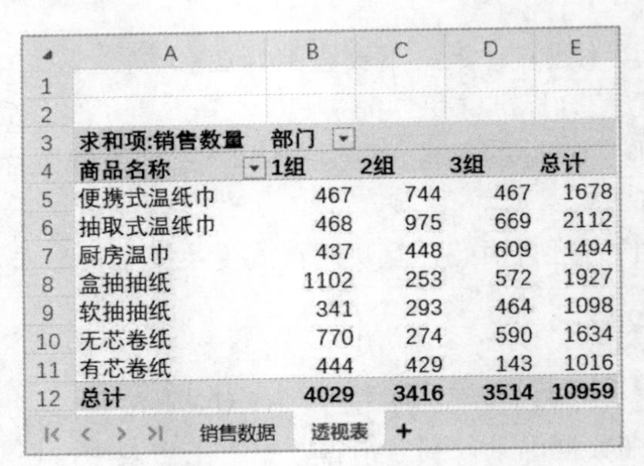

	A	B	C	D	E
1					
2					
3	求和项:销售数量	部门			
4	商品名称	1组	2组	3组	总计
5	便携式湿纸巾	467	744	467	1678
6	抽取式湿纸巾	468	975	669	2112
7	厨房湿巾	437	448	609	1494
8	盒抽抽纸	1102	253	572	1927
9	软抽抽纸	341	293	464	1098
10	无芯卷纸	770	274	590	1634
11	有芯卷纸	444	429	143	1016
12	总计	4029	3416	3514	10959

销售数据　透视表

图 3-5-2　“数据透视表”样表

六、WPS 演示题（15 分）

打开“一级模拟试卷 5”文件夹下的文档“WPP.pptx”，李奇制作了介绍海棠的演示文稿，但需要进行调整。请按要求帮他完成相应操作，调整过程中不要新增或删减幻灯片，也不要更改幻灯片的顺序。

1. 对第 2 张幻灯片做如下的设置。

（1）将第 2 张幻灯片的版式修改为“图片与标题”。

（2）在左侧图片区域插入“海棠 1.jpg”，并在“锁定纵横比”前提下，将图片的缩放比设为 85%。

（3）图片位置相对于“左上角”，水平为 2 厘米，垂直为 4.8 厘米。

2. 为了达到更好的呈现效果，需对“标题幻灯片”版式之外的其他版式进行调整，将“标题样式”的格式设置为“隶书，44 号字”，“文本样式”的格式设置为“楷体，28 号字”。

3. 对第 5 张幻灯片中的表格进行以下调整。

（1）行高统一调整为 2 厘米，第 1 列的列宽调整为 6 厘米，第 2 列的列宽调整为 18 厘米。

（2）表中内容的字号为 24，且中文字体为“仿宋”，西文字体为“Times New Roman”。

（3）表格位置相对于“左上角”，水平为 5 厘米，垂直为 4.2 厘米。

4. 设置以下动画效果。

（1）为第 2 张幻灯片中的图片设置“扇形展开”进入效果，且速度为“慢速(3 秒)”。

（2）为第 5 张幻灯片中的表格设置“圆形扩展”进入效果，且速度为“非常慢(5 秒)”。

5. 将“海棠 2.jpg”设置为所有幻灯片的背景，且透明度为 70%。

一级模拟试卷 1 参考答案

一、单项选择题（每小题 1 分，共 20 分）

1. 答案 B。解析：1946 年，世界上第一台电子数字计算机 ENIAC 在美国宾夕法尼亚大学研制成功。ENIAC 的诞生宣告了电子计算机时代的到来，其意义在于奠定了计算机发展的基础，开辟了计算机科学技术的新纪元。

2．答案 C。解析：根据换算公式 1GB=1000MB=1000×1000KB=1000×1000×1000B，20GB=2×10^{10}B，即为 200 亿个字节。

注：硬盘厂商通常以 1000 进位计算，1KB=1000Byte、1MB=1000KB、1GB=1000MB、1TB=1000GB；而在操作系统中，1KB=1024Byte、1MB=1024KB、1GB=1024MB、1TB=1024GB。

3．答案 B。解析：西文字符采用 ASCII 码编码，它是以 7 位二进制位来表示一个字符的。

4．答案 C。解析：计算机语言依次经历了机器语言、汇编语言、高级语言三个阶段。

5．答案 C。解析：计算机病毒具有寄生性、破坏性、传染性、潜伏性和隐蔽性，它是一种特殊的寄生程序，计算机本身对计算机病毒没有免疫性。

6．答案 B。解析：在一个非零无符号二进制整数之后添加一个 0，相当于将原数据的每位数字左移 1 位，得到的值是原来数值的 2 倍；若去掉一个 0，相当于将原数据的每位数字右移 1 位，数值为原来数值的 1/2 倍。

7．答案 D。解析：计算机系统由硬件系统和软件系统两大部分组成。硬件系统主要包括控制器、运算器、存储器、输入设备、输出设备；软件系统主要包括系统软件和应用软件。

8．答案 B。解析：运算器也称为算术逻辑部件，是执行各种运算的装置，主要功能是对二进制数码进行算术运算或逻辑运算。运算器由一个加法器、若干个寄存器和一些控制线路组成。

9．答案 C。解析：CPU 只能直接访问存储在内存中的数据。

10．答案 B。解析：通常一条指令包括两方面的内容：操作要求和操作数地址。操作要求决定要完成的操作，操作数地址是指参加运算的数据及其所在的单元地址。在计算机中，操作要求和操作数地址都由二进制数码表示，分别称作操作码和地址码。整条指令以二进制编码的形式存放在存储器中。

11．答案 A。解析：P 代表奔腾系列，4 代表此系列的第 4 代产品，2.4G 是 CPU 的时钟频率，基本单位是 Hz。

12．答案 C。解析：显示器、绘图仪、打印机属于输出设备。键盘、鼠标、扫描仪、条码阅读器属于输入设备。CD-ROM 驱动器是只读型光盘驱动器。

13．答案 B。解析：计算机系统是由硬件系统和软件系统两大部分组成。软件系统主要包括系统软件和应用软件。Windows 是操作系统，属于系统软件，不是应用软件。

14．答案 C。解析：计算机软件分为系统软件和应用软件两大类。应用软件是为解决某一问题而编制的程序。它可以拓宽计算机系统的应用领域，放大硬件的功能。C 项全部属于应用软件。程序语言处理程序、数据库管理系统、Unix 操作系统、Windows 均为系统软件。

15．答案 C。解析：高级语言必须经过编译和链接后才能被计算机识别。

16．答案 D。解析：计算机语言分为低级语言和高级语言。机器语言和汇编语言属于低级语言，面向计算机硬件；高级语言具有通用性，计算机高级语言很多，常见的高级语言有 Visual Basic、Python、C、C++、JAVA 等。

17．答案 B。解析：ChinaDDN 网、Chinanet 网、Internet 为广域网。

18．答案 D。解析：调制解调器（即 Modem），是在计算机与电话线之间进行信号转换的装置，由调制器和解调器两部分组成，调制器是把计算机的数字信号调制成可在电话线上传输的声音信号的装置；在接收端，解调器再把声音信号转换成计算机能接收的数字信号。

19．答案A。解析：域名标准的四个部分，依次是：服务器（主机名）、域、机构、国家。

20．答案C。解析：电子邮件地址的格式是：用户名@主机域名。

二、Windows基本操作题（每小题2分，共10分）

打开“一级模拟试卷1”文件夹，以此文件夹作为考生文件夹。

1．将考生文件夹下KEEN文件夹设置成隐藏属性。

（1）选定考生文件夹下KEEN文件夹。

（2）选择“主页”选项卡→“打开”组→“属性”按钮（或者右击→“属性”），即可打开“属性”对话框。

（3）在“属性”对话框“常规”选项卡的“属性”栏下，勾选“隐藏”复选框，单击“确定”按钮关闭对话框。

2. 将考生文件夹下QEEN文件夹移动到考生文件夹下NEAR文件夹中，并改名为SUNE。

（1）选定考生文件夹下QEEN文件夹。

（2）选择“主页”选项卡→“剪贴板”组→“剪切”按钮（或者按快捷键Ctrl+X）。

（3）打开考生文件夹下NEAR文件夹。

（4）选择“主页”选项卡→“剪贴板”组→“粘贴”按钮（或者按快捷键Ctrl+V）。

（5）选定移动来的文件夹并按F2键，此时文件夹的名字处呈现蓝色可编辑状态，编辑名称为题目指定的名称SUNE，按Enter键确认完成重命名。

3．将考生文件夹下DEER\DAIR文件夹中的文件TOUR.PAS复制到考生文件夹下CRY\SUMMER文件夹中。

（1）打开考生文件夹下DEER\DAIR文件夹，选定TOUR.PAS文件。

（2）选择“主页”选项卡→“剪贴板”组→“复制”按钮（或者按快捷键Ctrl+C）。

（3）打开考生文件夹下CRY\SUMMER文件夹。

（4）选择“主页”选项卡→“剪贴板”组→“粘贴”按钮（或者按快捷键Ctrl+V）。

4．将考生文件夹下CREAM文件夹中的SOUP文件夹删除。

（1）打开考生文件夹下CREAM文件夹，选定SOUP文件夹。

（2）按Delete键，弹出“删除文件夹”对话框。

（3）单击“是”按钮，于是将文件夹删除到回收站。

5．在考生文件夹下建立一个名为TESE的文件夹。

（1）打开考生文件夹。

（2）选择“主页”选项卡→“新建”组→“新建文件夹”按钮（或者右击文件夹窗口内容窗格空白区→“新建”→“文件夹”），即可生成新的文件夹，此时文件夹的名字处呈现蓝色可编辑状态，编辑名称为题目指定的名称TESE，按Enter键确认完成命名。

三、上网题（10分）

1．网页浏览与下载。

（1）启动Internet Explorer或Edge浏览器，在地址栏中输入网址http://localhost/index.html，并按Enter键；在打开的页面中单击“绍兴名人”链接，在弹出的子页面中找到并单击“鲁迅”链接；在新打开的页面中，右击照片→“图片另存为”，弹出“另存为”对话框；在对话框中找到考生文件夹所在的位置，将“文件名”修改为“LUXUN”，“保存类型”默认“JPG,JPEG(*.JPG)”不变，单击“保存”按钮关闭对话框。

（2）选择“文件”菜单→“另存为”（或按组合键 Ctrl+S）命令，弹出“另存为”对话框，在对话框中找到考生文件夹所在的位置，将“文件名”修改为“LUXUN”，将“保存类型”更改为“文本文件（*.txt）”，单击“保存”按钮关闭对话框。最后关闭浏览器窗口。

2．收发电子邮件。

（1）启动 Outlook Express，单击“发送/接收”按钮，在弹出的提示对话框中单击“确定”按钮，于是在预览邮件窗口中可见邮件列表；在收件箱的邮件列表中，双击 wj@mail.cumtb.edu.cn 发来的主题为“技术资料”的邮件，打开“读取邮件”窗口；在附件名称上右击→“另存为”，弹出“另存为”对话框；在对话框中找到考生文件夹所在位置，将“文件名”修改为“wj.txt”，单击“保存”按钮。

（2）单击“答复”按钮，弹出“Re:技术资料”窗口；在内容区输入邮件正文“王军：您好！资料已收到，谢谢。李明”；单击“发送”按钮，在弹出的提示对话框中单击“确定”按钮。

（3）单击“工具”菜单，在展开的下拉列表中选择“通讯簿”，弹出“通讯簿”窗口；单击“新建”下拉按钮→“新建联系人”，弹出“属性”对话框；在“姓名”框中输入“王军”，在“电子邮箱”框中输入“wj@mail.cumtb.edu.cn”，单击“确定”按钮关闭对话框；关闭“通讯簿”窗口。最后关闭 Outlook Express 窗口。

四、WPS 文字题（25 分）

打开“一级模拟试卷 1”文件夹下的文档“WPS.docx”，在 WPS 文字窗口中完成下列操作：

1．对标题进行格式设置。

（1）选定标题段文字“中华世纪坛”，在“开始”选项卡→“字体”组中，设置“字号”为“小三”，设置“字体”为“幼圆”，单击“加粗”按钮**B**；单击“开始”选项卡→“段落”组→“居中对齐”按钮☰。

（2）单击“开始”选项卡→“字体”组的对话框启动器按钮↘，弹出“字体”对话框，切换至“字符间距”选项卡下，设置“间距”为“加宽”，“值”为“0.2 厘米”，单击“确定”按钮。

（3）单击“开始”选项卡→“段落”组→对话框启动器按钮↘，弹出“段落”对话框。在“缩进和间距”选项卡的“间距”选项组中，设置“段前”为“0.5 行”，设置“段后”为“0.5 行”，单击“确定”按钮。

2．对正文进行格式设置。

（1）选定正文各段“中华世纪坛是为了迎接……形成北京市的一张城市文化名片。”，在“开始”选项卡→“字体”组中，设置“字号”为“小四”，设置“字体”为“楷体”。

（2）单击“开始”选项卡→“段落”组→对话框启动器按钮↘，弹出“段落”对话框。在“缩进和间距”选项卡的“缩进”选项组中，选择特殊格式为“首行缩进”，设置“度量值”为“2 字符”；在“间距”选项组中，设置“行距”为“固定值”，设置“设置值”为“22 磅”，单击“确定”按钮。

3．添加着重号。

（1）选定除标题行的其他所有文本。

（2）选择“开始”选项卡→“查找”组→“查找替换”下拉按钮→“替换”（或者按快捷键 Ctrl+H），弹出“查找和替换”对话框，在“查找内容”框中输入“世纪坛”。

（3）将插入点定位于“替换为”框中，单击“格式”下拉按钮→“字体”，弹出“替换字体”对话框；在“字体”选项卡下的“所有文字”选项组中，设置“着重号”为“.”，单击“确定”按钮返回到“查找和替换”对话框；单击“全部替换”按钮；在弹出的提示框中单击“取消”按钮，返回“查找和替换”对话框，单击“关闭”按钮。

4．设置页眉。

（1）选择“页面”选项卡→“页眉页脚”组→“页眉页脚”按钮（或者双击页眉编辑区），进入页眉页脚编辑状态；在页眉中输入文字“中华世纪坛概览”；选定页眉中的文字，通过“开始”选项卡→“字体”组，设置“字体”为“隶书”，设置“字号”为“五号”，单击“开始”选项卡→“段落”组→“居中对齐”按钮。

（2）选择“页面”选项卡→“效果”组→“页面边框”按钮，弹出“边框和底纹”对话框，切换到“边框”选项卡下，宽度设置为“0.75 磅”，预览区中单击“下框线”按钮，“应用于”设置为“段落”，单击“确定”按钮。

5．插入页码。

（1）在页眉页脚编辑状态下，选择“页眉页脚”选项卡→“导航”组→“页眉页脚切换”按钮，插入点转至页脚编辑区。

（2）在页脚编辑区，单击“插入页码”按钮，在弹出的下拉列表中，设置“样式”为“第 1 页共 x 页”，设置“位置”为“居中”，设置“应用范围”为“整篇文档”，单击“确定”按钮。

（3）单击“页眉和页脚”上下文选项卡→“关闭”组→“关闭”按钮（或者双击正文编辑区），退出页眉页脚编辑状态，返回到正文编辑状态。

6．页面设置。

（1）选择“页面”选项卡→“效果”组→“背景”下拉按钮→“其他背景”→“纹理”，弹出“填充效果”对话框；在“纹理”选项卡下，选择“纹理”为“纸纹 2”，单击“确定”按钮。

（2）选择“页面”选项卡→“页面设置”组→对话框启动器按钮，弹出“页面设置”对话框；在“页边距”选项卡下，在“页边距”选项组中，设置“上”“下”均为“2.5 厘米”，设置“左”“右”均为“3 厘米”，设置“装订线位置”为“左”，设置“装订线宽”为“0.5 厘米”，单击“确定”按钮。

7．插入图片。

（1）按快捷键 Ctrl+Home 将光标置于文档首，选择“插入”选项卡→“常用对象”组→“图片”下拉按钮→“本地图片”，弹出“插入图片”对话框，找到考生文件夹下的图片文件“全景.jpg”，并双击打开。选定插入到文档中的图片，选择“图片工具”上下文选项卡→“大小”组→对话框启动器按钮，弹出“布局”对话框；在“大小”选项卡下，“缩放”选项组中，勾选“锁定纵横比”复选框，勾选“相对原始图片大小”复选框，设置“高度”为“30%”，单击“确定”按钮。

（2）选定图片，选择“图片工具”上下文选项卡下→“排列”组→“环绕”下拉按钮→“紧密型环绕”（或者对图片右侧出现的快捷工具栏上的“布局选项”按钮单击，从展开的“布局选项”列表中选择“紧密型环绕”）。

（3）选定图片，选择“图片工具”上下文选项卡→“大小”组→对话框启动器按钮，弹出“布局”对话框；在“位置”选项卡下，“水平”组中，设置“绝对位置”为“12.5 厘米”，设置“右侧”为“页面”；在“垂直”选项组中，设置“绝对位置”为“6 厘米”，设置“下侧”为“页面”，单击“确定”按钮。

（4）保存并关闭文档。

五、WPS 表格题（20 分）

打开“一级模拟试卷 1”文件夹下的文档“ET.xlsx”，在 WPS 表格窗口中完成下列操作：

1．在“成绩”工作表中，计算 J 列和 K 列的“总分”“平均分”。

（1）在“成绩”工作表中，在 J3 单元格中输入公式“=SUM(E3:I3)”并按回车键。选定 J3 单元格，将鼠标指针移到 J3 单元格右下角填充柄的位置，鼠标指针由“✣”状变为“+”状，此时双击，即可完成对序列的填充。

（2）在 K3 单元格中输入公式“=AVERAGE(E3:I3)”并按回车键。选定 K3 单元格，将鼠标指针移到 K3 单元格右下角填充柄的位置，鼠标指针由“✣”状变为“+”状，此时双击，即可完成对序列的填充。

2．对“成绩”工作表进行格式调整。

（1）在“成绩”工作表中，选定 K3:K272 区域，右击→“设置单元格格式”，弹出“单元格格式”对话框；在“数字”选项卡下，选择“分类”组中的“数值”，设置“小数位数”为“2”，单击“确定”按钮。

（2）单击任意带有数据的单元格（带有数据的区域称为数据列表），选择“开始”选项卡→“样式”组→“套用表格样式”下拉按钮，在弹出的下拉列表中选择“表样式 3”。

（3）选定 A:K 列，选择“开始”选项卡→“单元格”组→“行和列”下拉按钮→“列宽”，弹出“列宽”对话框，设置“列宽”为“10 字符”，单击“确定”按钮。选定 A:D 列，选择“开始”选项卡→“对齐方式”组→“水平居中”按钮。

（4）选定 A1:K1 区域，选择“开始”选项卡→“对齐方式”组→“合并及居中”按钮。在“开始”选项卡→“字体”组中，设置“字体”为“隶书”，设置“字号”为“18”。

（5）选定 A2:K2 区域，单击“开始”选项卡→“字体”组→“加粗”按钮**B**，单击“开始”选项卡→“对齐方式”组→“水平居中”按钮。

3．设置条件格式。

（1）在“成绩”工作表中，单击 E3 单元格，按住 Shift 键不放单击 I272 单元格，从而选定 E3:I272 区域，选择“开始”选项卡→“样式”组→“条件格式”下拉按钮→“突出显示单元格规则”→“小于”，打开“小于”对话框。

（2）在“小于”对话框中输入“60”；在“设置为”下拉列表中选择“自定义格式”，弹出“单元格格式”对话框，在“字体”选项卡下，选择“颜色”为“红色”，选择“字形”为“加粗”，单击“确定”按钮返回到“小于”对话框。

（3）再单击“确定”按钮。

4. 打印设置。

（1）在“成绩”工作表中，选择“页面”选项卡→“打印设置”组→对话框启动器按钮，弹出“页面设置”的对话框；在“页面”选项卡→“方向”选项组中，将方向设置为“横向”。

（2）在“页面设置”的对话框中，在“工作表”选项卡下的“打印标题”选项组中，设置“顶端标题行”为“$1:$2”，单击“确定”按钮。

5. 创建数据透视表。

（1）选择“数学成绩统计”工作表，选定A1单元格，选择“数据”选项卡→“透视表”组→“数据透视表”按钮，弹出“创建数据透视表”对话框，定位插入点于“请选择单元格区域”框中，然后进入“成绩”工作表中选取A2:K272区域，单击“创建数据透视表”对话框中的“确定”按钮。

（2）在窗口右侧出现的“数据透视表”任务窗格中，将“班级”字段拖到“列”标签处，“数学”字段拖动到“值”标签处。

（3）在“数据透视表”任务窗格中，单击“值”标签处的“求和项:数学”，选中“值字段设置”，弹出“值字段设置”对话框，在“值汇总方式”选项卡下的“值字段汇总方式”选项组中，选中“平均值”，单击“确定”按钮。

（4）选定刚刚创建的数据透视表，单击“开始”选项卡→“数字格式”组→对话框启动器按钮，弹出“单元格格式”对话框，在“数字”选项卡下，选择“分类”组中的“数值”，设置“小数位数”为“2”，单击“确定”按钮。

（5）单击A3单元格，把单元格的内容由“平均值项数学”改为“数学平均分”，同样方法把H2单元格的内容“总计”改为“年级平均”，参考图3-1-2所示示例文件。

（6）保存并关闭工作簿。

六、WPS演示题（15分）

打开“一级模拟试卷1”文件夹下的文档“WPP.pptx”，在WPS演示窗口中完成下列操作：

1. 幻灯片母版中的修改占位符格式。

（1）选择“设计”选项卡→“背景版式”组→“母版”按钮，进入幻灯片母版视图。选定幻灯片母版缩略图下的“标题幻灯片版式”缩略图（窗口左侧第2张缩略图）→选定副标题占位符，在“开始”选项卡→“字体”组中，设置“字体”为“微软雅黑”，设置“字号”为“36”。

（2）分别选定幻灯片母版下的其他版式缩略图（第3～6张缩略图），选定“标题样式”占位符，在“开始”选项卡→“字体”组中，设置“字体”为“隶书”，设置“字号”为“48”；选定“文本样式”占位符，在“开始”选项卡→“字体”组中，设置“字体”为“楷体”，设置“字号”为“20”。

（3）单击“幻灯片母版”选项卡→“关闭”组→“关闭”按钮，退出幻灯片母版视图。

2. 图形缩放与位置调整。

（1）在普通视图下，选定幻灯片/大纲窗格中的第2张幻灯片缩略图，选定幻灯片窗格中的智能图形→右击→“设置对象格式”，则窗口右侧弹出“对象属性”任务窗格，在“大小与属性”选项卡的“大小”选项组下，勾选“锁定纵横比”复选框，设置“缩放高度”为“60%”。

（2）展开“位置”选项组，设置“水平位置”为“7.5厘米”，设置“相对于”为“左上角”；设置“垂直位置”为“5厘米”，设置“相对于”为“左上角”。

3．第3张幻灯片更换版式及图片插入。

（1）选定第3张幻灯片，选择“开始”选项卡→“幻灯片”组→“版式”下拉按钮，在弹出的下拉列表中选择“图片与标题”版式。

（2）在第3张幻灯片中，单击左侧占位符中的“插入图片”按钮，弹出“插入图片”对话框，找到并选中考生文件夹下的“植物园.jpg”图片，单击“打开”按钮，于是图片被插入到占位符位置。

4．第6张幻灯片的排版。

（1）选定第6张幻灯片，选择“开始”选项卡→“幻灯片”组→“版式”下拉按钮→“比较”。

（2）在第6张幻灯片中，在标题下的左侧占位符“单击此处编辑文本”中输入“月季园”，在右侧占位符“单击此处编辑文本”中输入“玉簪园”。

（3）在第6张幻灯片中，选择左侧第二段“玉簪园……的专类园。”，使用快捷键Ctrl+X剪切，使用快捷键Ctrl+V粘贴到右下占位符“单击此处添加文本”中。

5．应用表格样式与动画。

（1）选定第4张幻灯片，选定整个表格，在“表格样式”上下文选项卡→“表格样式”组中，单击样式列表框右侧的下拉按钮，在弹出的下拉列表中选择“中度样式4-强调1”。

（2）在“开始”选项卡→“字体”组中，设置“字体”为“楷体”，设置“字号”为“20”；单击“开始”选项卡→“段落”组→“居中对齐”按钮。

（3）选定整个表格，选择“动画”选项卡→“动画”组→动画列表下拉按钮，在展开的动画样式列表中，选择“进入”组中的“飞入”；选择“动画”选项卡→“动画”组→“动画属性”→“自右下部”。单击“动画”选项卡→“动画工具”组→“动画窗格”按钮，展开“动画窗格”任务窗格，在“动画窗格”任务窗格中，选择“速度”为“中速(2秒)”。

6．幻灯片切换。

（1）选择“切换”选项卡→“切换”组→切换样式列表下拉按钮，在展开的切换样式下拉列表中，选择“百叶窗”；在“速度和声音”组中设置“速度”为“01.00”；单击“应用范围”组中的“应用到全部”按钮。

（2）保存并关闭演示文稿。

一级模拟试卷2参考答案

一、单项选择题（每小题1分，共20分）

1．答案D。解析：现代电子计算机采用电子器件，第一代是电子管，第二代是晶体管，第三代是中小规模集成电路，第四代是大规模、超大规模集成电路。现代计算机属于第四代计算机。

2．答案A。解析：Cache的含义是高速缓冲存储器，其功能是协调CPU与内存之间的速度差异。

3．答案 A。解析：ASCII 码，用十进制表示，空格对应 32，“0”对应 48，“A”对应 65，“a”对应 97。

4．答案 D。解析：造成计算机中存储数据丢失的原因主要有病毒侵蚀、人为窃取、计算机电磁辐射、计算机存储器硬件损坏等等。

5．答案 C。解析：计算机病毒是指编制或者计算机程序中插入的破坏计算机功能或数据、影响计算机使用，并且能够自我复制的一组计算机指令或程序代码。计算机病毒并不是生物病毒，且不能永久性破坏硬件。

6．答案 D。解析：目前互联网广泛采用 TCP/IP 协议来进行数据传输。

7．答案 B。解析：计算机系统由硬件系统和软件系统两大部分组成。硬件系统主要包括控制器、运算器、存储器、输入设备、输出设备、接口和总线等。CPU 主要由运算器和控制器组成，计算机主机由 CPU 和内存储器组成。软件系统主要包括系统软件和应用软件。

8．答案 A。解析：控制器由程序计数器、指令寄存器、指令译码器、时序产生器和操作控制器组成，它是发布命令的“决策机构”，即完成协调和指挥整个计算机硬件系统的操作。

9．答案 A。解析：ROM 中的信息一般由计算机制造厂写入并经过固化处理，用户是无法修改的。

10．答案 D。解析：计算机指令中操作码规定所执行的操作，操作数规定参与所执行操作的数据。

11．答案 A。解析：计算机的运算速度通常是指每秒钟所能执行的加法指令数目，常用 MIPS 表示。

12．答案 D。解析：输出设备是将计算机处理和计算后所得的数据信息传送到外部设备，并转化成人们所需要的表示形式。最常用的输出设备是显示器和打印机，有时根据需要还可以配置其他输出设备，如绘图仪等。键盘、鼠标器、扫描仪均为输入设备。

13．答案 A。解析：操作系统是系统软件的重要组成和核心部分，是管理计算机软件和硬件资源、调度用户作业程序和处理各种中断，保证计算机各个部分协调、有效工作的软件。

14．答案 A。解析：计算机软件系统是为运行、管理和维护计算机而编制的各种程序、数据和文档的总称。

15．答案 C。解析：编译程序也叫编译系统，是把用高级语言编写的面向过程的源程序翻译成目标程序的语言处理程序。

16．答案 B。解析：高级语言必须要经过翻译成机器语言后才能被计算机执行；高级语言执行效率低，可读性好；高级语言不依赖于计算机，所以可移植性好。

17．答案 A。解析：计算机网络是指不同地理位置上，具有独立功能的计算机及其外部设备通过通信设备和线路相互连接，功能完备的网络软件支持下实现资源共享和数据传输的系统。

18．答案 B。解析：总线型拓扑结构采用单根传输线作为传输介质，所有的站点都通过相应的硬件接口直接连到传输介质——总线上。任何一个站点发送的信号都可以沿着介质传播，并且能被其他所有站点接收，以太网就是这种拓扑结构。

19．答案 A。解析：为了便于管理、方便书写和记忆，每个 IPv4 地址分为 4 段，段与段之间用小数点隔开，每段再用一个十进制整数表示，每个十进制整数的取值范围是 0-255。

20．答案 C。解析：浏览器是用于实现包括 WWW 浏览功能在内的多种网络功能的应用软件，是用来浏览WWW上丰富信息资源的工具，因此要上网浏览网页的话，需要安装浏览器软件。

二、Windows基本操作题（每小题2分，共10分）

打开“一级模拟试卷2”文件夹，以此文件夹作为考生文件夹。

1．将考生文件夹下EDIT\POPE文件夹中的文件CENT.PAS设置为隐藏属性。

（1）打开考生文件夹下EDIT\POPE文件夹，选定CENT.PAS文件。

（2）选择“主页”选项卡→“打开”组→“属性”按钮（或者右击→“属性”），即可打开“属性”对话框。

（3）在“属性”对话框“常规”选项卡的“属性”栏下，勾选“隐藏”复选框，单击“确定”按钮关闭对话框。

2．将考生文件夹下BROAD\BAND文件夹中的文件GRASS.FOR删除。

（1）打开考生文件夹下BROAD\BAND文件夹，选定GRASS.FOR文件。

（2）按Delete键，弹出“删除文件”对话框。

（3）单击“是”按钮，将文件删除到回收站。

3．考生文件夹下COMP文件夹中建立一个新文件夹COAL。

（1）打开考生文件夹下COMP文件夹。

（2）选择“主页”选项卡→“新建”组→“新建文件夹”按钮（或者右击文件夹窗口内容窗格空白区→“新建”→“文件夹”），即可生成新的文件夹，此时文件夹的名字处呈现蓝色可编辑状态，编辑名称为题目指定的名称COAL，按Enter键确认完成命名。

4．将考生文件夹下STUD\TEST文件夹中的文件夹SAM复制到考生文件夹下的KIDS\CARD文件夹中，并将文件夹改名为HALL。

（1）打开考生文件夹下STUD\TEST文件夹，选定SAM文件夹。

（2）选择“主页”选项卡→“剪贴板”组→“复制”按钮（或者按快捷键Ctrl+C）。

（3）打开考生文件夹下KIDS\CARD文件夹。

（4）选择“主页”选项卡→“剪贴板”组→“粘贴”按钮（或者按快捷键Ctrl+V）。

（5）选定移动来的文件夹并按F2键，此时文件夹的名字处呈现蓝色可编辑状态，编辑名称为题目指定的名称HALL，按Enter键确认完成重命名。

5. 将考生文件夹下CALIN\SUN文件夹中的文件夹MOON移动到考生文件夹下LION文件夹中。

（1）打开考生文件夹下CALIN\SUN文件夹，选定MOON文件夹。

（2）选择“主页”选项卡→“剪贴板”组→“剪切”按钮（或者按快捷键Ctrl+X）。

（3）打开考生文件夹下LION文件夹。

（4）选择“主页”选项卡→“剪贴板”组→“粘贴”按钮（或者按快捷键Ctrl+V）。

三、上网题（10分）

1．网页浏览与下载。

（1）启动Internet Explorer或Edge浏览器，在地址栏中输入网址“http://localhost/index.html”并按Enter键；在打开的页面中单击“盛唐诗韵”链接，在弹出的子页面中单击“李白”链接；

在新打开的页面中，右击图片→“图片另存为”，弹出“另存为”对话框；在对话框中找到考生文件夹所在的位置，将“文件名”修改为“LIBAI”，“保存类型”默认“JPG,JPEG(*.JPG)”不变，单击“保存”按钮关闭对话框。

（2）单击“代表作”链接，选定“将进酒”所有文本内容，按快捷键 Ctrl+C 复制。打开考生文件夹，右击空白区→“新建”→“文本文档”，并重命名为“LBDBZ”，扩展名.txt 保持不变；打开该文档，按快捷键 Ctrl+V，于是将复制的整篇“将进酒”内容粘贴到本文档中；按快捷键 Ctrl+S 保存文档，关闭文档。最后关闭浏览器窗口。

2．发送电子邮件。

（1）启动 Outlook Express，单击“创建邮件”按钮，打开“新邮件”窗口；在“收件人”框中输入“wj@mail.cumtb.edu.cn”，在“抄送”框中输入“lm@sina.com”，在内容区输入邮件正文“王军：您好！现将资料发送给您，请查收。赵华”。

（2）单击“附件”按钮，在弹出的“打开”对话框中找到并选中考生文件夹下的“jsjxkjj.txt”文件，单击“打开”按钮，关闭对话框。

（3）在“主题”框中输入“资料”，单击“发送”按钮，在弹出的提示对话框中单击“确定”按钮。最后关闭 Outlook Express 窗口。

四、WPS 文字题（25 分）

打开“一级模拟试卷 2”文件夹下的文档“WPS.docx”，在 WPS 文字窗口中完成下列操作：

1．批量替换。

选择“开始”选项卡→“查找”组→“查找替换”下拉按钮→“替换”（或者按快捷键 Ctrl+H），弹出“查找和替换”对话框，在“查找内容”框中输入“程序源”，在“替换为”框中输入“程序员”，单击“全部替换”按钮，在弹出的提示框中单击“确定”按钮，返回“查找和替换”对话框，单击“关闭”按钮。

2．页面设置。

（1）选择“页面”选项卡→“页面设置”组→对话框启动器按钮，弹出“页面设置”对话框；在“纸张”选项卡下→“纸张大小”选项组中，选择“A4”，在“页边距”选项卡下→在“页边距”选项组中，“方向”设置为“横向”，设置“上”“下”均为“2.5 厘米”，设置“左”“右”均为“3 厘米”，单击“确定”按钮。

（2）选择“页面”选项卡→“效果”组→“背景”下拉按钮，在弹出的下拉列表中选择颜色为“白色，背景 1，深色 5%”。

3．对标题和正文进行格式设置。

（1）选定标题内容文字（“活动通知：1024 金山程序员节”），选择“开始”选项卡→“字体”组→“文字效果”下拉按钮→“艺术字”→“填充，黑色，文本 1，阴影”艺术字效果样式。选择“开始”选项卡→“字体”组→对话框启动器按钮，弹出“字体”对话框；在“字体”选项卡下，设置“字号”为“小一”，设置“字形”为“加粗”，设置“中文字体”为“微软雅黑”。切换至“字符间距”选项卡下，设置“间距”为“加宽”，设置“值”为“0.05 厘米”，单击“确定”按钮。选择“开始”选项卡→“段落”组→对话框启动器按钮，弹出“段落”对话框；在“缩进和间距”选项卡下→“常规”选项组中，设置“对齐方式”为“居中对齐”；在“间距”选项组下，设置“段前”为“0 磅”，设置“段后”为“10 磅”，单击“确定”按钮。

（2）选定正文 2～4 段落内容，选择“开始”选项卡→“段落”组→“项目符号”下拉按钮→“自定义项目符号”，弹出“项目符号和编号”对话框，在“项目符号”选项卡下，任意选择一种符号样式，然后单击“自定义”按钮，弹出“自定义项目符号列表”对话框，单击“字符”按钮，弹出“符号”对话框，将“字体”选择为“Arial”，选择符合题目要求的符号“§”，最后依次单击“插入”和“确定”按钮。

（3）选定正文 1～15 段落，选择“开始”选项卡→“字体”组→对话框启动器按钮，弹出“字体”对话框；在“字体”选项卡下，设置“字号”为“五号”，设置“中文字体”为“黑体”，设置“西文字体”为“Arial”，单击“确定”按钮。选择“开始”选项卡→“段落”组→对话框启动器按钮，弹出“段落”对话框；在“缩进和间距”选项卡下，“缩进”选项组中，选择“特殊格式”为“首行缩进”，设置“度量值”为“2 字符”；“间距”选项组中，设置“行距”为“1.5 倍行距”，单击“确定”按钮。

（4）选定正文 14～15 段落（落款与日期），单击“开始”选项卡→“段落”组→“右对齐”按钮。

4．文本转换表格并进行格式设置。

（1）选定正文第 6～11 段落，选择“插入”选项卡→“常用对象”组→“表格”下拉按钮→“文本转换成表格”，弹出“将文字转换成表格”对话框，“文字分隔位置”组下选择“空格”单选按钮，单击“确定”按钮。

（2）选定表格，右击→“表格属性”，弹出“表格属性”对话框；在“表格”选项卡下→“尺寸”选项组→勾选“指定宽度”复选框，设置“指定宽度”为“60 百分比”；“对齐方式”选项组→选择“左对齐”，设置“左缩进”为“1 厘米”。切换到“行”选项卡→勾选“指定高度”复选框，设置“行高值是”为“固定值”，设置“指定高度”为“0.8 厘米”，单击“确定”按钮。

（3）选定表格第 1 行的三个单元格，选择“表格工具”上下文选项卡→“合并拆分”组→“合并单元格”按钮；选择“表格工具”上下文选项卡→“对齐方式”组→“水平居中”按钮、“垂直居中”按钮。同样方法，合并第 3 列第 3～4 行和 5～6 行单元格，并设置水平居中、垂直居中。

（4）选定整个表格，选择“表格样式”上下文选项卡→“表格样式”组，单击样式列表框右侧下拉按钮，弹出的下拉列表，选择“网格表 3-双线边框”样式。

5．添加页眉和页脚。

（1）双击页脚编辑区，进入页脚编辑状态；在页脚编辑区输入文字“用户第一/坚持创新/诚信正直/乐观坚韧”；单击“开始”选项卡→“段落”组→“居中对齐”按钮。

（2）在页眉编辑区输入文字“金山办公”；单击“开始”选项卡→“段落”组→“居中对齐”按钮；选择“页眉和页脚”上下文选项卡→“页眉和页脚”组→“页眉横线”下拉按钮→单细线“——”；双击正文编辑区，返回到正文编辑状态。

6．插入图片和文本框。

（1）将光标置于文档空白处，选择“插入”选项卡→“常用对象”组→“图片”下拉按钮→“本地图片”，弹出“插入图片”对话框，找到并选中考生文件夹下的图片“金小獴.png”，单击“打开”按钮。选定图片，选择“图片工具”上下文选项卡→“排列”组→“环绕”下拉按钮→“浮于文字上方”。

（2）选定图片，选择“图片工具”上下文选项卡→“大小”组，取消勾选“锁定纵横比”复选框；“高度”为“5 厘米”，“宽度”设置为“5 厘米”。选定图片，弹出快捷菜单，单击其中的“裁剪”按钮，进入裁剪状态，从右侧裁剪任务面板中选择“按形状裁剪”→基本形状“椭圆”。然后按 Esc 键退出剪裁状态，将图片移动到页面右侧空白处。

（3）选择“插入”选项卡→“常用对象”组→“文本框”按钮，鼠标指针呈“+”状，拖拽鼠标即可拉出一个矩形，并且插入点在其中闪动，输入文字“节日快乐”。选定文本框，右击→“设置对象格式”，打开“属性”任务窗格→“形状选项→填充与线条”→将“填充”设置为“无填充”→将“线条”设置为“无线条”。

（4）保存并关闭文档。

五、WPS 表格题（20 分）

打开“一级模拟试卷 2”文件夹下的文档“ET.xlsx”，在 WPS 表格窗口中完成下列操作：

1. 工作表重命名及行列设置。

（1）选定“Sheet1”工作表标签，右击→“重命名”，输入“装修预算表”，按 Enter 键。

（2）选定 A1:H1 区域，选择“开始”选项卡→“对齐方式”组→“合并及居中”按钮。选择“开始”选项卡→“单元格”组→“行和列”下拉按钮→“行高”，弹出“行高”对话框，设置“行高”为“30 磅”，单击“确定”按钮。

（3）选定表格的 B 列、C 列和 J 列（共计 3 列，用 Ctrl 键选定不连续区域），选择“开始”选项卡→“单元格”组→“行和列”下拉按钮→“最适合的列宽”。

2. 工作表中计算。

（1）在“装修预算表”工作表中，单击 H3 单元格，输入公式“=E3*(F3+G3)”，并按 Enter 键。选定 H3 单元格，将鼠标指针移到 H3 单元格右下角的填充柄，鼠标指针由“✚”状变为“+”状，此时双击，即可完成对序列的填充。右击→“设置单元格格式”，弹出“单元格格式”对话框，在“数字”选项卡下，选择“分类”组中的“货币”，设置“小数位数”为“2”，设置“货币符号”为“¥ 中文(简体，中国)”，单击“确定”按钮。

（2）K3 单元格中输入公式“=SUMIF($B$3:$B$32,J3,$H$3:$H$32)”，并按 Enter 键。选定 K3 单元格，拖动 K3 单元格的填充柄到 K9 单元格。

（3）在 L3 单元格中输入公式“=IFS(K3>=10000,"贵",K3>=5000,"中等",K3<5000,"便宜")”，并按 Enter 键。选定 L3 单元格，拖动 L3 单元格的填充柄到 L9 单元格。

3. 设置条件格式。

（1）在“装修预算表”工作表中，选定 F3:F32 区域，选择“开始”选项卡→“样式”组→“条件格式”下拉按钮→“突出显示单元格规则”→“大于”，打开“大于”对话框。在对话框中输入“1000”；在“设置为”下拉列表中选择“浅红填充色深红色文本”，单击“确定”按钮。选择“开始”选项卡→“样式”组→“条件格式”下拉按钮→“突出显示单元格规则”→“小于”，打开“小于”对话框。在对话框中输入“100”，“设置为”选择“自定义格式”，弹出“单元格格式”对话框，在“字体”选项卡下，设置“字形”为“加粗”，“颜色”为“标准色”“蓝色”，单击“确定”按钮返回到“小于”对话框，单击“确定”按钮。

（2）选定 H3:H32 区域，选择“开始”选项卡→“样式”组→“条件格式”下拉按钮→

“数据条”，右侧弹出的级联菜单中选择“渐变填充”组中的“红色数据条”。

4．生成并修饰图表。

（1）在“家具类别汇总”工作表中，选定 A2:B5 区域，选择“插入”选项卡→“图表”组→“图表”按钮，弹出“图表”对话框，从左侧的图表类型列表中选择“条形图”，然后选择对应的图表子类型“簇状”选项卡，单击图表预览区的效果图，于是在工作表区域生成一个图表。调整图表大小并将图表移动到 A7:G20 区域中。

（2）选定图表，修改图表标题“总计”为“家具类别汇总”。选定图表，选择“图表工具”上下文选项卡→“图表样式”组→“样式 7”样式。选择“图表工具”上下文选项卡→“图表布局”组→“添加元素”下拉按钮→“数据标签”→“数据标签内”。

5．数据排序、汇总。

（1）在“家具清单”工作表中，选定任意带有数据单元格，选择“开始”选项卡→“数据处理”组→“排序”下拉按钮→“自定义排序”，弹出“排序”对话框。默认勾选“数据包含标题”复选框，设置“主要关键字”为“类别”，设置“次序”为“升序”；单击“添加条件”按钮，设置“次要关键字”为“总计（元）”，设置“次序”为“降序”，单击“确定”按钮。

（2）右击 A 列标签→“在左侧插入列”“1”列。选定 A1 单元格，输入“序号”，在 A2 单元格输入“A01”；选定 A2 单元格，将鼠标指针移到 A2 单元格右下角的填充柄，鼠标指针由“✚”状变为“+”状，此时双击，即可将 A2:A31 区域自动填充“A01、A02、A03……A30”。

（3）单击工作表中任意带数据的单元格，选择“数据”选项卡→“分级显示”组→“分类汇总”按钮，弹出“分类汇总”对话框；选择分类字段为“类别”，汇总方式为“求和”，在“选定汇总项”中勾选“总计（元）”复选框，默认勾选“汇总结果显示在数据下方”复选框，单击“确定”按钮。

6．打印设置。

（1）在“家具清单”工作表中，选择“页面”选项卡→“打印设置”组→对话框启动器按钮↘，弹出“页面设置”的对话框；在“工作表”选项卡下，将打印区域选取为$A$1:$G$35。

（2）在“页面设置”的对话框的“页边距”选项卡→“居中方式”选项组下，勾选“水平”复选框，勾选“垂直”复选框，单击“确定”按钮。单击“页面”选项卡→“打印设置”组→“页边距”下拉按钮→“窄”。

（3）保存并关闭工作簿。

六、WPS 演示题（15 分）

打开“一级模拟试卷 2”文件夹下的文档“WPP.pptx”，在 WPS 演示窗口中完成下列操作：

1．在母版视图中设置主题，修改占位符样式。

（1）选择“视图”选项卡→“母版视图”组→“幻灯片母版”按钮，进入幻灯片母版视图。选定幻灯片母版缩略图（窗口左侧最大的第 1 张缩略图），选择“幻灯片母版”选项卡→“编辑主题”组→“主题”下拉按钮，在弹出的“主题”下拉列表中选择“角度”主题。

（2）选定标题占位符，选择“开始”选项卡→“字体”组→对话框启动器按钮↘，弹出“字体”对话框，设置“中文字体”为“微软雅黑”，“字形”为“加粗”，“字号”为“40”，“所有文字”选项组中将“字体颜色”设置成“茶色，着色 5，深色 50%”，单击“确定”按钮。

（3）选定内容占位符，选择“开始”选项卡→“字体”组→“字体颜色”下拉按钮→“茶色，着色 5，深色 25%”，单击“确定”按钮。

（4）选择“插入”选项卡→“图形和图像”组→“图片”下拉按钮→“本地图片”，弹出“插入图片”对话框，找到并选中考生文件夹下的图片“咖啡杯.png”，单击“打开”按钮。选定图片，右击→“设置对象格式”，窗口右侧弹出“对象属性”任务窗格，单击“大小与属性”选项卡，展开“位置”选项组，“水平位置”设为“25”厘米，“相对于”选择“左上角”；再设置“垂直位置”为“10”厘米，“相对于”选择“左上角”。

（5）单击状态栏右侧的“普通视图”按钮切换至普通视图。

2．设置幻灯片页面背景。

（1）选定任一张幻灯片，选择“设计”选项卡→“背景版式”组→“背景”按钮，窗口右侧弹出“对象属性”窗格，在“填充”选项组下，单击“图片或纹理填充”单选按钮，“纹理填充”选择“编织”，设置“透明度”为“90%”，单击“全部应用”按钮。

（2）选择“插入”选项卡→“页眉页脚”组→“页眉页脚”按钮，打开“页眉和页脚”对话框；勾选“日期和时间”复选框和“自动更新”单选框，勾选“幻灯片编号”复选框和“标题幻灯片不显示”复选框，单击“全部应用”按钮。

3．对第 5 张幻灯片更改版式、插入图片和艺术字。

（1）选定第 5 张幻灯片，选择“开始”选项卡→“幻灯片”组→“版式”下拉按钮→“两栏内容”。

（2）在第 5 张幻灯片中，单击右侧占位符中的“插入图片”按钮，弹出“插入图片”对话框，找到并选中考生文件夹下的“咖啡豆.jpg”图片，单击“打开”按钮，于是图片被插入到占位符位置。选定图片，选择“图片工具”上下文选项卡→“大小”组→“裁剪”下拉按钮→“裁剪”，从下级列表中选择“矩形”组中的“圆角矩形”，然后按 Esc 键退出裁剪。选定图片，选择“图片工具”上下文选项卡→“排列”组→“对齐”下拉按钮→“水平居中”，如此再选择下拉列表中的“垂直居中”。

（3）选择“插入”选项卡→“文本”组→“艺术字”下拉按钮，从展开的下拉列表中选择“填充-茶色，着色 5，轮廓-背景 1，清晰阴影-着色 5”样式，于是在幻灯片上出现艺术字文本框，输入文字“咖啡豆”。选定艺术字，通过“开始”选项卡→“字体”组，设置“字号”为“40”。选定艺术字，选择“文本工具”上下文选项卡→“艺术字样式”组→“效果”下拉按钮→“倒影”→“倒影变体”组下的“紧密倒影，接触”。将艺术字移动至图片下方。

4．为第 3 张幻灯片中的图片设置动画效果。

（1）选定第 3 张幻灯片中的图片，单击“动画”选项卡→“动画工具”组→“动画窗格”按钮，展开“动画窗格”任务窗格。

（2）在“动画窗格”任务窗格中，单击“添加效果”下拉按钮，从弹出的下拉列表中选择“进入”→“温和型”→“翻转式由远及近”。

（3）继续在任务窗格中设置“速度”为“非常快”，设置“开始”为“与上一动画同时”。

5．为所有幻灯片设置切换效果。

（1）在“切换”选项卡→“切换”组中，单击切换样式列表下拉按钮，在展开的切换样式下拉列表中，选择“擦除”，单击“效果选项”下拉按钮→“向左”。

（2）在“切换”选项卡→“换片方式”组中，勾选“自动换片”复选框，“自动换片”

设置为“00:05”；单击“应用到全部”按钮。

6．设置幻灯片放映类型.

（1）选择“放映”选项卡→“放映设置”组→“放映设置”按钮，弹出“设置放映方式”对话框，在对话框中，选择“放映类型”为“展台自动循环放映(全屏幕)”，单击“确定”按钮。

（2）保存并关闭演示文稿。

一级模拟试卷 3 参考答案

一、单项选择题（每小题 1 分，共 20 分）

1．答案 D。解析：金山办公软件 WPS Office 包含多个组件，主要有文字处理组件 WPS 文字，表格处理组件 WPS 表格，演示文稿制作组件 WPS 演示，以及 WPS PDF 组件。

2．答案 D。解析：字节是存储容量的基本单位，1 个字节由 8 位二进制组成。

3．答案 B。解析：国际通用的 ASCII 码为 7 位，且最高位不总为 1；所有大写英文字母的 ASCII 码都小于小写英文字母 a 的 ASCII 码；标准 ASCII 码表有 128 个不同的字符编码。

4．答案 D。解析：在 Windows 10 系统中，通过“Windows 设置”或“控制面板”都可以打开“程序和功能”窗口，从而进行应用程序的卸载或更改操作。应用程序安装后，在“开始”菜单应用列表中，既有程序的启动项也有卸载项。应用程序安装到系统中，需要在系统注册表中注册必要的信息、注册系统服务等，直接删除程序文件并不能删除注册信息。

5．答案 C。解析：反病毒软件只能检测出已有的病毒并消灭它们，并不能查杀任意种类的病毒；计算机病毒是一种具有破坏性的程序；计算机本身对计算机病毒没有免疫性。

6．答案 D。解析：二进制是计算技术中被广泛采用的一种数制。二进制数据是用 0 和 1 两个数码来表示的数。它的基数为 2，进位规则是“逢二进一”。在一个非零无符号二进制整数之后添加一个 0，相当于将原数据的每位数字左移 1 位，得到的值是原来数值的 2 倍；若去掉末尾一个 0，相当于将原数据的每位数字右移 1 位，数值为原来数值的 1/2 倍；若去掉末尾两个 0，数据为原数据的 1/4 倍。

7．答案 C。解析：系统总线分为三类：数据总线、地址总线、控制总线。

8．答案 C。解析：CPU 是计算机的核心部件，包括运算器和控制器，控制计算机各个部件协调工作。

9．答案 B。解析：断电后 RAM 内的数据会丢失，ROM、硬盘、U 盘、软盘中的数据不丢失。

10．答案 A。解析：汉字的内码=国标码+ 8080H，此汉字的内码=5E38H+8080H=DEB8H。

11．答案 D。解析：计算机的主要性能指标有主频、字长、运算速度、存储容量和存取周期。

12．答案 B。解析：用高级语言编写的源程序必须翻译成机器语言后才能被计算机执行，高级语言执行效率低，可读性好，不依赖于计算机，所以可移植性好。

13．答案 B。解析：系统软件主要包括操作系统、语言处理系统、系统性能检测和实用工具软件等，其中最主要的是操作系统，它用于管理计算机的软硬件资源，控制计算机各部件协调工作。

14．答案 B。解析：软件系统主要包括系统软件和应用软件。办公自动化软件、指挥信息系统都是属于应用软件，Windows 10 属于系统软件。

15．答案 C。解析：计算机只能直接执行机器语言，高级语言要经过编译、链接后才能被执行，低级语言包括机器语言和汇编语言，具有代码短小、执行效率高的特点，这一点是高级语言所不及的。

16．答案 B。解析：Android 是手机操作系统，属于系统软件。

17．答案 C。解析：计算机网络的主要目标是在功能完备的网络软件支持下实现资源共享和数据传输。

18．答案 C。解析：常用的有线传输介质有双绞线、同轴电缆、光纤。微波、红外线、激光都属于无线传输介质。

19．答案 A。解析：为了便于管理、方便书写和记忆，每个 IP 地址分为 4 段，段与段之间用小数点隔开，每段再用一个十进制整数表示，每个十进制整数的取值范围是 0～255。

20．答案 D。解析：计算机以拨号接入 Internet 网时使用的是电话线，但它只能传输模拟信号，如果要传输数字信号必须用调制解调器（Modem）把它转化为模拟信号。

二、Windows 基本操作题（每小题 2 分，共 10 分）

打开“一级模拟试卷 3”文件夹，以此文件夹作为考生文件夹。

1．将考生文件夹下 TIUIN 文件夹中的文件 ZHUCE.BAS 删除。

（1）打开考生文件夹下 TIUIN 文件夹，选定 ZHUCE.BAS 文件。

（2）按 Delete 键，弹出“删除文件”对话框。

（3）单击“是”按钮，于是将文件删除到回收站。

2．将考生文件夹下 VOTUNA 文件夹中的文件 BOYABLE.DOC 复制到同一文件夹下，并命名为 SYAD.DOC。

（1）打开考生文件夹下 VOTUNA 文件夹，选定 BOYABLE.DOC 文件。

（2）选择“主页”选项卡→“剪贴板”组→“复制”按钮（或者按快捷键 Ctrl+C）。

（3）选择“主页”选项卡→“剪贴板”组→“粘贴”按钮（或者按快捷键 Ctrl+V）。

（4）选定复制来的文件。

（5）按 F2 键，此时文件的名字处呈现蓝色可编辑状态，编辑名称为题目指定的名称 SYAD.DOC。

3．在考生文件夹下 SHEART 文件夹中新建一个文件夹 RESTICK。

（1）打开考生文件夹下 SHEART 文件夹。

（2）选择“主页”选项卡→“新建”组→“新建文件夹”按钮（或者右击文件夹窗口内容窗格空白区→“新建”→“文件夹”），即可生成新的文件夹，此时文件夹的名字处呈现蓝色可编辑状态，编辑名称为题目指定的名称 RESTICK，按 Enter 键确认完成命名。

4．将考生文件夹下 BENA 文件夹中的文件 PRODUCT.WRI 设置为只读属性，并撤消该文档的存档属性。

（1）打开考生文件夹下 BENA 文件夹，选定 PRODUCT.WRI 文件。

（2）选择“主页”选项卡→“打开”组→“属性”按钮（或者右击→“属性”），即可打开“属性”对话框。

（3）在“属性”对话框“常规”选项卡的“属性”栏下，勾选“只读”复选框，单击“高级”按钮，打开“高级属性”对话框，取消勾选“可以存档文件”复选框，单击“确定”按钮关闭对话框。

5．将考生文件夹下 HWAST 文件夹中的文件 XIAN.FPT 重命名为 YANG.FPT。

（1）打开考生文件夹下 HWAST 文件夹，选定 XIAN.FPT 文件。

（2）按 F2 键，此时文件的名字处呈现蓝色可编辑状态，编辑名称为题目指定的名称 YANG.FPT，按 Enter 键确认完成重命名。

三、上网题（10 分）

1．网页浏览与下载。

（1）启动 Internet Explorer 或 Edge 浏览器，在地址栏中输入网址 http://localhost/index.htm，并按 Enter 键；在打开的页面中找到“最强选手”下关于“王峰”的链接并单击，打开关于“王峰”的介绍页面；选择“文件”菜单→“另存为”（或按组合键 Ctrl+S）命令，弹出“另存为”对话框，在对话框中找到考生文件夹所在的位置，将“文件名”修改为“WangFeng”，“保存类型”为“网页,仅 HTML(*.html;*.htm)”，单击“保存”按钮关闭对话框。

（2）在页面中找到关于“王峰”的图片→右击→“图片另存为”，弹出的“另存为”对话框；在对话框中找到考生文件夹所在的位置，将“文件名”修改为“Photo”，“保存类型”默认“JPG,JPEG(*.JPG)”不变，单击“保存”按钮。最后关闭浏览器窗口。

2．收发电子邮件。

（1）启动 Outlook Express，单击“发送/接收”按钮，在弹出的提示对话框中单击“确定”按钮，于是在预览邮件窗口中可见邮件列表；在收件箱的邮件列表中，双击 zhaoyu@ncre.com 发来的主题为“生日快乐”的邮件，打开“读取邮件”窗口；在附件名处右击→“另存为”，弹出“另存为”对话框；在打开的“另存为”对话框中，找到考生文件夹所在的位置，单击“保存”按钮。

（2）单击“答复”按钮，弹出“Re:生日快乐”窗口；在内容区输入邮件正文“贺卡已收到，谢谢你的祝福，也祝你天天幸福快乐！”；单击“发送”按钮，在弹出的提示对话框中单击“确定”按钮。最后关闭 Outlook Express 窗口。

四、WPS 文字题（25 分）

打开“一级模拟试卷 3”文件夹下的文档“WPS.docx”，在 WPS 文字窗口中完成下列操作：

1．页面设置。

在“页面”选项卡→“页面设置”组中，直接设置“上”为“2.8 厘米”，“下”为“2.8 厘米”，设置“左”为“3.5 厘米”，“右”为“3.5 厘米”。

2．为文档第一行设置格式。

（1）选定第一行文字“公司会议通知”，单击“开始”选项卡→“段落”组→“居中对齐”按钮☰。

（2）选择“开始”选项卡→“字体”组→对话框启动器按钮↘，弹出“字体”对话框。在“字体”选项卡下，设置“字号”为“36”，设置“字体颜色”为“红色（标准色）”，设置“中文字体”为“黑体”。在“字符间距”选项卡下，设置“间距”为“加宽”，设置“值”为

“0.2 厘米”，单击“确定”按钮。

3．为标题一到标题六的文本设置格式。

（1）选定正文标题一“一、会议主题”，按住 Ctrl 键不放，再选定标题二“二、会议时间”，如此依次选定标题一到标题六。

（2）在“开始”选项卡→“字体”组中，设置“字体”为“楷体”，“字号”为“三号”。

4．为标题一到标题五下的内容设置格式。

（1）选定正文标题一下面的内容“2018 上半年公司总结表彰大会”，按住 Ctrl 键不放，再选定标题二下面的内容“2018 年 7 月 8 日晚 19：00-21：00”，依次选定标题一到标题五下面的文字。

（2）在“开始”选项卡→“字体”组中，设置“字号”为“小四”。

（3）选择“开始”选项卡→“段落”组→对话框启动器按钮，弹出“段落”对话框。在“缩进和间距”选项卡下，在“缩进”选项组，选择“特殊格式”为“首行缩进”，“度量值”默认为“2 字符”，单击“确定”按钮。

5．文本转换表格。

（1）选定标题六下的五行内容，选择“插入”选项卡→“常用对象”组→“表格”下拉按钮→“文本转换成表格”，弹出“将文字转换成表格”对话框，文字分隔位置设置为“空格”，单击“确定”按钮。

（2）选定表格，选择“表格工具”上下文选项卡→“对齐方式”组→“水平居中”按钮。

（3）选定表格标题行，在“开始”选项卡→“字体”组中，设置“字体”为“隶书”，“字号”为“三号”。

（4）选定表格部门标题列下的四个单元格，在“开始”选项卡→“字体”组中，设置“字体”为“楷体”，“字号”为“小四”。

6．对“凯斯威科技股份有限公司”内容设置格式。

（1）选定内容“凯斯威科技股份有限公司”，在“开始”选项卡→“字体”组中，设置“字号”为“小四”。选择“开始”选项卡→“字体”组→对话框启动器按钮，弹出“字体”对话框；在“字符间距”选项卡下，设置“间距”为“加宽”，设置“值”为“0.05 厘米”，单击“确定”按钮。

（2）选择“开始”选项卡→“段落”组→对话框启动器按钮，弹出“段落”对话框。在“缩进和间距”选项卡下，“常规”选项组→“对齐方式”为“右对齐”；“缩进”选项组→“文本之后”为“1 字符”；单击“确定”按钮。

7．为“2018 年 7 月 3 日”内容设置格式。

（1）选定内容“2018 年 7 月 3 日”，在“开始”选项卡→“字体”组中，设置“字号”为“小四”。选择“开始”选项卡→“字体”组→对话框启动器按钮，弹出“字体”对话框；在“字符间距”选项卡→设置“间距”为“加宽”，设置“值”为“0.05 厘米”，单击“确定”按钮。

（2）选择“开始”选项卡“段落”组→对话框启动器按钮，弹出“段落”对话框。在“缩进和间距”选项卡下的“常规”选项组→设置“对齐方式”为“右对齐”；“缩进”选项组→设置“文本之后”为“3.5 字符”；“间距”选项组→设置“段前”为“1 行”；单击“确定”按钮。

（3）保存并关闭文档。

五、WPS 表格题（20 分）

打开“一级模拟试卷 3”文件夹下的文档“ET.xlsx”，在 WPS 表格窗口中完成下列操作：

1．对标题设置格式。

在“员工酬金统计”工作表中，选定 A1:G1 区域，选择“开始”选项卡→“对齐方式”组→“合并及居中”按钮。在“开始”选项卡→“字体”组中，设置“字体”为“黑体”，“字号”为“24”。

2．设置列标题格式。

在“员工酬金统计”工作表中，选定 A2:G2 区域，选择“开始”选项卡→“对齐方式”组→“水平居中”按钮，在“开始”选项卡→“字体”组中，单击“加粗”按钮B，“字号”设置为“12”。

3．计算各位员工的总酬金。

（1）在“员工酬金统计”工作表中，选定 G3 单元格，输入公式“=F3*(1+4%)^(E3-1)”并按 Enter 键。选定 G3 单元格，将鼠标指针移到 G3 单元格右下角填充柄的位置，鼠标指针由“✚”状将变为“+”状，此时双击，即可完成对序列的填充。

（2）选定 G3:G52 区域，右击→“设置单元格格式”，弹出“单元格格式”对话框。在“数字”选项卡下，选择“分类”组中的“数值”，设置“小数位数”为“2”，单击“确定”按钮。

4．计算企业职工酬金平均值。

（1）在 G54 单元格中输入公式“=AVERAGE(G3:G52)”并按 Enter 键。

（2）选定 G54 单元格，单击“开始”选项卡→“数字格式”组→“减少小数位数”按钮，多次单击，直至 G54 单元格中数据变为整数。

5．计算企业职工的酬金总额。

（1）在 G55 单元格中输入公式“=SUM(G3:G52)”并按 Enter 键。

（2）选定 G55 单元格，单击“开始”选项卡→“数字格式”组→“减少小数位数”按钮，多次单击，直至 G55 单元格中数据变为整数。

6．使用数据透视表计算各部门人数。

（1）在“员工酬金统计”工作表中，选定 J8 单元格，选择“数据”选项卡→“透视表”组→“数据透视表”按钮，弹出“创建数据透视表”对话框；在对话框中选择“请选择单元格区域”单选按钮，然后在“员工酬金统计”工作表中选取 A2:G52 区域，单击“确定”按钮。

（2）在窗口右侧展开的“数据透视表”任务窗格中，将“部门”字段拖入“行”标签处，再将“部门”字段拖到“值”标签处，完成数据透视表的创建。

7．创建数据透视图。

（1）选定数据透视表，选择“插入”选项卡→“图表”组→“图表”按钮，弹出“图表”对话框，从左侧的图表类型列表中选择“饼图”，然后单击图表预览区的效果图，于是在工作表区域生成一个图表。调整图表大小并将图表移动到 J17:P34 区域中。

（2）选定图表，选择“图表工具”上下文选项卡→“图表布局”组→“添加元素”下拉按钮→“图表标题”→“图表上方”；将图表标题默认的“汇总”修改为“凯恩公司各部门员工百分比汇总图”。

（3）选定图表，选择“图表工具”上下文选项卡→“图表布局”组→“添加元素”下拉按钮→“图例”→“右侧”。

（4）单击选定图表→单击选定系列→单击选定数据标签，单击窗口右侧“任务窗格工具栏”中的“属性”按钮，在窗口右侧弹出“属性”任务窗格。选定“标签”选项卡，在“标签选项”选项组→取消勾选“值”复选框，勾选“百分比”复选框，于是数据标签以百分比形式显示。

（5）保存并关闭工作簿。

六、WPS 演示题（15 分）

打开“一级模拟试卷 3”文件夹下的文档“WPP.pptx”，在 WPS 演示窗口中完成下列操作：

1．为第 1 张幻灯片设置动画。

（1）在普通视图下，选定第 1 张幻灯片，在幻灯片窗格中，选定主标题“实验室管理制度”，选择“动画”选项卡→“动画”组→动画列表框右侧的下拉按钮→选择“进入”→“基本型”→“百叶窗”。

（2）选定第一张幻灯片的副标题（“物理化学实验室”），选择“动画”选项卡→“动画”组→动画列表框右侧的下拉按钮，在展开的动画样式列表中，选择“进入”→“基本型”→“飞入”。

2．对第 2 张幻灯片的文本进行格式设置。

（1）选定第 2 张幻灯片中的“实验室管理细则”，按住 Ctrl 键不放，再选定“实验室环境与安全制度”“物理化学实验物品管理”，选择“文本工具”上下文选项卡→“艺术字样式”组→“填充”下拉按钮，在弹出的下拉列表中选择“主题颜色”下的“钢蓝，着色 1”。

（2）选择“文本工具”上下文选项卡→“艺术字样式”组→“效果”下拉按钮，在弹出的下拉列表中选择“阴影”→“外部”下的“右下斜偏移”。

3．为第 3 张幻灯片的标题和文本进行格式设置。

（1）选定第 3 张幻灯片，选定标题文本框，在“开始”选项卡→“字体”组中，设置“字号”为“54”。

（2）选定文本部分文本框，在“开始”选项卡→“字体”组中，设置“字体”为“黑体”，设置“字号”为“20”。选择“开始”选项卡→“段落”组→对话框启动器按钮，弹出“段落”对话框；在“缩进和间距”选项卡的“缩进”选项组，选择“特殊格式”为“首行缩进”，“度量值”设置为“2 字符”；单击“确定”按钮。

4．为第 4 张幻灯片插入图片。

选定第 4 张幻灯片，单击右侧占位符中的“插入图片”按钮，弹出“插入图片”对话框，找到并选中考生文件夹下的“安全标志.jpg”图片，单击“打开”按钮，于是图片被插入到占位符位置。

5．把第 5 张幻灯片左边一栏中的有关“化学药品……”的 5 条内容移到右边一栏，并将两栏内容的字体都设置为 28 号。

（1）选定第 5 张幻灯片，选择左侧一栏中的有关“化学药品……”的 5 条内容，使用快捷键 Ctrl+X 剪切，单击右边占位符，使用快捷键 Ctrl+V 粘贴。

（2）框选定左右两个文字框，在“开始”选项卡→“字体”组中，设置“字号”为“28”。

（3）保存并关闭演示文稿。

一级模拟试卷 4 参考答案

一、单项选择题（每小题 1 分，共 20 分）

1．答案 B。解析：1946 年世界上第一台名为 ENIAC 的电子计算机诞生于美国宾夕法尼亚大学。

2．答案 C。解析：1GB=1024MB=2^{10}MB，512MB=2^{9}MB，10GB=20*512MB。

3．答案 D。解析：6DH 为十六进制（在进制运算中，B 代表二进制数，D 表示十进制数，O 表示八进制数，H 表示十六进制数）。“m”的 ASCII 码值为 6DH，用十进制表示即为 6×16+13=109（D 在十进制中为 13）。“q”的 ASCII 码值在 m 的后面 4 位，即是 113，对应转换为十六进制，即为 71H。

4．答案 C。解析：防火墙是一项协助确保信息安全的设备，会依照特定的规则，允许或是限制传输的数据通过，即执行访问控制策略的一组系统。防火墙可以是一套专属的硬件，也可以是架设在一般硬件上的一套软件。

5．答案 B。解析：计算机病毒主要通过移动存储介质（如 U 盘、移动硬盘）和计算机网络两大途径进行传播。

6．答案。解析：十进制整数转换成二进制整数的方法是“除 2 取余法”。将 127 除以 2 得商 63，余 1。63 除以 2，得商 31，余 1。依次除下去直到商是 0 为止。以最先除得的余数为最低位，最后除得的余数为最高位，从最高位到最低位依次排列，便得到最后的二进制整数为 1111111。因此通过第一次除以 2，得到的余数为 1 就可直接排除 A、B、D 选项，故正确答案为 C 选项。

7．答案 A。解析：与 ENIAC 相比，EDVAC 的重大改进主要有两方面：一是把十进制改成二进制，这可以充分发挥电子元件高速运算的优越性；二是把程序和数据一起存储在计算机内，这样就可以使全部运算成为真正的自动过程。

8．答案 C。解析：CPU 主要由运算器和控制器组成。

9．答案 C。解析：计算机的存储器可分为内部存储器和外部存储器。内存是用来暂时存放处理程序、待处理的数据和运算结果的主要存储器，直接和中央处理器交换信息，由半导体集成电路构成。

10．答案 B。解析：内存是用来暂时存放处理程序、待处理的数据和运算结果的主要存储器，直接和中央处理器交换信息，由半导体集成电路构成。

11．答案 A。解析：微型计算机 CPU 的主要技术指标包括字长、时钟主频、运算速度、存储容量、存取周期等。

12．答案 C。解析：一个汉字是两个字节，一字节是 8bit，所以汉字内码码长是 16bit。

13．答案 D。解析：绘图仪是输出设备，扫描仪是输入设备，鼠标是输入设备，磁盘驱动器既能将存储在磁盘上的信息读进内存中，又能将内存中的信息写到磁盘上，因此，它既是输入设备又是输出设备。

14．答案 C。解析：Windows 10 是操作系统，属于系统软件。航天信息系统、Office 2016、决策支持系统等都是应用软件，故正确答案为 C 选项。

15．答案A。解析：高级程序语言结构丰富、可读性好、可维护性强、可靠性高、易学易掌握、写出来的程序可移植性好，重用率高，与机器结构没有太强的依赖性，同时高级语言程序不能直接被计算机识别和执行，必须由翻译程序把它翻译成机器语言后才能被执行。

16．答案B。解析：机器语言是计算机唯一能直接执行的语言。

17．答案D。解析：计算机网络由通信子网和资源子网两部分组成。通信子网的功能：负责全网的数据通信；资源子网的功能：提供各种网络资源和网络服务，实现网络的资源共享。

18．答案A。解析：计算机辅助就是以计算机为工具，配以专用软件，辅助人们完成特定的工作。如计算机辅助设计CAD、计算机辅助制造CAM、计算机辅助测试CAT、计算机辅助教学CAI等。

19．答案A。解析：商业组织的域名为.com；军事部门的域名为.mil；政府机关的域名为.gov。教育机构的域名为.edu。

20．答案D。解析：计算机分为巨型机、大型机、微型机、工作站和服务器。台式机、一体机、笔记本电脑、智能手机都属于微型计算机。

二、Windows基本操作题（每小题2分，共10分）

打开“一级模拟试卷4”文件夹，以此文件夹作为考生文件夹。

1．在考生文件夹下GPOP\PUT文件夹中新建一个名为HUX的文件夹。

（1）打开考生文件夹下GPOP\PUT文件夹。

（2）选择“主页”选项卡→“新建”组→“新建文件夹”按钮（或者右击文件夹窗口内容窗格空白区→“新建”→“文件夹”），即可生成新的文件夹，此时文件夹的名字处呈现蓝色可编辑状态，编辑名称为题目指定的名称HUX，按Enter键确认完成命名。

2．将考生文件夹下MICRO文件夹中的文件XSAK.BAS删除。

（1）打开考生文件夹下MICRO文件夹，选定XSAK.BAS文件。

（2）按Delete键，弹出“删除文件”对话框。

（3）单击“是”按钮，将文件删除到回收站。

3．将考生文件夹下COOK\FEW文件夹中的文件ARAD.WPS复制到考生文件夹下ZUME文件夹中。

（1）打开考生文件夹下COOK\FEW文件夹，选定ARAD.WPS文件。

（2）选择“主页”选项卡→“剪贴板”组→“复制”按钮（或者按快捷键Ctrl+C）。

（3）打开考生文件夹下ZUME文件夹。

（4）选择“主页”选项卡→“剪贴板”组→“粘贴”按钮（或者按快捷键Ctrl+V）。

4．将考生文件夹下ZOOM文件夹中的文件MACRO.OLD设置成隐藏属性。

（1）打开考生文件夹下ZOOM文件夹，选定MACRO.OLD文件。

（2）选择“主页”选项卡→“打开”组→“属性”按钮（或者右击→“属性”），即可打开“属性”对话框。

（3）在“属性”对话框“常规”选项卡的“属性”栏下，勾选“隐藏”复选框，单击“确定”按钮关闭对话框。

5．将考生文件夹下BEI文件夹中的文件SOFT.BAS重命名为BUAA.BAS。

（1）打开考生文件夹下BEI文件夹，选定SOFT.BAS文件。

（2）按 F2 键，此时文件的名字处呈现蓝色可编辑状态，编辑名称为题目指定的名称 BUAA.BAS，按 Enter 键确认完成重命名。

三、上网题（10 分）

1．网页浏览与下载。

（1）启动 Internet Explorer 或 Edge 浏览器，在地址栏中输入网址 http://localhost/index.htm，并按 Enter 键；在打开的页面中找到并单击“报名方式”链接。

（2）选定“报名方式”所有文本内容，按快捷键 Ctrl+C 复制。打开考生文件夹，右击空白区→“新建”→“DOCX 文档”，并重命名为“baoming”，扩展名.docx 保持不变；双击打开该文档，按快捷键 Ctrl+V，于是将复制的整篇“报名方式”内容粘贴到本文档中；按快捷键 Ctrl+S 保存文档，关闭文档。最后关闭浏览器窗口。

2．收发电子邮件。

（1）启动 Outlook Express，单击“发送/接收”按钮，在弹出的提示对话框中单击“确定”按钮，于是在预览邮件窗口中可见邮件列表；在收件箱的邮件列表中，双击 zhangqiang@ncre.com 发来的主题为“值班表”的邮件，打开“读取邮件”窗口；在附件名称上右击→“另存为”，弹出“另存为”对话框；在对话框中找到考生文件夹所在位置，单击“保存”按钮。

（2）单击“答复”按钮，弹出“Re:值班表”窗口；在内容区输入邮件正文“值班表已收到，会按时值班，谢谢！”；单击“发送”按钮，在弹出的提示对话框中单击“确定”按钮。最后关闭 Outlook Express 窗口。

四、WPS 文字题（25 分）

打开“一级模拟试卷 4”文件夹下的文档“WPS.docx”，在 WPS 文字窗口中完成下列操作：

1．批量替换。

（1）选择“开始”选项卡→“查找”组→“查找替换”下拉按钮→“替换”（或者按快捷键 Ctrl+H），弹出“查找和替换”对话框。

（2）在“查找内容”框中输入“黄岳”，在“替换为”框中输入“黄山”，单击“全部替换”按钮，在弹出的提示框中单击“确定”按钮，返回到“查找和替换”对话框，单击“关闭”按钮。

2．为文档的第 1 行设置格式。

（1）选定第 1 行文字内容“黄山四绝——奇松、怪石、云海、温泉”，在“开始”选项卡→“字体”组中，设置“字号”为“小二”，设置“字体”为“微软雅黑”。

（2）单击“开始”选项卡→“段落”组→对话框启动器按钮，弹出“段落”对话框。在“缩进和间距”选项卡的“常规”选项组中，设置“对齐方式”为“居中对齐”；在“间距”选项组，设置“段后”为“1 行”，单击“确定”按钮。

（3）选择“开始”选项卡→“字体”组→“文字效果”下拉按钮→“艺术字”→“渐变填充-钢蓝”。

3．对正文第 1～3 段设置格式。

（1）选定正文前三段文字内容“黄山雄踞于安徽南部……已成为全人类的瑰宝。”，在“开始”选项卡→“字体”组中，设置“字号”为“小四”，设置“字体”为“仿宋”。

（2）单击“开始”选项卡→“段落”组→对话框启动器按钮，弹出“段落”对话框。在“缩进和间距”选项卡的“缩进”选项组，选择“特殊格式”为“首行缩进”，“度量值”设置为“2 字符”；单击“确定”按钮。

4．插入图片。

（1）将光标置于第 1 段任意内容处，选择“插入”选项卡→“常用对象”组→“图片”下拉按钮→“本地图片”，弹出“插入图片”对话框，找到并选中考生文件夹下的图片“黄山云海.JPG”，单击“打开”按钮。

（2）选定图片，选择“图片工具”上下文选项卡→“排列”组→“环绕”下拉按钮→“四周型环绕”。

（3）选定图片，在“图片工具”上下文选项卡→“大小”组中，取消勾选“锁定纵横比”复选框；“高度”为“3.6 厘米”，“宽度”设置为“5.44 厘米”。

（4）选定图片，拖拽图片到第 1 段右上角位置处。

5．文本转换表格并进行格式设置。

（1）选定最后四段文本“怪石……称为‘灵泉’。”，选择“插入”选项卡→“常用对象”组→“表格”下拉按钮→“文本转换成表格”，弹出“将文字转换成表格”对话框；“文字分隔位置”组下选择“制表符”单选按钮，单击“确定”按钮。

（2）选定表格第一列，在“表格工具”上下文选项卡→“单元格大小”组中，设置“宽度”为“3.5 厘米”。选定表格第二列，在“表格工具”上下文选项卡→“单元格大小”组中，设置“宽度”为“11.5 厘米”。

6．设置单元格文字格式。

选定表格第 1 列，在“开始”选项卡→“字体”组中，设置“字号”为“初号”，设置“字体”为“隶书”。选定表格第 2 列，在“开始”选项卡→“字体”组中，设置“字号”为“小四”，设置“字体”为“楷体”。

7．设置页码。

（1）选择“页面”选项卡→“页眉页脚”组→“页眉页脚”按钮（或者双击页脚编辑区），进入页眉页脚编辑状态。

（2）在页脚编辑区，单击“插入页码”按钮，在弹出的下拉列表中，设置“样式”为“第 1 页”，设置“位置”为“居中”，设置“应用范围”为“整篇文档”，单击“确定”按钮。

（3）选择“页眉和页脚”上下文选项卡→“页眉和页脚”组→“页码”下拉按钮→“页码”，弹出“页码”对话框，在“页码编号”组中，默认设置“起始页码”为“1”。

（4）单击“页眉和页脚”上下文选项卡→“关闭”组→“关闭”按钮（或者双击正文编辑区），退出页眉页脚编辑状态，返回到正文编辑状态。

（5）最后保存并关闭文档。

五、WPS 表格题（20 分）

打开“一级模拟试卷 4”文件夹下的文档“ET.xlsx”，在 WPS 表格窗口中完成下列操作：

1．设置标题格式。

在“高二年级成绩表”工作表中，选定 A1:K1 区域，选择“开始”选项卡→“对齐方式”组→“合并及居中”按钮。在“开始”选项卡→“字体”组中，设置“字体”为“微软雅黑”，

"字号"为"24"。

2．设置列标题格式。

（1）在"高二年级成绩表"工作表中，选定A2:K2区域，选择"开始"选项卡→"对齐方式"组→"水平居中"按钮，在"开始"选项卡→"字体"组中，单击"加粗"按钮B，"字号"设置为"16"，设置"字体"为"黑体"。

（2）选择"开始"选项卡→"单元格"组→"行和列"下拉按钮→"最适合的列宽"

3．计算各位同学的平均成绩并设置条件格式。

（1）在J3单元格中输入公式"=AVERAGE(D3:I3)"并按Enter键。

（2）选定J3单元格，右击→"设置单元格格式"，弹出"单元格格式"对话框。在"数字"选项卡下，选择"分类"组中的"数值"，设置"小数位数"为"1"，单击"确定"按钮。

（3）选定J3单元格，将鼠标指针移到J3单元格右下角填充柄的位置，鼠标指针由"✥"状变为"+"状，此时双击，即可完成对序列的填充。

（4）选定J3:J114区域，选择"开始"选项卡→"样式"组→"条件格式"下拉按钮→"突出显示单元格规则"→"其他规则"，弹出"新建格式规则"对话框；在对话框下方的"编辑规则说明"功能组中，选择"单元格值""大于或等于"，输入"88"；继续单击"格式"按钮，弹出"单元格格式"对话框，在"图案"选项卡下，设置"颜色"为"红色"，单击"确定"按钮返回"新建格式规则"对话框，单击"确定"按钮。

4．计算各位同学总成绩。

（1）在K3单元格中输入公式"=SUM(D3:I3)"并按Enter键。

（2）选定K3单元格，将鼠标指针移到K3单元格右下角填充柄的位置，鼠标指针由"✥"状变为"+"状，此时双击，即可完成对序列的填充。

5．设置边框。

选定表格A2:K114区域，右击→"设置单元格格式"，弹出"单元格格式"对话框。切换到"边框"选项卡，设置"线条"组中的"样式"为"粗实线"，单击"预置"区中的"外边框"按钮；再设置"线条"组中的"样式"为"细实线"，单击"预置"区中的"内部"按钮，单击"确定"按钮。

6．计算年级平均成绩、总成绩。

（1）在J115单元格中输入公式"=AVERAGE(J3:J114)"并按Enter键。选定J115单元格，右击→"设置单元格格式"，弹出"单元格格式"对话框，在"数字"选项卡下，选择"分类"组中的"数值"，设置"小数位数"为"1"，单击"确定"按钮。

（2）在K115单元格中输入公式"=SUM(K3:K114)"并按Enter键。选定K115单元格，右击→"设置单元格格式"，弹出"单元格格式"对话框，在"数字"选项卡下，选择"分类"组中的"数值"，设置"小数位数"为"0"，单击"确定"按钮。

7．创建数据透视表。

（1）选定P12单元格，选择"数据"选项卡→"透视表"组→"数据透视表"按钮，弹出"创建数据透视表"对话框；在对话框中选择"请选择单元格区域"单选按钮，然后在"高二年级成绩表"工作表中选取A2:K114区域，单击"确定"按钮。

（2）在窗口右侧展开的"数据透视表"任务窗格中，将"班级"字段拖入"行"标签处，将"性别"字段拖入"列"标签处，再把"性别"字段拖到"值"标签处，完成数据透视表的创建。

8．创建数据透视图。

（1）选定数据透视表任一单元格，选择“插入”选项卡→“表格”组→“数据透视图”按钮，弹出“图表”对话框，从左侧的图表类型列表中选择“柱形图”，然后单击图表预览区的效果图，于是在工作表区域生成一个图表。调整图表大小并将图表移动到 O20:V36 区中。

（2）选定图表，选择“图表工具”上下文选项卡→“图表样式”组→“样式 9”样式。

（3）选定图表，选择“图表工具”上下文选项卡→“图表布局”组→“添加元素”下拉按钮→“图例”→“右侧”。

（4）选择“图表工具”上下文选项卡→“图表布局”组→“添加元素”下拉按钮→“数据标签”→“数据标签内”。

（5）选择“图表工具”上下文选项卡→“图表布局”组→“添加元素”下拉按钮→“数据表”→“无”。

（6）保存并关闭工作簿。

六、WPS 演示题（15 分）

打开“一级模拟试卷 4”文件夹下的文档“WPP.pptx”，在 WPS 演示窗口中完成下列操作：

1．设置幻灯片背景。

选定任一张幻灯片，选择“设计”选项卡→“背景版式”组→“背景”按钮，窗口右侧弹出“对象属性”任务窗格；选择“渐变填充”单选按钮→“渐变样式”中的“矩形渐变”按钮→“中心辐射”；单击“全部应用”按钮。

2．为第 1 张幻灯片标题和文内设置格式。

（1）选定第 1 张幻灯片，选定主标题“桅杆疏影缀浦江船艇浮动靓申城”，在“开始”选项卡→“字体”组中，设置“字号”为“44”。

（2）选定副标题“记第 17 届中国国际船艇及其技术设备展览会”，在“开始”选项卡→“字体”组中，设置“字体”为“方正舒体”，设置“字号”为“24”。

3．为第 2 张幻灯片的文本设置格式和动画。

（1）选定第 2 张幻灯片，选定文本部分文本框，选择“开始”选项卡→“段落”组→对话框启动器按钮，弹出“段落”对话框。在“缩进和间距”选项卡的“缩进”选项组，选择“特殊格式”为“首行缩进”，“度量值”设置为“2 字符”；单击“确定”按钮。

（2）在“开始”选项卡→“字体”组中，设置“字体”为“华文行楷”，设置“字号”为“24”。

（3）选择“动画”选项卡→“动画”组→动画列表下拉按钮，在展开的动画样式列表中，选择“进入”→“基本型”→“百叶窗”。

4．为第 3 张幻灯片文本设置格式。

选定第 3 张幻灯片的文本部分文本框。通过“开始”选项卡→“字体”组，设置“字号”为“28”。

5．为第 4 张幻灯片设置格式、插入图片和动画。

（1）选定第 4 张幻灯片的左栏文本内容文本框，选择“开始”选项卡→“段落”组→对话框启动器按钮，弹出“段落”对话框；在“缩进和间距”选项卡的“缩进”选项组，选择

“特殊格式”为“首行缩进”，“度量值”设置为“2 字符”；在“间距”选项组，设置“行距”为“1.5 倍行距”，单击“确定”按钮。

（2）通过“开始”选项卡→“字体”组，设置“字体”为“华文隶书”，设置“字号”为“20”。

（3）选择“动画”选项卡→“动画”组→动画列表下拉按钮，在展开的动画样式列表中，选择“进入”→“基本型”→“十字形扩展”。

（4）单击右侧占位符中的“插入图片”按钮，弹出“插入图片”对话框，找到并选中考生文件夹下的“游艇.jpg”图片，单击“打开”按钮，图片自动为选定状态。

（5）选择“动画”选项卡→“动画”组→动画列表下拉按钮，在展开的动画样式列表中，选择“进入”→“基本型”→“百叶窗”。

6．为第 5 张幻灯片中添加文字并设置格式。

（1）在占位符中输入文字“谢谢”，选定输入的文字，通过“开始”选项卡→“字体”组，设置“字体”为“微软雅黑”，设置“字号”为“60”。

（2）保存并关闭演示文稿。

一级模拟试卷 5 参考答案

一、单项选择题（每小题 1 分，共 20 分）

1．答案 C。解析：计算机采用的电子器件为：第一代是电子管，第二代是晶体管，第三代是中、小规模集成电路，第四代是大规模、超大规模集成电路。

2．答案 C。解析：在科学研究和工程设计中，存在着大量繁杂的数值计算问题，解决这样的问题经常是人力所无法胜任的。而高速度、高精度地计算复杂的数学问题正是电子计算机的特长。因而，时至今日，数值计算仍然是计算机应用的一个重要领域。

3．答案 A。解析：ASCII 码编码顺序从小到大为：空格、数字、大写字母、小写字母。

4．答案 C。解析：所谓防火墙指的是一个由软件和硬件设备组合而成、在内部网和外部网之间、专用网与公共网之间的界面上构造的保护屏障。它是一种获取安全性方法的形象说法，是一种计算机硬件和软件的结合，使 Internet 与 Intranet 之间建立起一个安全网关，从而保护内部网免受非法用户的侵入，即 Internet 环境中的防火墙建立在内部网络与外部网络的交叉点。

5．答案 B。解析：计算机病毒主要通过移动存储介质（如 U 盘、移动硬盘）和计算机网络两大途径进行传播。

6．答案 C。解析：十进制整数转换成二进制整数的方法是“除 2 取余法”。将 18 除以 2 得商 9，余 0，排除 A 选项。9 除以 2，得商 4，余 1，排除 B 选项。依次除下去直到商是 0 为止。以最先除得的余数为最低位，最后除得的余数为最高位，从最高位到最低位依次排列，便得到最后的二进制整数为 10010。排除 D 选项，故正确答案为 C 选项。

7．答案 D。解析：一个完整的计算机系统应该包括硬件和软件两部分。

8．答案 B。解析：CPU 主要包括运算器和控制器；CPU 是整个计算机的核心部件，主要用于控制计算机的操作。CPU 不能读取硬盘上的数据，但是能直接访问内存储器。

9．答案 A。解析：计算机中，每个存储单元的编号称为地址。

10．答案 B。解析：机器指令通常由操作码和地址码两部分组成，A 选项错误。根据地址码涉及的地址数量可知，零地址指令类型只有操作码没有地址码，C 选项错误。操作码指明指令所要完成操作的性质和功能，D 选项错误。地址码用来描述该指令的操作对象，它或者直接给出操作数，或者指出操作数的存储器地址，故正确答案为 B 选项。

11．答案 A。解析：字长是指计算机运算部件一次能同时处理的二进制数据的位数。

12．答案 D。解析：显示器是输出设备，麦克风和鼠标是输入设备，磁盘驱动器既能将存储在磁盘上的信息读进内存中，又能将内存中的信息写到磁盘上。因此，就认为它既是输入设备，又是输出设备。

13．答案 C。解析：操作系统的主要功能：CPU 管理、存储管理、文件管理、设备管理和作业管理。

14．答案 B。解析：Windows、Linux、Unix、DOS 属于系统软件。

15．答案 C。解析：JPEG 图像文件是目前使用的最广泛、最热门的静态图像文件，这是由于 JPEG 格式的图像文件具有高压缩率、高质量、便于网络传输的特点，它的扩展名为.jpg。JPEG 采用的是有损压缩，由于它采用了高效的 DCT 变换、哈夫曼编码等技术，使得在高压缩比的情况下，仍然有着很高的图像质量。

16．答案 D。解析：8 位无符号二进制数的表数范围为 00000000～11111111，其最小值为 0，最大值为 2^8-1=255。

17．答案 D。解析：数据传输速率（比特率）表示每秒传送二进制数位的数目，单位为比特/秒（b/s），也记做 bps。

18．答案 D。解析：若网络的各个节点通过中继器连接成一个闭合环路，则称这种拓扑结构是环型拓扑结构。

19．答案 C。解析：网络协议在计算机中按照结构化的层次方式进行组织。其中，TCP/IP 是 Internet 中的协议组，被公认为是当前的工业标准或事实标准，不属于 Internet 应用范畴。电子邮件、远程登录、搜索引擎则都属于 Internet 应用。

20．答案 C。解析：网卡是工作在链路层的网络组件，是局域网中连接计算机和传输介质的接口。

二、Windows 基本操作题（每小题 2 分，共 10 分）

打开“一级模拟试卷 5”文件夹，以此文件夹作为考生文件夹。

1．在考生文件夹下 CCTVA 文件夹中新建一个文件夹 LEDER。

（1）打开考生文件夹下 CCTVA 文件夹。

（2）选择“主页”选项卡→“新建”组→“新建文件夹”按钮（或者右击文件夹窗口内容窗格空白区→“新建”→“文件夹”），即可生成新的文件夹，此时文件夹的名字处呈现蓝色可编辑状态，编辑名称为题目指定的名称 LEDER，按 Enter 键确认完成命名。

2．将考生文件夹下 HIGER\YION 文件夹中的文件 ARIP.BAT 重命名为 FAN.BAT。

（1）打开 HIGER\YION 文件夹，选定 ARIP.BAT 文件。

（2）按 F2 键，此时文件的名字处呈现蓝色可编辑状态，编辑名称为 FAN.BAT。

3．将考生文件夹下GOREST\TREE文件夹中的文件LEAF.MAP设置为只读属性。

（1）打开考生文件夹下GOREST\TREE文件夹，选定LEAF.MAP文件。

（2）选择“主页”选项卡→“打开”组→“属性”按钮（或者右击→“属性”），即可打开“属性”对话框。

（3）在“属性”对话框“常规”选项卡的“属性”栏下，勾选“只读”复选框，单击“确定”按钮关闭对话框。

4．将考生文件夹下BOP\YIN文件夹中的文件FILE.WRI复制到考生文件夹下SHEET文件夹中。

（1）打开考生文件夹下BOP\YIN文件夹，选定FILE.WRI文件。

（2）选择“主页”选项卡→“剪贴板”组→“复制”按钮（或者按快捷键Ctrl+C）。

（3）打开考生文件夹下SHEET文件夹。

（4）选择“主页”选项卡→“剪贴板”组→“粘贴”按钮（或者按快捷键Ctrl+V）。

5．将考生文件夹下XEN\FISHER文件夹中的文件夹EAT-A删除。

（1）打开考生文件夹下XEN\FISHER文件夹，选定EAT-A文件夹。

（2）按Delete键，弹出“删除文件夹”对话框。

（3）单击“是”按钮，于是将文件夹删除到回收站。

三、上网题（10分）

1．网页浏览与下载。

（1）启动Internet Explorer或Edge浏览器，在地址栏中输入网址http://localhost/index.htm，并按Enter键，打开网站首页。

（2）打开考生文件夹，右击空白区→“新建”→“DOCX文档”，并重命名为“Allnames”，扩展名.docx保持不变；双击打开该文档，将网站首页中所有最强选手的姓名逐一复制到该文档中，并按题目要求用逗号将每个姓名隔开；保存并关闭文档。最后关闭浏览器窗口。

2．发送电子邮件。

启动Outlook Express，单击“创建邮件”按钮，打开“新邮件”窗口，在“收件人”框中输入“panwd@ncre.cn”，在“抄送”框中输入“wangjl@ncre.cn”，在“主题”框中输入“通知”，在内容区输入邮件正文“各位成员：定于本月3日在本公司大楼五层会议室召开AC-2项目有关进度的讨论会，请全体出席。”单击“发送”按钮，在弹出的提示对话框中单击“确定”按钮。最后关闭Outlook Express窗口。

四、WPS文字题（25分）

打开“一级模拟试卷5”文件夹下的文档“WPS.docx”，在WPS文字窗口中完成下列操作：

1．设置标题段格式。

（1）选定标题段文字“敦煌莫高窟”，在“开始”选项卡→“字体”组中，设置“字号”为“小二”，设置“字体”为“隶书”，单击“加粗”按钮**B**。

（2）单击“开始”选项卡→“段落”组→对话框启动器按钮↘，弹出“段落”对话框。在“缩进和间距”选项卡的“常规”选项组中，设置“对齐方式”为“居中对齐”；在“间距”选项组中，设置“段前”为“0.5行”，设置“段后”为“0.5行”，单击“确定”按钮。

2．对正文设置格式。

（1）选定正文各段“莫高窟坐落在……还反映了中西的玻璃贸易。”，在“开始”选项卡→“字体”组中，设置“字号”为“小四”，设置“字体”为“仿宋”。

（2）单击“开始”选项卡→“段落”组→对话框启动器按钮，弹出“段落”对话框。在“缩进和间距”选项卡的“缩进”选项组中，选择“特殊格式”为“首行缩进”，设置“度量值”为“2 字符”；在“间距”选项组中，设置“行距”为“1.5 倍行距”，单击“确定”按钮。

3．批量替换。

（1）选定正文各段“莫高窟坐落在……还反映了中西的玻璃贸易。”，选择“开始”选项卡→“查找”组→“查找替换”下拉按钮→“替换”（或者按快捷键 Ctrl+H），弹出“查找和替换”对话框，在“查找内容”框中输入“敦煌”。

（2）将插入点置于“替换为”框中，单击“格式”下拉按钮→“字体”，弹出“替换字体”对话框；在“字体”选项卡下，设置“字形”为“加粗”；在“所有文字”选项组中，设置“字体颜色”为“标准颜色”“红色”，单击“确定”按钮返回到“查找和替换”对话框；单击“全部替换”按钮；在弹出的提示框中单击“取消”按钮，返回“查找和替换”对话框，单击“关闭”按钮。

4．为指定文本行设置底纹。

选定“蓝色”“加粗”的文本“历史价值”，按住 Ctrl 键不放，再选定“艺术价值”和“科技价值”，选择“开始”选项卡→“段落”组→“底纹颜色”下拉按钮，在弹出的下拉列表中选择“主题颜色”下的“白色，背景 1，深色 15%”。

5．页面设置。

（1）在“页面”选项卡→“页面设置”组中，设置“上”“下”均为“2.8 厘米”，“左”“右”均为“3 厘米”。

（2）选择“页面”选项卡→“效果”组→“页面边框”按钮，弹出“边框和底纹”对话框，在“页面边框”选项卡下，设置为“方框”，“线型”选择单实线“——”，设置“宽度”为“2.25 磅”，设置“颜色”为“标准颜色”“绿色”，单击“确定”按钮。

6．设置水印。

（1）选择“页面”选项卡中→“效果”组→“水印”下拉按钮→“插入水印”，弹出“水印”对话框。

（2）勾选“图片水印”复选框，单击“选择图片”按钮，弹出“选择图片”对话框，找到并选中考生文件夹下的“285 窟.jpg”图片，单击“打开”按钮返回到“水印”对话框；“缩放”选择“200%”，单击“确定”按钮。

7．设置页码。

（1）选择“插入”选项卡→“页”组→“页眉和页脚”，进入页眉页脚编辑状态，在页脚编辑区，单击“插入页码”按钮，在弹出的下拉列表中，设置“样式”为“第 1 页”，“位置”为“右侧”，“应用范围”为“整篇文档”，单击“确定”按钮。

（2）双击正文编辑区，返回到正文编辑状态。

（3）保存并关闭文档。

五、WPS 表格题（20 分）

打开“一级模拟试卷 5”文件夹下的文档“ET.xlsx”，在 WPS 表格窗口中完成下列操作：

1．公式计算。

（1）在“销售数据”工作表中，在 H3 单元格中输入公式“=F3*G3”，并按 Enter 键。

（2）选定 H3 单元格，将鼠标指针移到 H3 单元格右下角填充柄的位置，鼠标指针由“✥”状变为“+”状变为，此时双击，即可完成对序列的填充。

2．格式设置。

（1）在“销售数据”工作表中，选定 H3:H191 区域，右击→“设置单元格格式”，弹出“单元格格式”对话框；在“数字”选项卡下，选择“分类”组中的“数值”，设置“小数位数”为“2”，单击“确定”按钮。

（2）选定 A3:A191 区域，右击→“设置单元格格式”，弹出“单元格格式”对话框；在“数字”选项卡下，选择“分类”组中的“日期”，设置“日期”为“3 月 7 日”，单击“确定”按钮。

（3）选定 A2:H191 区域，在“开始”选项卡→“字体”组中，设置“字体”为“仿宋”，“字号”为“16”。

（4）选定 A:H 列，选择“开始”选项卡→“单元格”组→“行和列”下拉按钮→“最适合的列宽”。

（5）选定 A2:H191 区域，右击→“设置单元格格式”，弹出“单元格格式”对话框。切换到“边框”选项卡，设置“线条”组中的“样式”为“双线”，单击“预置”区中的“外边框”按钮；再设置“线条”组中的“样式”为“细实线”，单击“预置”区中的“内部”按钮，单击“确定”按钮。

（6）选定 A2:H2 单元格，选择“开始”选项卡→“对齐方式”组→“水平居中”按钮，在“开始”选项卡→“字体”组中，单击“加粗”按钮**B**。

（7）选定 A1:H1 区域，选择“开始”选项卡→“对齐方式”组→“合并及居中”按钮。在“开始”选项卡→“字体”组中，设置“字体”为“楷体”，“字号”为“20”。

（8）选定“销售数据”工作表中第 1 行，选择“开始”选项卡→“单元格”组→“行和列”下拉按钮→“最适合的行高”。

3．设置条件格式。

（1）选定 G3:G191 区域，选择“开始”选项卡→“样式”组→“条件格式”下拉按钮→“突出显示单元格规则”→“其他规则”，弹出“新建格式规则”对话框。

（2）在对话框下方的“编辑规则说明”功能组中，选择“单元格值”“大于或等于”，输入“100”。

（3）继续单击“格式”按钮，弹出“单元格格式”对话框，在“字体”选项卡下，设置“字形”为“粗体”，“颜色”为“标准颜色”“红色”，单击“确定”按钮返回“新建格式规则”对话框。单击“确定”按钮。

4．打印设置。

（1）在“销售数据”工作表中，选择“页面”选项卡→“打印设置”组→对话框启动器按钮↘，弹出“页面设置”对话框。在对话框的“页面”选项卡下，单击“缩放”选项组中的

“调整为”单选按钮，选择下拉列表中的“将所有列打印在一页”。

（2）在对话框中选择“工作表”选项卡，在“打印标题”选项组中的“顶端标题行”框中输入“$1:$2”，单击“确定”按钮。

5．创建数据透视表。

（1）在“透视表”工作表中，选定 A3 单元格，选择“数据”选项卡→“透视表”组→“数据透视表”按钮，弹出“创建数据透视表”对话框。在对话框中选择“请选择单元格区域”单选按钮，然后在“高二年级成绩表”工作表中选取 A2:H191 区域，单击“确定”按钮。

（2）在窗口右侧展开的“数据透视表”任务窗格中，将“部门”字段拖入“列”标签处，将“商品名称”字段拖入“行”标签处，“销售数量”字段拖到“值”标签处，完成数据透视表的创建。

六、WPS 演示题（15 分）

打开“一级模拟试卷 5”文件夹下的文档“WPP.pptx”，在 WPS 演示窗口中完成下列操作。

1．对第 2 张幻灯片作如下的设置。

（1）选定第 2 张幻灯片，选择“开始”选项卡→“幻灯片”组→“版式”下拉按钮→“图片与标题”。

（2）单击左侧占位符中的“插入图片”按钮，弹出“插入图片”对话框，找到并选中考生文件夹下的“海棠 1.jpg”图片，单击“打开”按钮，图片插入并自动为选定状态。单击任务窗格工具栏中的“属性”按钮，展开“对象属性”任务窗格；在任务窗格中的“大小与属性”选项卡下，展开“大小”选项组，勾选“锁定纵横比”复选框，勾选“相对原始图片大小”复选框，设置“缩放高度”为“85%”。

（3）展开“位置”选项组，设置“水平位置”为“2 厘米”，设置“相对于”为“左上角”；设置“垂直位置”为“4.8 厘米”，设置“相对于”为“左上角”。

2．为了达到更好的呈现效果，需对“标题幻灯片”版式之外的其他版式进行调整，将“标题样式”的格式设置为“隶书，44 号字”，“文本样式”的格式设置为“楷体，28 号字”。

（1）选择“设计”选项卡→“背景版式”组→“母版”按钮，进入幻灯片母版视图（在窗口左窗格中，上方最大的缩略图为幻灯片母版，其下的各个缩略图为该母版下的各种版式，鼠标停顿在缩略图上会有提示性文字，说明其版式名称）。

（2）选定除标题版式外的其他所有版式（窗口左侧第 3 张缩略图），选定“标题样式”占位符，在“开始”选项卡→“字体”组中，设置“字体”为“隶书”，设置“字号”为“44”；选定“文本样式”占位符，在“开始”选项卡→“字体”组中，设置“字体”为“楷体”，设置“字号”为“28”。

（3）如上第（2）步骤方法，设置其他版式（窗口左侧第 4 张缩略图）的“标题样式”和“文本样式”占位符的字体和字号。

（4）单击“幻灯片母版”选项卡→“关闭”组→“关闭”按钮，退出幻灯片母版视图。

3．对第 5 张幻灯片中的表格进行以下调整。

（1）选定第 5 张幻灯片，选定整个表格，在“表格工具”上下文选项卡→“单元格大小”组中，设置“表格行高”为“2.00 厘米”。选定表格第 1 列，在“表格工具”上下文选项卡→“单元格大小”组中，设置“表格列宽”为“6.00 厘米”，选定表格第 2 列，在“表格工具”

上下文选项卡→“单元格大小”组中，设置“表格列宽”为“18.00 厘米”。

（2）选定整个表格，选择“开始”选项卡→“字体”组→对话框启动器按钮↘，弹出“字体”对话框。设置“中文字体”为“仿宋”，设置“西文字体”为“Times New Roman”，设置“字号”为“24”，单击“确定”按钮。

（3）选定整个表格，右击→“设置对象格式”，在窗口右侧弹出“对象属性”任务窗格。选择“大小与属性”选项卡，展开“位置”选项组，设置“水平位置”为“5 厘米”，设置“相对于”为“左上角”；在设置“垂直位置”为“4.2 厘米”，设置“相对于”为“左上角”。

4．设置动画效果。

（1）选定第 2 张幻灯片中的图片，单击“动画”选项卡→“动画工具”组→“动画窗格”按钮☆，展开“动画窗格”任务窗格。在“动画窗格”任务窗格中，单击“添加效果”下拉按钮，从弹出的下拉列表中选择“进入”→“基本型”→“扇形展开”；继续在任务窗格中设置“速度”为“慢速(3 秒)”。

（2）选定第 5 页幻灯片中的表格，在“动画窗格”任务窗格中，单击“添加效果”下拉按钮，从弹出的下拉列表中选择“进入”→“基本型”→“圆形扩展”；继续在任务窗格中设置“速度”为“非常慢(5 秒)”。

5．将“海棠 2.jpg”设置为所有幻灯片的背景，且透明度为 70%。

（1）选定任一张幻灯片，选择“设计”选项卡→“背景版式”组→“背景”按钮▨，窗口右侧弹出“对象属性”窗格。

（2）在任务窗格中，在“填充”选项组下，单击“图片或纹理填充”单选按钮，单击“图片填充”下拉按钮→“本地文件”，弹出“选择纹理”对话框，找到并选中考生文件夹下的“海棠 2.jpg”图片，单击“打开”按钮，于是图片作为背景出现在幻灯片中。继续在任务窗格中设置“透明度”为“70%”，单击“全部应用”按钮。

（3）保存并关闭演示文稿。

参 考 文 献

[1] 教育部教育考试院．全国计算机等级考试二级教程：WPS Office 高级应用与设计[M]．北京：高等教育出版社，2023．

[2] 教育部教育考试院．全国计算机等级考试二级教程：WPS Office 高级应用与设计上机指导[M]．北京：高等教育出版社，2023．

[3] 教育部考试中心．全国计算机等级考试一级教程：计算机基础及 WPS Office 应用[M]．北京：高等教育出版社，2022．

[4] 教育部考试中心．全国计算机等级考试四级教程：计算机网络[M]．北京：高等教育出版社，2022．

[5] 王良明．云计算通俗讲义[M]．4 版．北京：电子工业出版社，2022．

[6] 谢希仁．计算机网络[M]．8 版．北京：电子工业出版社，2021．

[7] 王津．计算机应用基础[M]．5 版．北京：高等教育出版社，2021．

[8] 林子雨．大数据技术原理与应用[M]．3 版．北京：人民邮电出版社，2021．

[9] 李德毅．人工智能导论[M]．北京：中国科学技术出版社，2018．

[10] 王向慧．微型计算机原理与接口技术[M]．2 版．北京：中国水利水电出版社，2015．

[11] 邓志．X86/X64 体系探索及编程[M]．北京：电子工业出版社，2013．

[12] 林欣．高性能微型计算机体系结构：奔腾、酷睿系列处理器原理与应用技术[M]．北京：清华大学出版社，2012．